国之重器

第三代先进核电“**华龙一号**”核心技术研发始末

中国核动力研究设计院 | 编

人民出版社

目　录

序

我一辈子只做了两件事，一是造核潜艇，二是建核电站。1958年，从苏联求学归国的我，加入了中国核动力技术研发这支光荣的队伍。我们以不服输的劲头，白手起家，成功建造了中国首座核潜艇陆上模式堆，发出了中国大陆的第一度核电。此后，我们心中除了期望中国拥有一只强大的核潜艇编队以外，也期待着中国能够尽早步入核电时代。1972年，国家决定开展“728工程”（秦山一期核电工程），第一代核潜艇研发队伍的专家们被邀请到上海参加“728工程”的讨论会。在关于堆型选择的讨论中，我们提出了选择压水堆堆型，因为我国潜艇核反应堆也是采用的压水堆，有成熟的应用经验，且压水堆也是世界上应用最成熟的堆型，意见得到了采纳。后来，在大亚湾核电一期工程的建设过程中，我们摸索出了一条适合中国的“引进、消化、吸收、创新”的核电发展之路，迅速提升了当时的中国核电技术水平，为后来秦山二期核电工程的顺利设计建造打下了坚实的基础。其后，中国在核电领域取得了长足发展，但我的心中却一直有一个遗憾——无法做到完全自主。直到第三代核电技术——“华龙一号”的成功研发，中国才拥有了完全自主的核电技术，彻底摆脱了国外掣肘，打破了技术垄断。而完成华龙一号核心技术研发的中国核动力研究设计院，正是我当年奋斗过的热土，是中国核动力工程的摇篮，对此，我感到无比欣慰。

这本书对中国自主核电技术发展的曲折道路进行了梳理，对攻克华龙一号核心技术的过程进行了详细的描述，这是对那一段艰难而又辉煌的岁月所留下的最好的见证。我为年轻一代核动力科技人员拼搏奉献、报效祖国的精神点赞，也对中国核动力事业的未来充满信心。

中国自主核电技术来之不易，希望科技人员不要止步于当前的成果，要戒骄戒躁，继续发扬核工业优良传统，不断攀登核科技高峰，以更先进、更安全、更环保的核电技术造福全人类。

中国工程院院士

编者的话

核电是一种清洁环保、安全高效且十分经济的新能源。自从 1970 年我国第一代潜艇核动力研制成功，发出中国大陆第一度核电，我国在核电技术的研发道路上已走过了近五十个年头，再通过引进、消化、吸收并大力开展自主创新，中国核电技术不断突破，最终研发出了完全自主的世界先进的第三代核电技术——华龙一号，成为中国走向世界的“国家名片”。

核动力，就是利用可控核反应来获取能量，从而得到动力、热量、电能等能直接被人类所利用的能量形式。由于核动力技术在军用与民用领域的重要作用，让其备受各国重视，核电是核动力在民用领域最具代表性的应用，核反应堆是整个核电厂的核心，核电的关键核心技术主要应用在核岛之内，包括反应堆、冷却剂系统及相关设施设备，即反应堆及一回路。

由于核工业人一直坚持“干惊天动地事，做隐姓埋名人”的传统，中国核动力技术的发展历程往往较少被外人所了解，他们也从不会主动对外人提及这一路走来克服的困难和取得的成就。

编写本书的目的，就是向公众讲述华龙一号核心技术研发过程中的“惊天动地事”，让更多人了解中国完全自主核电研发所经历的种种曲折，以及核动力人是如何克服重重困难，最终研发出世界先进第三代的核电技术——华龙一号的故事，增强我们自主创新的信心和民族自豪感。

本书主要记述了华龙一号核心技术2009年至2019年科研攻关的过程，对2009年之前的参与者，虽未能一一提及，但对他们的贡献，我们发自内心地表示诚挚敬意，篇幅所限，未能完全展现华龙一号科研工作全貌。书中难免有疏漏、不足之处，还望广大读者批评指正。

本书编写组

福清核电站华龙一号建设现场全景

引 子

1905 年，瑞士。

这一年被称为物理学的奇迹年。一位在专利局默默无闻的工作人员突然发表了五篇论文，在物理学界掀起了滔天巨浪，这位专利局工作人员就是史上最伟大的物理学家之一——爱因斯坦。而大名鼎鼎的质能方程 $E=mc^2$，就是其中一篇论文的主要内容。这个简洁的公式，向人类展示了质量与能量的转换关系。这个公式打开了核能利用的大门，引导人们走向了更为广阔无垠的能源新世界。

当时，这个公式并没有引起轰动，甚至引起了许多人的怀疑。伟大的思想总是难以被时代所快速接纳，1922 年诺贝尔物理学奖选择了爱因斯坦的光电效应，却没有选择他的相对论。在这十多年中，爱因斯坦的相对论一直是许多人难以理解的东西，而由相对论推导得出的质能方程也只是一个“普普通通”的公式罢了。

等质能方程真正步入公众视野，已经是许多年之后的事了。而这一切都源自于一场史无前例的毁灭。

1945年，日本。

8月6日，清晨，广岛。

天气比昨日好了许多，密布于天上的阴云全都消散不见，抬眼望去天空尽显澄澈。一架美军飞机便在晨光中缓缓地飞到了城市的上空。城中的居民对此已经习惯，这几日来，美军的飞机不时便在上空逡巡，他们纷纷从屋内伸长了脖子张望。整座城的居民早已做好了打算，即便美国空军开始轰炸广岛，他们也要“举国玉碎”，躲进防空洞抵抗到底。城中的居民并不知道他们注定失败，或许他们还觉得拥有绝地反攻的机会，在他们心中，再强大的战略武器也绝抵不过“坚定的胜利意志”。

9时14分，一颗比普通炮弹更巨大，且显得略微有些圆润的椭球形炮弹，从飞机上掷出，然后飞机立马调转方向，速度陡增，好像害怕了似的离开了投放点。

而处于炮弹下方的居民也恐慌了起来，想立马离开屋子，躲避炮弹的轰击，但是他们并未能如愿。瞬间，那颗炮弹在离地600米的空中发出了令人眼花目眩的白色闪光，看到这一切的居民，立刻失去了视觉，随后他们听到了震耳欲聋的爆炸声。顷刻之间，城市突然卷起巨大的蘑菇状烟云，接着便竖起几百根火柱，广岛马上沦为焦热的火海，七万多人葬身于爆炸之中，死里逃生的人，终其一生都在遭受着放射线的折磨。

这便是著名的广岛原子弹事件。

也是这一次，世人第一次见到了原子弹那令人胆寒的恐怖破坏力，第一次见识到核能的强大。

《科普：一分钟了解核能》

广岛事件之后，日本政府并未投降。他们竭力掩盖广岛事件的真相，对民众宣称是有一枚陨石陨落在广岛市。他们之所以这样做，是因为他们认为美军只有一颗原子弹，并且寄希望于苏联调停战争。

8 月 9 日，三天之后，相似的一幕在长崎发生。这颗名为“胖子”的原子弹，彻底断绝了日本的抵抗之心，为这场波及全球、数千万人埋骨荒山的惨烈战争画上了休止符……

战争虽然结束了，但各国对武器精进的追求不会结束。正如电影《钱学森》中所说：“手上没有剑和有剑不用，不是一回事。”

此后，各国开启了对原子能的不懈追求，人类开始步入原子能时代……

1951 年，美国。

12 月 20 日，在爱达荷州东部沙漠的一处实验基地中，一幢四四方方毫不起眼但又极为坚固的平板房内，四颗灯泡并排悬挂在一根黑色电线上，而这根电线与一台看起来极为寻常的发电设备相连，发电设备当时只是为了点燃四颗灯泡，相比于一般的发电设备，甚至显得有些简陋。而发电设备的另一端却是连着一个散发着金属光泽的庞大设备，看上去极为精致和复杂。

随着发电设备的旋转，实验室内，一群科学家的目光都紧紧地盯着那四颗灯泡，眼中全是期待之色。他们急躁的喘息声和紧张不安的交流声都被发电设备所产生的巨大噪声所掩盖。

《科普：一分钟了解核反应堆》

突然，灯泡开始发出熹微的光芒，并不明亮，却足以牵动这群科学家的心，随后有人开始喊道：“亮了！亮了！我们成功了！”随即，灯泡越来越亮，光芒洒满了整个房间，人们的激情像是突然被点燃了一般，他们开始欢呼、拥抱，共同庆祝这伟大的一刻。

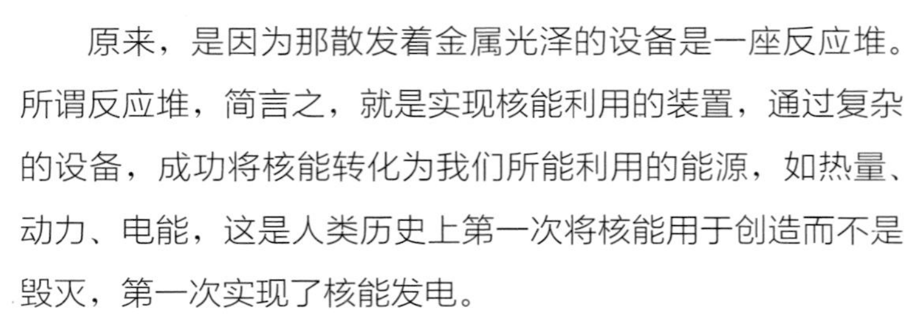
原来，是因为那散发着金属光泽的设备是一座反应堆。所谓反应堆，简言之，就是实现核能利用的装置，通过复杂的设备，成功将核能转化为我们所能利用的能源，如热量、动力、电能，这是人类历史上第一次将核能用于创造而不是毁灭，第一次实现了核能发电。

而这种首先实现核能发电的反应堆名叫 EBR－I（实验性

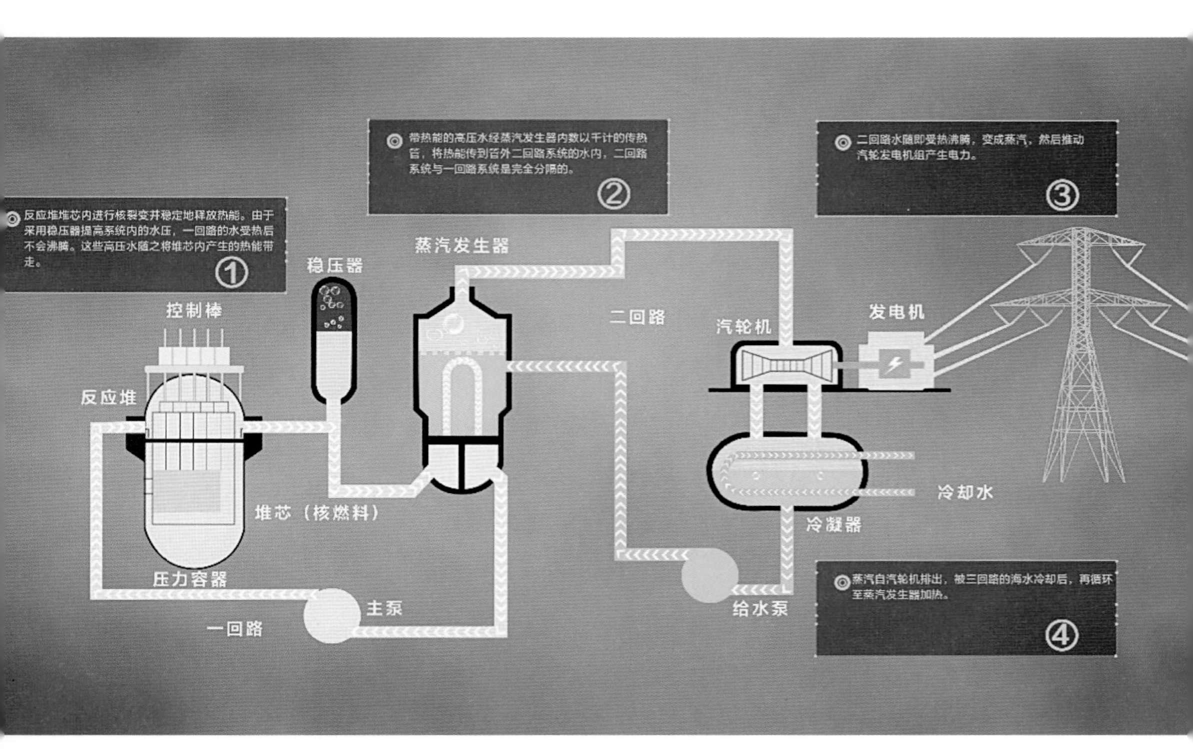

▍核电站发电原理示意图

增殖反应堆一号）。其实相比于核能发电，这座反应堆有一个更为重要的使命——实现可裂变核素的增殖，更为通俗地说，就是制造更多的可用于产生核能的物质。1966 年 8 月 26 日，时任美国总统林登·约翰逊在一万五千名观众前主持仪式，宣布退役后的 EBR-I 成为国家历史地标。他说："今天我们来到这个希望诞生的地方。它告诉我们，除了毁灭之外，人类还可以用原子能做更多的事。"

《科普：一分钟了解核电站》

第一次实现核能发电的是美国，第一个将核电成功应用的国家却是苏联。1954 年 6 月 27 日，苏联俄语广播电台播报的一则新闻震惊了全世界："在科学家和工程师的共同努力下，苏联建成了世界上第一座 5000 千瓦发电量的核电站，该

华龙一号全厂效果图

核电站已开始为苏联农业生产项目提供所需电力。”

苏联的第一座核电站——澳布灵斯克核电站，是人类历史上和平利用核能的典范，其建成加大了各国对核电站的研发力度，人类开始步入核电时代。

核电站之所以被诸多国家所推崇，目前能在全世界星罗密布，主要是相比于传统的火电和水电，其经济性更高，更为环保和低耗，但其最大的优势却并不在此；相比于储量有限的化石燃料和规模有限的光电及水电，核能在当前的科技认知水平里，几乎是解决人类能源问题的终极方案。

1985 年，中国。

尽管我国于 1964 年成功爆炸了原子弹，也在 1970 年成功研发了军用核动力技术，实现了核能的可控利用，但在核电领域，起步较晚。1985 年，中国第一座核电站——秦山一期开工建设，1991 年正式投入运行。其后，中国的核电坚持“内外结合”的发展方针，不断引进先进核电技术，并以此为根基持续提升自主研发能力，取长补短，不断取得突破，建设了一座又一座核电机组。

核电作为高端制造业的集大成者，其设计和建造水平与一个国家的工业水平关系密切。过去，由于制造水平的限制，我国的核电发展一直处于亦步亦趋的“跟跑”状态，随着工业制作能力及核电设计能力的大幅提升，我国核电的设计与建造水平等诸多方面实现了巨大发展。经历了自 1955 年中国核工业创建以来的不断探索，不断打破技术瓶颈，到开创性地研发出完全自主的第三代核电机组——华龙一号，如今已经能和最早发展核电的国家并驾齐驱，这其中充满了艰辛和曲折。有了华龙一号这张“国家名片”，中国核电技术的发展终于打破了受制于人的窘境，具备了与国外核电技术一较高下的资格。

《科普：一分钟了解华龙一号》

正是那些默默无闻的科研工作者，远离浮躁的世俗，他们或坐于电脑前，废寝忘食地计算、设计；或立于实验室内，不辞艰辛地调试设备、记录参数；或奔波于制造厂、车间，夜以继日地提供技术支持、协同解决制造难点……华龙一号，才能够厚积薄发，一举走上世界核电舞台的中央。

第一章

厚积 薄发

中国福建省东南部，有一座名叫福清的小城，枕山面海，温暖湿润，一年四季都沉溺在盎然的绿意当中。

2015 年 5 月 7 日，在福清市最南端的三山镇，举行了一场盛大的仪式——福清 5 号核电机组开工仪式，业内一般称为浇筑第一罐混凝土，即 FCD（The First Concrete Date）。时任国家能源局副局长刘琦、时任中核集团董事长党组书记孙勤以及来自福建省和福州市的领导出席了开工仪式。

华龙一号示范工程开工仪式现场

▍2015 年 5 月 7 日，5 号机组核岛浇筑第一罐混凝土

上午 10 时 56 分，刘琦副局长在福清核电现场宣布，福清核电站华龙一号示范项目正式开工！一串清脆的汽笛声后，现场响起了“轰隆隆”的机器运转声，8 台布料机开始浇筑混凝土，正式拉开了华龙一号建设的大会战。

现场一片欢腾，掌声震天。来自成都的吴琳和他的团队，手都拍红了。吴琳掏出手机，拍下了珍贵的开工照片，通过微信传给千里之外的老专家张森如，胸中仿佛有千言万语，最后却只汇成一句话：“张总，华龙一号终于开建了！”作为华龙一号核心技术的研发团队，他们描绘了几十年的蓝图终于开始在这里一步步变为现实。

这一天，包括中央电视台在内的许多主流新闻媒体都发布了福清 5 号核电机组开工的消息，提得最多的一句就是：“这是中国由核电大国向核电强国升级的重要标志。”正如中核集团华龙一号的总师邢继所说：“华龙一号是中国压水堆发展 30 年历史经验的结晶，是中国晋升全球核电技术第一阵营的重要标志！”

但是很少有媒体提到，华龙一号的起源地，在千里之外的四川成都，在中国核动力研究设计院（简称“核动力院”），在吴琳他们常年工作的地方。

四年多以后，2019 年 10 月 1 日，新中国成立 70 周年的群众游行中，载着华龙一号模型的“逐梦兴川”四川彩车从天安门前缓缓驶过，万众瞩目，至此，许多人才知道，华龙一号与四川的关系。

没错，华龙一号这样一个重要的“国家名片”，就诞生在位于天府之国的核动力院，可是它的孕育，经过了三十多年的艰辛历程。这期间，发生了什么？有哪些精彩的故事和人物？我们将为读者细细道来。

▌新中国成立 70 周年群众游行中的四川彩车——“逐梦兴川”

第一节　初　心

■ 中国的核潜艇

如诗如画的青衣江是中国西南群山内蜿蜒溪流汇聚而成的一条平缓的江流，其流经地少有险滩急流和高耸陡峭的峡谷。江水自西向东，过雅安，入成都平原，在乐山注入大渡河，进入岷江，最终汇入长江。

发源于青衣江畔的核动力院，对核电梦的追求正日夜不停，日思夜想。

核动力院是如何起源的？又是如何开始研发核电的？这就要从中国核潜艇的研发说起，我们把时间拉回到20世纪50年代。

年轻的新中国刚刚成立，百废待兴。美国对这位社会主义阵营的新成员一直虎视眈眈，政治、经济、军事全面封锁，甚至多次威胁要对中国使用核武器。赫鲁晓夫上台后，中国与苏联老大哥的关系也日益紧张，最终，苏联撕毁所有合作协议，撤走全部援华专家。

当时世界上最强大的两个国家——美国和苏联都在敌对中国。

中国面临着巨大的压力，中央决策层下定决心搞原子弹，发展中国的核工业。因为没有原子弹就没有发言权。但是，光有原子弹还不行。它作为一个重要的战略威慑武器，轻易不会被使用。由于卫星技术的发达，陆地上的核弹发射基地一般难逃敌方的侦查。要更好地发挥原子弹的战略威慑作用，只有想办法把原子弹隐藏到深海里，才能让对手防不胜防。由此，就需要能长期潜伏在深海里，甚至能神不知鬼不觉地游弋到对手的眼皮底下发起突然攻击的力量。核动力潜艇由于其速度快、噪声低、续航能力强、隐蔽性强，成为现代战争中的撒手锏，携带核弹头的核动力潜艇就成为重要的国家战略武器。

1958年，中国正式启动核潜艇的研发设计工作，在海军和第二机械工业部分别成立了研发队伍。最初中国希望苏联提供帮助，但苏联显然不愿意，并且让中国不要搞核潜艇，更是提出了其他侵犯中国主权的不合理要求。毛泽东主席断然拒绝，并发出了“核潜艇，一万年也要搞出来”的铮铮誓言。

在以周恩来为主任的中央专门委员会的领导下，科研人员刻苦钻研，自力更生，很快完成了核潜艇的初步方案设计。不幸的是，新中国随后遭遇了前所未有的三年自然灾害，没有足够力量同时支撑几项重大工程，于是核潜艇工程为核弹让路，暂时下马。

■ 核潜艇陆上模式堆

在工程下马期间，也仍保留了一支规模较小的研究队伍，为再次上马创造了条件。1964 年 10 月 16 日，中国第一颗原子弹成功爆炸。1965 年，核潜艇工程再次上马。

此时，核潜艇的初步设计工作已经基本完成，接下来便是由图纸逐步转化为实物，并开展进一步的试验：针对核潜艇最为核心的动力——核动力反应堆的建设。因为此前中国并没有相关的建造经验，究竟是直接建造装艇，还是按艇上的布置在陆地上建造一模一样的陆上模式堆，成为当时争论的焦点。陆上模式堆就是在建造核潜艇前在陆地上建造的 1∶1 的工程试验反应堆，可以验证核动力装置设计的可靠性、安全性。

▌彭士禄，著名的核动力专家，中国核动力领域的开拓者和奠基者之一，革命烈士彭湃之子。1973 年任中国第一任核潜艇总设计师，1994 年当选为中国工程院首批院士。

老一辈核动力专家们对陆上模式堆有一个十分形象的比喻——核潜艇就像一只鸭子，在真鸭子下水前，要做个一模一样的“旱鸭子”，在陆地上充分扑腾，然后再依此定型，大批量建造核潜艇。这样就可以事半功倍，避免许多技术风险。当时美国、苏联等国在建造核潜艇前，都建造了陆上模式堆，事实证明，这一思路是符合科学规律的。现代工业里，哪怕是汽车制造这样的行业，都要先造一辆样车进行各种试验，更何况是建造核潜艇这样一个十分复杂的庞然大物。

最终中央决策层根据以彭士禄为代表的众多核动力专家的呼吁，为更稳妥地推进中国首艘核潜艇的建造，决定先建设陆上模式堆，进行充分试验。

根据需要，中央决定将国防工业和重工业在中国腹地的深山之中再建设一套，这被称为“三线建设”。“备战备荒为人民，好人好马上三线”的口号响彻华夏。几百万人背负着光荣的使命陆续从北京、上海等大城市奔赴三线地区，其中就包括参加核潜艇陆上模式堆建设的这几千人。

■ 中国核动力研究设计院

1965 年，在中国西南山坳，青衣江畔的山谷里来了一群又一群工程技术人员和解放军战士，打破了深山老林几千年的沉寂。他们带着建设社会主义的美好愿望，靠着“打倒苏修、打倒美帝”的富国强军梦，在这里扎下根来，成立了九〇九基地，与蛇虫鼠蚁相伴，白手起家、战天斗地，建造核潜艇陆上模式堆。

在九〇九基地，数千名科技能人、青年学子从北京、上海、沈阳等大城市陆续到来，参加陆上模式堆的建设。那一批人，后来都成为核工业各条战线上的骨干，涌现出了彭士禄、赵仁恺、周永茂、周邦新、孙玉发、于俊崇等两院院士，昝云龙、赵成昆、钱积惠、戴受惠、杨岐、黄士鉴等核动力专家，张森如也是其中之一。

这一年，24 岁的张森如从清华大学工程物理系反应堆专业毕业。学术精湛的他被“伯乐”看中，问他是否愿意到西部参加一项尖端的神秘工程。尽管当时张森如已经获得了留在清华大学任教的机会，可他还是毫不犹豫地放弃了留校机会，怀着满腔的热血投身到西部核动力尖端科学研究中。那时

▌九〇九基地雕塑

▌第一代核潜艇陆上模式堆厂房外景

的天之骄子，心中都怀着一个信念——祖国需要我到哪里，我就去哪里！

张森如在核动力领域工作的几十年，见证了我国核动力事业从无到有、从小到大、从弱到强的全过程。而其一直工作的地方——九〇九基地也几经更名，从最初的九〇九基地（对外称“西南水电研究所”），到二机部第一研究设计院、核工业部第一研究设计院、核工业第一研究设计院，再到现在的中国核动力研究设计院，唯一不变的，是对国家的忠诚。

谁都没想到，热火朝天的核潜艇建设刚刚开启，整个社会突然陷入“文化大革命”的风雨飘摇之中。九〇九基地也受到了许多冲击，不少科技人员被批斗、被关“牛棚”，但老一辈核动力人顶住了压力，白天学政治、挨批斗，晚上加班加点把时间抢回来，硬是在短短五年时间里建成了中国第一座核潜艇陆上模式堆。

熟悉核行业的人都知道，即便是在当下中国工业制造如此发达的条件下，我们从选址到建好一座核电站也要近十年时间，更何况是半个多世纪前中国工业基础那么薄弱的情况下。这一座模式堆绝对可以算得上是当时中国工业的巅峰之作。

1970 年 7 月 25 日，陆上模式堆启动，并带动两台发电机并网运行。这是中国大陆首次实现核能发电，中国人揭开了核能应用的新篇章。但是由于工程涉密，几十年来，这一具有里程碑式意义的事件并不为外人所知。

20 年后，中国大陆第一座核电站秦山核电并网发电。绝大多数中国人都知道，秦山核电是中国核电起步的地方。但其实，中国大陆第一次实现核能发电是在祖国西南这个神秘的山谷中。

经历了一个月昼夜不停的攻关冲刺，8 月 30 日，陆上模式堆终于达到满功率。九〇九基地一片欢呼雀跃，掌声雷动，那条通往中南海的电话线也兴奋地传递着现场的热烈气氛：“报告总理，反应堆满功率试验成功……”

几个月后，紧跟模式堆进度建造的中国第一艘核潜艇很快下水，庞大的钢铁身躯亮相于蓝天之下，现场无数人眼含热泪、振臂高呼。中国成为全球第五个能够自主设计建造核潜艇的国家，新中国第一次拥有了战略核威慑力

▍中国核动力研究设计院

量，所有针对新中国的核讹诈、核封锁，统统落空。

这是中国核动力事业的第一座里程碑，也是核动力院的建院之基。

经过五十多年的发展，中国核动力研究设计院已经成为我国唯一一个集研发、设计、试验、小批量生产、设备集成采购于一体的综合性核动力研发基地——国家战略高科技研究设计院，并成功攻克了华龙一号核心关键技术。在这场艰苦卓绝的攻坚战中，核动力院全院各单位都参与其中，反应堆设计研究所（简称“设计所”）主要承担华龙一号反应堆设计和部分设备设计任务，比如反应堆运行与应用所（简称“一所”）主要承担燃料辐照考验的工作，反应堆工程研究所（简称“二所”）主要承担华龙一号相关试验验证和部分设备研发工作，核燃料与材料研究所（简称“四所”）主要承担核燃料及相关屏蔽材料研发，设备制造厂主要承担了一些关键部件的生产，核电设备集成采购部主要承担了核电设备的集成采购工作等。

第二节　奋　发

■“728 工程”

早在 1970 年周恩来总理针对上海因缺电导致工厂减产情况作出批示：“从长远看，华东地区缺煤少油，要解决用电问题，需要搞核电。”

1970 年 2 月 8 日，上海传达了周恩来总理的指示精神，开始研究部署核电站建设工作。由此，“728 工程”（即后来的秦山一期核电工程）起步，在杭州湾畔，将诞生中国第一座核电站。

“728 工程”初期，提议建设不同堆型方案的“熔盐堆”支持者和“压水堆”支持者发生了激烈的争论，开始了中国核电的第一次“华山论剑”。

周恩来总理对第一代核潜艇倾注了巨大的心血，亲自部署安排了工程建设的一系列重大问题。中国第一代核潜艇陆上模式堆能顺利建成，与周恩来总理的大力支持密不可分。

究竟是搞“熔盐堆”还是“压水堆”，始终没法统一意见，双方的争论最后汇总到周恩来总理那里，期望他能给出评判。在详细听取了双方的观点后，周恩来总理提出要实事求是，不管什么堆，没有把握就不要轻易上。最终，会议决定“728 工程”采用压水堆堆型，中国核电技术由此一直走压水堆的路线。

以现在全球核电几十年的经验证明，压水堆这条路是非常正确的。

周恩来总理有信心搞出压水堆核电站，是有充分依据的，因为压水堆在当时各核电国家均是主流堆型，代表着当时核电的最高水平，并且中国已经成功搞出了核潜艇陆上模式堆，那不仅是压水堆，而且是技术难度比核电站更复杂的核动力反应堆。

当时，“728 工程”由上海市负责、二机部（后来改为核工业部，1988 年组建成中国核工业总公司，即后来的中国核工业集团有限公司）归口管理，核动力院负责最为重要的反应堆堆体的设计工作。后来，专门为“728工程”成立了上核工业部七二八工程研究设计院（即后来的上海核工程研究设计院，本书简称“728院”），其中骨干力量都是从核动力院抽调过去的完成过核潜艇陆上模式堆的精锐。正是他们，完成了“728工程”的设计。

远在四川的核动力院则承担了包括反应堆物理、热工水力、结构力学、燃料组件、堆化学等在内的22项关键技术研发。对核动力院而言，这也是第一次参与核电站设计研发。经历过核潜艇陆上模式堆的技术研发，再搞核电站研发，其实是轻车熟路的，主要的系统、设备、参数都有可借鉴之处。

张森如也参加了“728工程”的设计。在他儒雅的外表下，潜藏着坚忍不拔、深谋远虑、周到细致等个性特质。陆上模式堆建设时期，他就凭着扎实的专业功底开展了大量事故分析工作，为核潜艇动力的安全运行作出了重要贡献，深得领导赏识。

在“728工程”的设计研发中，他再次担当了重任。在他自己的心中，也悄然萌生了发展中国核电技术的梦想。从国际上看，拥有核潜艇的大国在掌握了成熟技术后无一不利用这些先进的军用核动力技术发展民用核电站，造福社会，推动国民经济发展。核动力院虽然地处山沟，但这些人从来没有把视野局限在山沟里，以先进的核技术报效祖国始终是他们的目标。“728工程”只是一个开始，核动力院想要参与设计、建造更多的核电站。

但是，现实不遂人愿，核动力院很快陷入了困境——从1970年8月第一座核潜艇陆上模式堆达到满功率后，偌大的核动力院一直没有再接到什么军工任务，国家的科研经费拨付骤减。而核电这边呢，“728工程”的初期设计任务完成之后，后续任务也因为国内形势陷入停滞。国家还会继续下达科研任务吗？“728工程”还能继续干吗？

几千人似乎被遗忘在那个偏僻的山坳里。

为了缓解当时的困境，闲不下来的科技人员多方奔走呼吁，申请了高通量工程试验堆项目，用于燃料元件和结构材料的辐照考验。十年磨一剑，高通量堆在1979年底胜利启动，并达到物理临界，这个反应堆的中子通量至今仍是亚洲第一、世界第三，成为中国核动力事业历史上功勋卓著的研究堆。

高通量堆的设计和建造为核动力院的发展提供了近十年的缓冲时间。

科研人员不怕艰难困苦，但是怕毫无意义地消磨时光，当初他们从祖国的大城市来到这偏僻的山谷，可不是为了虚度光阴。有人耐不住寂寞，“孔雀东南飞”，到沿海发达地区去了。同张森如一起来院的年轻人，已经有一些人辞职“下海”或申请调走了。

当然，这种情况并非只发生在核动力院一家，当时几乎所有三线单位都陷入了相同的困境。没有事干不可能留得住人，必须自己寻找出路。

改革的春风已经吹遍大江南北，“保军转民”成为身处三线的军工单位活下去的必然选择，核动力院也不例外。八仙过海各显神通，从上到下都在“找米下锅”，因为实在发不出工资了，活下去成为第一要义。核动力院相继出现了计算机公司、宝石厂、热塑管厂、铰刀厂、磁性材料厂、电热器厂等经济实体，甚至当时一度要搞矿泉水饮料，因为据检测当地的地下水质量非常好。

但是，“我们千里迢迢来到山沟里就是为了搞这些？”许多科研人员脑海中都涌现出问号，包括张森如。

1982 年 12 月 30 日，在第五届全国人大第五次会议上，中国政府向全世界郑重宣布了建设秦山核电站的决定。“728 工程”有了一个更为世人所熟知的名号——秦山一期。

张森如他们之前所做的努力没有白费，蓝图终于变为现实。可是，秦山一期核电站只有一个机组，功率只有 30 万千瓦，其实只是个实验性示范核电站。所谓实验性示范核电站，其建设目的是掌握核电设计技术、积累经验、培养人才，并通过运行验证核电站的可行性。这算是中国核电为走向成熟所迈出的一小步，当然也正是这一小步，才有了后来中国核电大步跨越的可能。

秦山一期功率太低，相比一般的火电站也略显不足，对电网贡献非常有限。华东地区的用电问题不可能得到根本解决，更大功率的商用核电站建设项目需求被提上议事日程。

■ 回龙观会议

1983 年 3 月的一天，北京城里乍暖还寒。按国务院要求，国家计委和国家科委联合召开了“我国发展核电的技术政策论证会”，即核电行业内著名的“回龙观会议”，40 多个单位约 150 位专家参加。

为什么要召开这个会议呢？因为当时国内关于核电发展有三种思路——“全面引进”、“外部合作”与“自主研发”，三种思路各有一批人支持，彼此争论不休，他们都有自己的理由，在当时看来，并没有对与错。“全面引进”是出于尽快增加电容考虑，要求全面引进国外技术，整套拿过来，这样时间更短，能够快速上项目，提供电能；“外部合作”强调要与国外合作设计、合作生产，逐步提高国产化比例，形成自主的制造能力；而“自主研发”则强调充分利用现有核技术基础，自主研发核电站。这可给国家计委提出了难题，到底走哪一种道路呢？于是，国家计委和国家科委组织了回龙观会议，这堪称中国核电发展史上的第二次“华山论剑”。

▌赵仁恺，国际著名的核动力专家，中国核动力科学与工程技术研究设计的奠基人和开拓者之一。1991 年当选为中国科学院院士，1994 年当选为中国工程院首批院士。

与会的各路专家经过激烈讨论，最终达成了共识，制定了《核能发展技术政策要点》，充分肯定了我国发展核电的必要性，确定了我国核电发展走压水堆技术路线，主要采用百万千瓦大型压水堆核电机组技术，并确定了技贸结合、成套引进与自主研发相结合的技术发展途径。这样的发展思路，不仅保证了电网容量的稳步增长，同时也给自主核电研发提供了成长空间。

紧接着，1983 年 9 月，国务院核电领导小组成立。随后，布局已久的秦山一期示范工程和引进法国技术设备的大亚湾核电站终于开工建设，秦山二期大型商用核电站工程也提上议事日程，我国核电正式起步。

其实，早在回龙观会议之前，核动力院就已经开始在全国各地奔走，寻找建核电站的机会了。他们明白，核动力院保军转民最好的路径，就是发展核电，这既是世界各国的核技术发展经验，也是核动力院在民用领域最有竞争力的突破口。

核动力院的主管部门第二机械工业部也很支持，批了一些专项经费，支持核动力院尽快拿出 60 万千瓦核电站的研究设计方案。当年参加过陆上模式堆建设、已成为核动力院副院长的赵仁恺，还亲自撰写了《关于我国建造 60 万 KW 标准型压水堆核电的建议》。

■ 秦山二期

核电是一个很特殊的行业，不仅因为它建设周期长、投资金额大，更因为它的安全性备受关注，所以国家对核电的管理非常严格，行业发展受国家政策影响非常大。因此，从四川乐山的五通桥电厂到上海金山的核热电厂，再到海南的 5 万千瓦核电站，甚至到西藏的小型核电站，核动力人在广袤的华夏大地四处奔波了好几年，这些尝试均以失败告终。

直到 1987 年底，核动力院收到秦山二期工程董事会发来的招标书。张森如至今仍然清晰地记得，曾经的老领导彭士禄，此时已经是核工业部的总工程师，开始负责秦山核电二期工程筹建工作，他突破了计划经济的框架，排除种种阻力，决定设备采购实行招投标制，设计由谁来做也全部实行招投标制。核动力院得到这个消息后，非常兴奋，因为他们早在几年前就拿出了 60 万千瓦核电机组设计方案，如今终于找到了用武之地，毫无疑问，他们一定要参与反应堆及主冷却剂系统（一般称为“核岛”）的设计投标！

可是，从他们拿到标书到开会评标，只有一个月时间了。

此时正值 1988 年元旦。怎么办？抓紧干呗！

设计人员加班加点、夜以继日地准备投标文件，所有技术骨干各领一份任务，全部扑到投标文件的准备上，描图、打图、晒图，最终拿出了一份内容非常扎实的标书，就连标书文件本身，都专门铅印成册，装帧十分精美。

1988 年春节刚过，时任核动力院副院长孙玉发（反应堆工程专家，1999 年当选为中国工程院院士）带着投标小组 20 余人来到招标现场，张森如也在其中。

这 20 余人，都是核工程各个领域的骨干。之所以调动这么强大的阵容，因为孙玉发明白，这次是背水一战，只许成功，不许失败。

由于长期没有任务，加上地处山沟生活不便，眼瞅着一些同时参加三线建设的兄弟单位随着“三线调整”的政策落实陆续搬到附近大城市，核动力院内人心非常不稳。孙玉发的办公桌前已经摞了好多份技术人员要求调走的申请书。如果这次再失败，面对那些“嗷嗷待哺”的职工，怕是头发都得愁掉一大把。

当时市场经济体制尚不完备，计划经济在人们的头脑中还占据主导地位。来参与投标的其他单位都认为招标只是走走形式而已，最终任务还是会通过上级领导分配的方式落实到单位，因而并没有认真准备。反倒是核动力院这些从大西南来的“山里人”一丝不苟地完成各种投标规定动作，有些评委甚至忍不住说：“这些‘山里人’简直认真得可爱！”

随着招标会的一点点推进，中标的天秤慢慢往核动力院这边倾斜。

这一点核动力院还是挺出乎意料的，毕竟当时他们只有陆上模式堆和高通量堆的设计建造经验。看到这样的结果，有一家参与投标的单位坐不住了，通过核动力院的上级领导做核动力院的工作，希望核动力院退出招投标，理由是核动力院已经有“国家任务”了，不要再跟兄弟单位抢饭碗。

当天，核动力院投标小组回到招待所后就召开了一次紧急会议，商讨对策。大家一致认为，虽然上级不支持，但核动力院有足够的技术实力参与竞标，没有理由半途放弃，即使最终没有胜出，起码也在评委和专家面前展示了核动力院的实力，按那句老话就是“来都来了”。

决定胜负的那一天到了，大家心中忐忑不安。

经过最后一轮陈述、答辩，在焦灼的等待中，分数终于公布了。

核动力院从三家单位中胜出了，而且分数占有绝对优势！

投标小组有人喜极而泣，孙玉发心中悬着的石头也终于落了地——有了项目，人员流失的问题这下终于能解决了。核动力院也终于有机会，从山沟里搬迁到城市去大展一番拳脚了。

从此，核动力院打通了保军转民的重要环节，正式叩开了核电市场的大门，自主设计了中国第一座大型商用核电站——秦山二期。

在这条路上，核动力院又继续走了 30 多年，它的背影就像是一位绝世高手般，孤独而坚定，走出了一条中国自主核电技术发展道路，以至于核动力院曾一度包揽了我国大陆所有自主核电的设计任务，其他单位不能望其项背。所以今天，他们才能拿出举世瞩目的华龙一号，当然，这是后话了。

秦山二期核岛设计项目投标成功不久，核动力院非核主体陆续搬迁到成都，人员流失问题很快得到缓解。但胜利的喜悦并没有持续太久，秦山二期核电站的设计一度陷入窘境。

秦山二期是对当时大亚湾核电站引进的法国 M310 机型的消化吸收和再创新。大亚湾核电站是 90 万千瓦的机组，堆芯为 157 组燃料组件，有 3 个环路。当时中国只能生产 60 万千瓦的发电机，因此大亚湾核电站是一个“交钥匙工程”，法方设计、建造、采购设备、安装调试，一切都完成后中方接过来只管运行就可以了。业内多年来流传着一个段子：连大亚湾核电站食堂里的餐盘都是从法国运来的。

但是秦山二期不一样，它是三环路改两环路，大量参数要重新计算，堆芯由 157 组燃料组件改为 121 组燃料组件，几乎相当于重新设计一个反应堆。另外，董事会决定设备采购的总策略是“凡是中国自己能干的都自己干”。通过艰苦的科研攻关、消化吸收再创新，国内揭开了装备制造企业的转型升级大幕。

重新设计反应堆系统需要时间，培养中国自己的设备制造企业更需要时间。业主方原本就只给核动力院留了一年多的设计时间，非常紧张，再加上上述种种因素，最终导致设计图纸远远跟不上现场施工进度。

如果第一单核电设计业务就拖期的话，核动力院怕是无法继续在民用核电领域继续走下去了。

在这万分紧急的情况下，核动力院决定选拔一位既熟悉秦山二期核电设计情况、又具备较强管理能力的人担任项目负责人。参加过陆上模式堆建设和秦山一期技术研发的张森如成了不二人选。在核动力技术上专业水平过硬的闵元佑则成为核动力院秦山二期的总设计师。

此后的数年里，张森如和闵元佑成了最亲密的伙伴，一起踏上了核电国产化的征途。

1994 年，张森如对全院反应堆及主冷却剂系统和控制仪表系统的设计、科研和管理进行了一番调查摸底，很快提出了 6 条硬措施：管理模式采用国际上先进的项目管理；设计、科研与技术服务项目分类管理；设计之间包括系统

闵元佑，核动力技术专家，荣获 2004 年国家科学技术进步奖一等奖、国防科工委科技进步奖一等奖，2005 年中国工程院院士候选人提名，中核集团公司“劳动模范”等多项殊荣。

和设备、内外之间的接口，进行高效有序的协调；设计和科研之间的协调，制定严格的程序并照章办理；强化质保体系；全面提高设计与科研人员业务素质。

在强化管理措施的同时，他还提出，要通过中外合作，引进并掌握先进设计软件，提高设计水平，缩短与国际先进水平的差距。这一套“组合拳”得到了核动力院上上下下的全力支持。

1996 年，秦山二期万事俱备，顺利开工建设。核动力院所承担的反应堆及主冷却剂系统、仪控系统的设计，没有影响现场施工和调试运行的开展，展示了自主设计的能力和水平。但这时，又有新问题出现了。

秦山二期筹建初期，投资方本来包括中核集团、浙江省电力公司和一家国有大型电力公司等大股东，但该公司因故突然宣布退出了秦山二期项目的股份，这一下就少了 30 多亿元的现金支持。

原本打算国产化的许多设备，由于没有资金支持，只能采用“多国采购”的方式。所谓“多国采购”，就是由这种设备的输出国给我们提供出口信贷，但前提是我们必须买它的设备。因为国产化前期需要投入大量资金，就这样，中国许多打算国产化的核电设备在那个时候就夭折了。

即便如此，最终秦山二期 1 号、2 号机组的 55 项重要设备中还是有 47 项基本实现国产化，平均国产化率达到 55% 以上，而后来的秦山二期 3 号、4 号机组的设备平均国产化率更是达到了 77%。我国核电装备行业中的龙头企业，比如上海电气、哈尔滨电气、东方电气等企业都是当年在秦山二期核电站设备研制过程中逐步建立了成熟的核电设备制造能力。核动力院也临危受命，自筹经费完成了秦山二期控制棒驱动机构的国产化任务。

1999 年春节，秦山二期核电现场车水马龙，一派繁忙，远在成都的核动力院控制棒驱动机构研发实验室里却异常安静，张森如正紧紧地盯着数控装置上显示的数据。这里正进行着反应堆控制棒驱动机构工程样机的考验试验。

控制棒驱动机构是核电站的关键设备之一，对反应堆的运行和安全起着至关重要的作用。张森如组织精兵强将不断探索，历经磨难，终于取得重大成果，并在上海先锋电机厂生产出样机。

可是，样机在上海试验时突发意外，控制棒驱动机构在提升和下降时打滑，不按预定的速度运行。经仔细分析、核对，认定错不在样机，而是试验装置问题。张森如当即决定，利用核动力院的试验装置重新试验，以验证自己研发的样机的性能和可靠性。

试验进行得异乎寻常的顺利。当控制棒驱动机构跑到300万步时，试验成功，可以圆满结束了，因为秦山二期的技术要求只需要达到280万步。但此时，张森如却作出了出人意料的决定：继续试验！

参试的人员都愣住了，有人当即投了“反对票”，认为这样可能会损坏样机。

张森如坚持继续试验，其实是有自己的打算。在试验中，他发现整个试验结果，波图和受力情况超乎想象的好。凭着深厚的理论功底和实践经验，他感觉控制棒驱动机构还能跑相当长的时间。而当时，核动力院正进行国家“九五”科技攻关项目——先进压水堆控制棒驱动机构的科研。眼前的试验如果继续做下去，不仅可检验秦山二期样机的性能，也能在节约经费的前提下，完成重要的科研任务。在和闵元佑为首的技术专家的研讨中，大家一致认为方案可行，但是仍然得冒一定的风险。一旦失败，不仅完不成国家所托，还得重新给核电站做工程样机，既延误了工时，还会让秦山二期投资方对控制棒驱动机构的技术性能和质量产生怀疑。但科研工作有时的确会与未知风险相伴相生，不拿出决心就得不到成果。

说干就干，张森如与闵元佑调动人马夜以继日地继续试验，连春节也在实验室里紧张忙碌。4个月后，数控装置上的读数已接近800万步。国家核安全局和核电秦山联营公司的专家们闻讯赶来，也要目睹奇迹的发生。

“到了850万步了，850万步！”不知谁惊叫了一声。这一看似冲动的决定，成功使秦山二期60万千瓦核电站国产化设备迈上了新台阶。

此后不久，张森如在秦山二期核电站1号机组非蒸汽冲转试验中又作出了另一重要的决定。

核电站主要通过反应堆提供蒸汽推动汽轮机发电。当汽轮机安装调试的时候，需要开展蒸汽冲转试验。秦山二期在诸多方面是参考大亚湾核电站的，后者是依靠蒸汽锅炉提供非核蒸汽。前者是否也要采用这种方式进行汽轮机冲转试验？当时颇有争议。

技术人员拿出了两个方案：一是效仿大亚湾，在工地旁建一个锅炉提供蒸汽，这样工期会加长，费用也更高；二是采用稳压器电加热和主泵运转产生蒸汽，在蒸汽发生器二次侧憋气，实现冲转，这样可节省100多万元建锅炉的费用，也节省时间。

反复揣摩后，张森如让技术人员仔细计算和充分论证，得出了第二个方案可行的结论，但大家都知道计算数据和现实总是有一定偏差的。张森如本身就是热工水力瞬态分析专家，凭着多年的经验，他再次作出了大家看似会拖延工期的决定——采用第二个方案。不出意外，试验取得了圆满成功！

此后秦山二期建设一路凯歌，顺利开展，秦山二期的1号、2号机组分别于2002年和2004年并网发电，秦山核电二期工程反应堆及反应堆冷却剂系统的设计，先后经历了方案设计、初步设计、施工设计三个阶段。在此期间，闵元佑和参与设计的同志从设计开始到施工完成，共同完成方案设计文件83份，初步设计文件367份，施工设计文件2000余份。可以说，每份文件都凝结着他的智慧和心血。作为秦山二期核电站的建设者之一，他的心中充满了民族自豪感。他期待多年的核电国产化的梦想终于实现了。

秦山二期反应堆及反应堆冷却剂系统，吸收、借鉴了国内外核电设计、建造的先进经验，采用了当今世界上技术成熟、安全可靠的压水堆堆型，系统中的重要设计结果都经过了试验的验证。各种实测值与设计分析计算值的比较表明，秦山核电二期工程反应堆及反应堆冷却剂系统的理论计算值与实堆的实测值符合良好，试验结果表明设备性能完善，能够满足核电站正常和事故工况下的运行要求。作为秦山二期反应堆及反应堆冷却剂系统的建设者，核动力院的所有科研人员久久地沉浸在幸福和喜悦之中。

秦山二期工程采用“以我为主、中外合作”的方式进行建设，核动力院开展了大量的研究和试验验证工作，最终实现了国外技术的有效吸收，并掌

秦山二期外景

握了核心技术。开创了中国首个具有自主知识产权的核电品牌——CNP600（China Nuclear Power 600）。

在此基础上，核动力院又先后做了300多项技术创新和改进，使反应堆部分性能超过了原来引进的法国M310机型。而且，这一工程还使核电经济竞争力得到大幅提升——秦山二期工程建设比投资为1330美元/千瓦，是国际上建设比投资最低的建设项目之一，比成套进口设备建设的大亚湾核电站的建设比投资2030美元/千瓦低了34%。建设比投资的大幅下降，使核电与煤电相比，经济竞争力大幅提升。

至此，核动力院花了30多年的时间，终于开启了自主化核电的征程，谱写了一首奋发的乐曲，抒写了一篇创新的华章！

第三节 曲 折

■ 三代核电技术划分

就在中国热火朝天建设秦山二期的时候，全球的核电技术也在不断进步。根据全球核电技术发展程度来划分，核动力院研发的秦山二期核电站算是第二代技术。那么，什么叫第二代技术？什么又叫作第三代技术呢？

核电站的建设起源于20世纪50年代，美苏两国建成核潜艇后都第一时间将这个重要技术应用到民用领域。1954年，苏联建成了电功率为5000瓦的实验性核电站。1957年，美国建成了电功率为9万千瓦的希平港原型核电站。国际上一般认为，这些实验性和原理性的核电站机组是第一代核电站。

20世纪60年代后期，在实验性和原理性核电站机组的基础上，人们陆续建成了30万千瓦以上的压水堆、沸水堆、重水堆等核电机组，在进一步证明了核能发电技术可行性的同时，也证明了核电的经济性可以与火电、水电相竞争。70年代后，因石油涨价引发的能源危机促进了核电的发展，各国纷纷开始兴建核电站，20多年的时间里，400多座核电站在全球拔地而起。这一批核电站采用的技术，人们称之为第二代核电技术。

其中美国建设了100多座核电站，共具有1亿千瓦左右的发电能力，核电在这个世界第一能源消费大国的电力供应中的占比至今仍然将近20%。另一个核电大国是法国，在减少依赖石油进口的能源战略指导下，不到30年的时间内就使核电在全国发电总量中的比例达到70%以上。

1979年的美国三里岛核事故和1986年的切尔诺贝利核事故引发了公众对核电站安全性的质疑，也导致了许多国家核电发展停滞。几十年来，核工业界为了提高核反应堆的安全性作出了不懈的努力，采取了各种改进措施。这其中，就包括中国以秦山二期为代表的二代改进型核电机组。

20世纪末的最后20年里，发达国家的核工业界向市场推出一批被称为“第三代”的新产品。其最基本特征是提高了反应堆在事故工况下的安全性。对电能有着巨大需求的中国成为核电巨头们竞相推销第三代核电技术最有吸引力的市场。

这便是三代核电技术的区别及其发展的由来。

■ 秦山二扩与岭澳二期

世纪之交，国民经济持续快速发展，对能源的需求更加强烈，我国的核电发展战略已由“适度发展”转为“积极发展”。很快，秦山二期扩建工程（简称“秦山二扩”）的两台机组被提上议事日程，仿照秦山二期工程，再建造两台 65 万千瓦核电机组。国家还为它确立了“翻版加改进”的设计和建设原则。秦山二期的投资方尝到甜头，也愿意继续投资建设核电站。此时的核动力院，经过秦山二期的历练，已经练就一身“绝世武功”，毫无悬念地将秦山二扩收入囊中。按照业内的代际划分，秦山二扩仍然只是第二代核电技术。

远在广东深圳的大鹏半岛上，与秦山二期几乎同时起步的岭澳一期核电站也已经建成投产。岭澳一期核电站的两台机组和大亚湾核电站的两台机组一样，都是买自法国的 M310 技术，虽然设计仍由法国人主导，但中国人实现了自主建造和安装，单位造价从 2030 美元 / 千瓦降低至 1800 美元 / 千瓦。投资方要求，岭澳二期工程的造价要进一步下降。那么，增加国产化设备比例和自主化设计就成为当务之急。核动力院再次凭借着无可比拟的优势拿下了首个百万千瓦核电机组的国产化自主设计任务。

从 60 万千瓦到 100 万千瓦，这不仅是核电站发电能力的量变，更是核电设计研发能力的质变。岭澳二期核电站工程以岭澳一期核电站为参考电站，采用的是“翻版加改进”的原则，岭澳二期是国家明确的“二代改进型核电技术示范工程”，核动力人称这种二代改进型核电为“二代 +”。以后中国核电领域的“引进、消化、吸收、创新”这条路能否顺利走下去，就在此一举。

岭澳一期的设计是由法国法玛通公司完成的，我们没有现成的资料可做参考，仅有的一点资料也是只有结果没有过程，这就好比是盲人瞎马，只知道目的地，但是怎样才能顺利地到达这个目的地？

当时在核动力院设计所工作的张文其，有着丰富的核电设计经验，并且对核电现场十分熟悉，他心里也清楚地知道，岭澳二期核电工程对我国核电产业国产化的重大意义以及对核动力院在市场竞争激烈的核电市场中占有一席之地的重大影响。张文其选择了迎难而上，攻克“二代 +”这座技术高峰。

在这段艰辛的奋斗岁月里，张文其几乎与节假日无缘，随时随地都会有工作将他召走，经常是白天出差处理系统设计问题，晚上返回办公室处理主设备包问题。通过克服困难，加班加点工作，张文其带领团队解决了许多岭澳二期设计工作中的瓶颈问题。

2005 年底，岭澳二期总体设计及初步设计完成，顺利开工，“二代 +”正式走上核电历史的舞台，由核动力院研发的“二代 +”核电技术方案为标准化、批量化自主建设百万千瓦级压水堆核电站创造了条件，对积极推进我国核电自主化建设具有重要意义。

2007 年，国务院正式批准国家发展改革委上报的《国家核电发展专题规划（2005—2020 年）》，目标是到 2020 年我国核电要投运 4000 万千瓦、在建 1800 万千瓦。这是一个令人鼓舞的数字，意味着从 2005 年到 2020 年，每年至少核准建设 4 台核电机组。除原来储备的一些核电厂址资源外，广东、浙江、湖北、江西、湖南等省份又开始了核电厂址普选工作，进一步增加了核电站厂址储备。核电的发展迎来了春天，核动力院在岭澳二期研发的项目方案成为中国自主核电批量化建设最多的核电技术（中广核集团称之为“CPR1000 技术”），为我国快速提升核电装机容量立下了汗马功劳。

许多年后，张森如评价当时的核行业发展状况时说：“核电进入了爆发增长期。”

其实，这一点儿也不意外。中国从 20 世纪 80 年代几经波折试探性地建设秦山一期和大亚湾核电站；到 90 年代渐渐摸索出一些经验，积累了一些技术和人才；再到新世纪里百万千瓦核电机组“爆发式”增长，这正是沿着回龙观会议确定的思路一步步在推进。

此后，我国核电建设必然以百万千瓦的机组为主。

没有长远的目光显然是不能成就卓越的，核动力院在开始秦山二期建设的时候，就已经将目光瞄到了百万千瓦机组上，而这一举动更是造就了中国第三代核电技术的雏形。只是那时的核动力院人并没有料到，从“二代+”到“三代”，会走得如此艰难。

■ 方案诞生

第三代核电技术的起源还得从1996年说起。这一年，秦山二期工程设计任务完成，现场顺利开工。而张森如却突然召集了十多位技术骨干逆流而行，从繁华的城市里回到寂静的青衣江畔，他这样做并不仅仅是为了忆苦思甜。

从接到秦山的设计任务开始，张森如就一直在思考一件事。早在1983年初国家召开的“回龙观会议”上，就已经明确了以后将以国际上流行的“百万千瓦核电机组”为主。而我们的秦山二期核电站设计时之所以把法国M310核电技术的157组堆芯改为121组堆芯，功率降为65万千瓦，原因是当时我国大型装备制造能力跟不上，只能生产出最大65万千瓦的发电机。这个“拦路虎”虽然还没有解决，但迟早会解决的，我们不妨现在就开始向国际看齐，设计自主知识产权的百万千瓦核电机组，等后续国家批准建设百万千瓦核电机组的时候，核动力院就能第一时间拿出方案来，这是核动力人的责任。

1996年底，10多位年轻的技术人员从成都回到寂静的九〇九基地，开始对中国自主的百万千瓦核电技术开展封闭式研讨。

这里正是30多年前第一代核动力人挥洒青春和热血的地方，如今，大部队已搬迁，只剩下空荡荡的办公楼和实验室，不远处，青衣江仍在缓缓流淌。

李白在《峨眉山月歌》一诗中写道：“峨眉山月半轮秋，影入平羌江水流。夜发清溪向三峡，思君不见下渝州。”其中的平羌，正是指青衣江，古代称平羌江。冬天的青衣江经常起雾，浓浓的大雾把群山、江水、田野都盖住，仿佛仙境一般，过午时分浓雾散去，就是暖暖的阳光。

之所以选择这里，张森如说：“城里太热闹了，分心，躲在这里能不受干扰。”跟着他来到山谷开展技术研讨的主要是反应堆物理、热工水力、核燃料等专业的年轻骨干，大多数经历了秦山二期设计任务的锤炼，既有专业功底，又有工程经验。

就压水堆而言，堆芯布置非常关键，它决定了一个机组的型号，就像汽车一样，外形貌似差不多，但其动力却因发动机的型号不同而千差万别，而反应堆就像核电站的发动机。

法国的百万千瓦核电机组M310是在反应堆堆芯中装填157组燃料组件，称为“157堆芯”。所以张森如一开始就向大家明确了目标：“既然我们要搞自己的百万千瓦反应堆，那就肯定不能再用法国人的M310堆芯，一定要跟它不一样！”

寂静的山谷中，张森如和这些技术人员开始“头脑风暴”，提出几种百万千瓦反应堆堆芯的备选方案，包括177组燃料组件、193组燃料组件、241组燃料组件等。针对这些布置方案，大家逐一讨论、计算、验算，再统筹考虑经济性、安全性等等，最终决定采用177组燃料组件的堆芯布置，简称“177堆芯”，它比法国M310的157堆芯要“胖了一圈”，反应堆安全性提升的同时经济性也有所提升。

昼夜不息的青衣江，见证了中国第三代自主核电技术最早孕育时的场景。

严格说来，刚刚诞生的“177堆芯”百万千瓦核电技术方案，只是一个雏形，还不能算第三代核电技术。要想成为真正的第三代核电技术，还有许多相关的计算和实验。张森如给它起了个名字，叫“CNP1000”，延续了他给秦山二期技术起的名字“CNP600”。他高兴地看到，CNP这个家族即将增添新成员。但他并没有想到，这个新成员的诞生之路会面临那么多的困难。

眼下张森如最重要的任务，是把CNP1000的方案进一步细化。

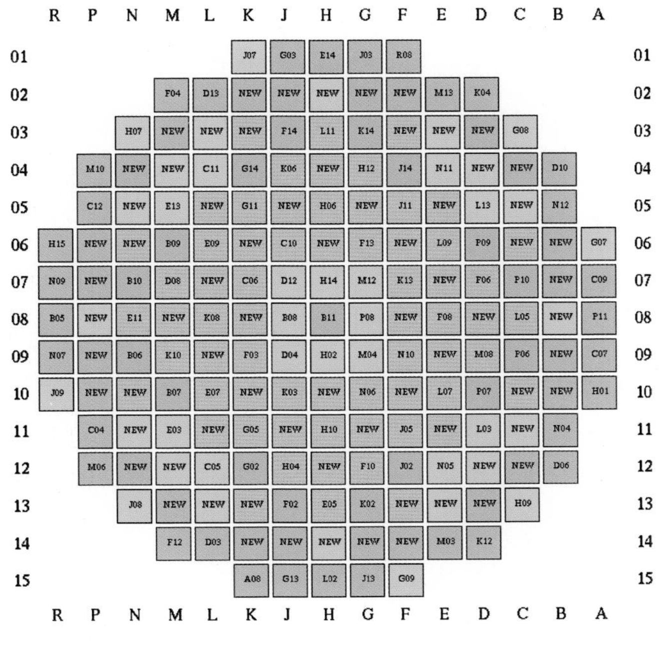

“177 堆芯”布置图

由于核工业的特殊性和敏感性，任何技术在应用前都必须经过十分严格的试验检验。他们虽然经过验算提出了“177 堆芯”，但只能算是比较粗线条的“纸上谈兵”，究竟实际表现如何，都需要更精细的论证和试验，需要更多配套的科研攻关，需要更多人参与进来。封闭式的技术研讨结束，张森如带着团队兴高采烈地回到成都，在全院各相关专业布置 CNP1000 研发设计工作。这时，已是 1997 年初。

张森如记得很清楚，这一年的 2 月 19 日，邓小平同志逝世了。这位改革开放的总设计师，带领全党和全国人民开启了一个崭新的时代，核动力院也紧随时代大潮叩开了核电市场大门，眼下他搞的“177 堆芯”和 CNP1000 技术，也许有一天会带领核动力人从沿海走向世界。

CNP1000 研发全面铺开，技术人员拿出了 CNP1000-A、CNP1000-B、CNP1000-C 三个具体版本的概念设计工作，并以 A、B 方案与法国法玛通公司（FRAMATOME）进行了技术交流。最终，确定了采用“177 堆芯”的三环路百万千瓦级压水堆核电站设计方案，即 CNP1000-A。张森如一方面带领技术人员继续细化方案，另一方面着手推广 CNP1000。

那个年代，人们讲报告是没有电脑和 PPT 的，知识都装在汇报者神奇的大脑中。为了向客户形象地展示产品，人们一般要挂上手绘或打印的“大字报”，或者用老式幻灯片。投影仪在国内市场上刚出现，还算是时髦的办公用品。但它价格高且很笨重，一台投影仪的体积比现在人们常用的大号旅行拉杆箱还要大些。张森如很早就让院里买了这种投影仪，他带领年轻的技术骨干主动走出去，到北京、秦皇岛、深圳等地去推广介绍 CNP1000，每次他们都是扛着这样笨重的投影仪。

每次扛着投影仪都很沉，但他每次都非要扛，每次介绍完，都会引来外单位人员称赞和羡慕的目光。

张森如印象最深的是那次带着技术方案跑到中广核集团“推销”。当时中广核的岭澳一期工程刚刚开工不久，正在筹划二期工程。虽然大亚湾建成后采用了“以核养核，滚动发展”的策略，但岭澳一期依然是购买法国的技术和设备，造价不菲，投资方正在寻找造价更低的技术方案。张森如很想把中国人自己研发的 CNP1000 推销到这里，广核的人礼貌地表示了对核动力院坚持走自主研发技术道路的敬意，但明确表示，CNP1000 是个新堆型，还需要做大量工作，暂时不会考虑。

尽管如此，核动力院强大的研发能力和自主研发的魄力还是给中广核集团董事会留下了深刻的印象。后来中广核决定岭澳二期工程仍采用法国 M310 技术，但是交由核动力院进行设计国产化。这就是前面提到的核动力院第一个百万千瓦核电站自主设计项目。

与此同时，在中核集团内部，张森如多方奔走，成功把 CNP1000 技术研发列入了中核集团“十五”核电发展计划。不久，北京核工程研究设计院（简称“核二院”）主动提出与核动力院合作，共同开展国产化百万千瓦级压水堆核电站技术研发。双方达成共识后，立即分工合作开展概念设计工作。核动力院承担 CNP1000 的核心技术攻关，如核蒸汽供应系统、部分专设安全设施和相关的仪控系统等的研究设计，核二院承担二回路常规岛和整体厂房设计。

随着设计方案的一步步深化，张森如也越来越有底气。

1999 年 8 月 16—17 日，北京正是夏日炎炎，中核集团组织召开了一个“100 万千瓦级核电机组概念设计专家论证会”。这个会议的规模很大，规格也很高，国家能源局、发改委、科工委、核安全局等 30 多个单位的 150 多名代表参加。会上，张森如、吴琳一行人意气风发地代表核动力院汇报了 CNP1000 的整体技术方案。其实这相当于一个产品推介会，正式把 CNP1000 推向全国，向大家宣告，中国有了自己的百万千瓦核电技术。

这次会议之后，张森如更加有信心了，因为专家对 CNP1000 都很看好，中核集团支持的力度也更大了——不仅拨给核动力院上千万元的科研经费，用于后续试验，还在集团总部成立了标准化设计总师办，张森如是副总设计师之一。

经过两年的努力，2001 年，CNP1000 设计进一步固化，核动力院承担的反应堆、反应堆冷却剂系统及相关的仪控系统部分的设计都完成了，并且完成了相关的七项关键试验。试验表明，177 组燃料组件的堆芯设计是完全可行的，具有工程可实施性和成熟性。

■ 错失良机

2003 年 9 月，中核集团与相关设计院签订《核电自主化依托项目国际招标技术准备工作任务及成果共享协议》，组织开展百万千瓦级核电机组的初步设计工作。

按中核集团的分工，核二院和 728 院分别为总体院，对三环路（CNP1000）和四环路（CNP1500）初步设计两个项目，各负责一个。核动力院则作为设计分包院，同时参加这两个项目，承担最核心的反应堆、反应堆冷却剂系统及相关的仪控系统等部分的设计。

至于核二院和728院谁负责哪一个项目，由两院协商。核二院认为核电机组容量（功率）大，容量因子大，对提高核电的经济性很有利，于是选了四环路（CNP1500）项目，728院选了三环路（CNP1000）项目。于是，CNP1000接下来的命运是交由核动力院和728院合作开展初步设计。现在看来，这次合作实际上造成了CNP1000研发历程中一段关键的曲折。

728院当时已参照美国的核电标准体系，完成了秦山一期工程。而核动力院在核电设计时是采用的法国标准，728院对法国核电标准体系不了解，所以在具体的系统技术方案上究竟采用哪种标准，两院很难达成共识。此时，国家已经批准了三门和方家山两个厂址用于百万千瓦核电站的建设，结果，双方合作了三年多，拿出来的针对三门与方家山厂址的CNP1000初步设计，没能顺利地让业主、国家有关管理部门接受。

而CNP1500因为前期根本没有开展研究，短时间内绝不可能拿出成熟的方案，便错过了“核电春天”的众多厂址。

2007年4月16日，方家山核电工程明确采用二代改进型“157堆芯”，工程设计正式启动。CNP1000落地方家山的梦想正式破灭。而三门则被美国推销而来的新三代技术AP1000所占领。

张森如和他的团队非常失望。其实，这几年间发生了太多事，都让人扼腕惋惜，这一件件事无疑让中国核电自主发展之路陷入困局。

21世纪初，美国西屋公司研发出满足第三代核电技术标准的AP1000核电技术，并开始在全世界范围进行推广。当时的中国有心大力发展核电，自然成为西屋公司的推广重点。2002年3月28日，西屋公司向美国核管会提交了AP1000的最终设计批准及标准设计认证。因为AP1000技术为当时国际上最为先进的第三代核电技术，采用“非能动”安全的设计理念，大幅减少了安全系统的设备和部件的数量，不仅在安全等级上达到了更高的标准，并且也极大地降低了建造成本。因此，在西屋公司的游说之下，决策层也对西屋的最新技术产生了兴趣。

同时，法国阿海珐公司也研发出了第三代核电技术——EPR。而当时中国的核电技术正处在由二代向“二代+”的跨越之中，国外对国内核电技术的发展采取压制的态度，短时间内国内无法研制出自主的第三代核电技术。为了更进一步确保公众安全，降低核电事故发生的可能，决策层有意引进第三代核电技术。

2002年末至2003年初国家确定了新一轮核电发展路线，因为我国已经掌握的第二代核电技术在严重事故预防、缓解措施等方面与国际上新的核安全标准还存在差距，需要进一步提升技术水平，而为了快速增大国内电容，满足国民经济发展的需要，引进国外先进成熟的第三代核电技术，现行建设四台第三代核电机组。由国外供应商负责为我国建设头两台第三代机组，然后在国外供应商的技术支持下，吸收先进技术，自主建设后续的第三代机组。

但是国际上的第三代核电技术此时由美国AP1000和法国EPR两家独占鳌头，为了充分维护国家利益，决策层决定采取国际招标的方式，以选取经济性更佳的第三代核电技术。中核集团和中广核集团两家公司都希望由自己作为引进的负责方，同时据理力争。决策层为搁置双方争议，决定成立第三家公司负责引进工作，于是在国家的推动下，成立了国家核电技术公司（简称“国核技”），2015年与中国电力投资集团合并成立国家电力投资集团有限公司（简称“国电投”）。

2006年，美国西屋的AP1000成为中国核电此次引进中最大的赢家，在中国一下子就拿下了浙江三门和山东海阳四台核电机组的订单。

AP1000引进合同的墨迹未干，在中广核集团的推动下，法国的EPR机型也落脚到广东台山项目。

眼看国外三代核电技术在中国核电厂址落地生根，中国人自己研发出来的百万千瓦核电技术CNP1000无人问津，在自己的土地上落不了脚。核动力院的人心急如焚，却又无可奈何。

■ 吴琳

带着不甘和遗憾，张森如却已到了退休的年纪。

此时，一位名叫吴琳的中青年专家接过张森如手上那杆旗，继续追逐自主三代核电的梦想。张森如以顾问和科技委专家的身份参与到 CNP1000 项目中。

吴琳，1962 年出生于四川，他从上海交通大学毕业那年，正是回龙观会议召开的 1983 年。四川人都恋家乡，吴琳也不例外，一毕业，他就来到位于四川的核动力院工作。

吴琳刚到院里来时，核动力院正处于“萧条”之中，没多少任务。秦山二期中标之后，这一切很快得到改观。包括吴琳在内的许多人都参与了秦山二期设计项目，其中很重要的一项工作是出国向法国人学习技术。

吴琳参加了核燃料项目的消化吸收，也获得了机会前往法国。他在法国第一次尝到了像棍子一样的面包，第一次去“Carrefour”买东西，第一次见到了门口有个红色大鸟的超市，很多年以后他才知道，那是“欧尚”。

吴琳在法国的主要任务是学习法国人的核燃料设计技术。当时，法国人根据秦山二期国产化转让协议，把 AFA2G 核燃料设计文件成批转让给中国。核动力院派人去法国接收，当时没有光盘、U 盘，接收的都是一盘一盘的磁带，放在专用机上读出来，再转成我们自己想要的东西，工作量非常大。

当时最困难的是用计算机，所有的数据和程序都通过穿孔纸带输入，效率很低，即使一个简单的程序，所需要的纸带也是一箱一箱的。计算机更是大得吓人，像一栋房子一样。由于中方技术人员学习的时间窗口紧，计算机又很有限，为了验算设计程序，大家都是不分白天黑夜地排队进机房使用计算机，有时一进去机房就在里面待几天几夜才能算完出来。到了晚上，即使是计算机算题的时候人也不能走，必须守在那里，困了就找一张桌子趴一会儿，醒了就看看计算结果，再接着算。

“机房里有空调，但是当你人在那工作了几天几夜出来的时候，仍然感觉眼睛不是眼睛，鼻子不是鼻子，满脸都像被糊了一样。”吴琳回忆起那段日子，终生难忘，“因为机房里为了保温，空气流通不好。”

就是在这样艰苦的条件下，核动力院的技术人员掌握了法国人的核燃料设计程序、设计文件和技术报告，也慢慢地培养出了自己的核燃料设计能力，为中国的核电站用燃料组件自主化打下了坚实的基础。

1996 年的时候，年轻的吴琳也曾在青衣江畔参与了“177 堆芯”的研讨，经过 20 多年的锤炼，他已经成长为核动力院 CNP1000 研发的主要负责人。

2009 年，中核集团为了保存自主核电技术的果实，果断出手，部署再做一个百万千瓦核电技术，仍由核动力院牵头设计。毕竟距离“177 堆芯”最早提出已经有 10 多年的时间了，全球核电技术有了许多进展，应该及时学习吸收这些新技术。当时中核集团任命核二院的邢继为项目总师，并将型号名称由 CNP1000 变更为 CP1000，即中国压水堆，并以福清 5 号、6 号为依托项目。而核动力院 CP1000 项目也与核二院一样采用了总师系统负责整个 CP1000 研发，院领导层任命已在 CNP1000 战线奋战多年的吴琳全面负责整个项目管理，并同时任命技术骨干刘昌文为 CP1000 项目的技术总师。

方家山项目已成定局，不会采用 CNP1000，三年多的工作几乎白费了。但此刻，吴琳身上还背负着众多夙兴夜寐奋战在科研一线的研发人员的期待，抱怨没有任何意义，他振奋精神，鼓励着院里各专业的技术人员继续深化设计，完成 CP1000 的攻关，并告诉他们：“加油，我们一定能拿下福清 5 号、6 号机组。”

2010 年 4 月 29 日，中核集团拥有自主知识产权的百万千瓦核电技术 CP1000 通过了国内 42 名核电顶级专家评审，它的特征是“177 堆芯”“单堆布置”“双层安全壳”。评审组组长叶奇蓁院士说：“这意味着我国百万千瓦核电技术具备了出口条件。”

这一年年底，核能行业协会也组织了全国的专家来审查 CP1000 方案，此时，已经成为核动力院副院长的吴琳带领各个专业骨干进行了翔实的汇报，在北京集中开了两天的审查会。审查会的结论都是正面的、肯定的。中广核集团，还有国核技的专家也都参加了。他们在会上尽管提到这样、那样的一些小的技术意见，总的意见还是认为 CP1000 解决了中国自主 100 万千瓦核电技术从无到有的问题，这是最大的一个成功。只有这个是中国人自己设计的百万千瓦核电技术，“仅此一家，别无分号”。国家核安全局也当场表示同意给 CP1000 批准建设项目。

汇报结束之后，吴琳长舒了一口气，这一次，他们终于将中国自主研发的核电技术往前推进了一步。核动力院 CP1000 团队一鼓作气，继续深化技术方案，到 2011 年初，完成了初步设计和初步安全分析报告。

吴琳记得很清楚，2011 年 3 月 8 日，天气很晴朗，他从成都千里迢迢飞到福清现场，参与开工准备工作。十多台挖掘机已经就位，轰隆隆地在现场挖地基。吴琳望着眼前这一切，激动又感慨——从 1996 年到 2011 年，十七年哪！中国核电技术从“跟跑”到“并跑”，项目负责人从张森如变成吴琳，核动力院花了十七年时间，终于实现了“177 堆芯”的梦想！

然而，谁也没有想到，一场突如其来的灾害，让这一切再生变数。2011 年 3 月 11 日，日本福岛发生了里氏 9.0 级大地震！福岛地震引发了海啸，海啸使福岛县两座核电站发生断电事故，反应堆堆芯过热与水反应产生了大量的氢气，因为福岛核电站设计较早，未设置消氢设备，最终高浓度氢气与氧气发生化学反应，导致爆炸，放射性物质外溢。福岛核事故使全球核行业发生重大转折，也使正在如火如荼发展的中国核电行业发生了强震，由“盛夏”进入“严冬”。

国际上，德国最先表示弃核，现有核电站都将在 2022 年前停运；意大利、比利时、瑞士等国也准备淘汰核电设备，转向太阳能和风能；日本更是迫于民众压力，停运了国内 54 个商用反应堆，但很快又因为夏季电力缺口而重启了部分反应堆。美国、法国、俄罗斯等传统核电大国对核电的态度倒是没有大的变化，继续坚持发展核能。

中国政府在福岛核事故后，紧急叫停了核电项目的审批，所有已开工的项目停工进行安全检查，已批准但尚未正式开工的不再开工。很不幸，福清5号、6号机组就属于已审批通过，但还未正式开工建设的项目，因此成为“不再开工”的项目。

吴琳真是欲哭无泪。他记得很清楚，震后第三天，他与技术总师刘昌文等人正准备前往福清，参与震后影响的研讨会。那天恰好大雾弥漫，他们乘坐的汽车在海边的大雾中谨慎而缓慢地前行。车上没有人说话，每个人心中都很沉重，他们都明白，此刻，CP1000的命运，就像在这浓雾中前行一般，不知道前方究竟是什么。

核动力院的研发人员在福岛核事故后经常会接到无数亲朋好友的询问，比如“到底日本事故对老百姓影响有多大”“日本那边来的东西是不是不能吃了”“是不是要赶紧采购点盐了”等问题，他们都耐心解释，详尽作答。但是他们心中的那个疑问——“福清5号、6号啥时候能开工？”却得不到答案。研发人员都陷入了一种难以言喻的迷茫之中。

吴琳的内心情绪复杂得多。他不明白，怎么中国自主的百万千瓦核电技术就这么命途多舛呢？之前是瞄准方家山的几年工作无功而返，后来又受外国技术排挤无立足之地，现在是福清5号、6号，眼看就要开工了，却遇上福岛核事故。

下一步该怎么办？福清的项目会不会无限期地停止？“177堆芯”还要不要继续搞下去？科研人员的失落情绪如何才能安抚？

福岛核事故后不久，在核动力院举行的一次内部讨论会上，大家都黯然神伤，觉得委屈，觉得前途未卜。一位技术人员抑制不住内心的郁闷，七尺男儿在发言过程中哭出声来，引得现场许多人都开始抹眼泪。吴琳作为这个项目的负责人，却只能将悲痛化为力量。他不断汇集各层面的呼吁，向上反映情况。他相信，努力也许不一定成功，但不努力一定不会成功。

第四节　国家名片

■ 核电重启

经过一年多焦灼的等待和辛苦的奔走，终于盼来了国家的决策。2012年10月24日，时任国务院总理温家宝主持召开国务院常务会议，讨论并通过了《核电安全规划（2011—2020年）》和《核电中长期发展规划（2011—2020年）》，对当前和今后一个时期的核电建设作出部署：（一）稳妥恢复正常建设。合理把握建设节奏，稳步有序推进。（二）科学布局项目。“十二五”时期只安排沿海少数经过充分论证的核电项目厂址，不安排内陆核电项目。（三）提高准入门槛。按照全球最高安全要求新建核电项目，新建核电机组必须符合三代安全标准。

前景就豁然开朗——“按照全球最高安全要求新建核电项目，新建核电机组必须符合三代安全标准”。

中核集团态度也很明确，继续支持以“177堆芯”为代表的自主百万千瓦反应堆技术，但要尽快按照国家要求进行技术升级，达到“全球最高安全要求”，并且是“第三代技术”。

这给核动力院吃了一颗“定心丸”，“177堆芯”落地还是有希望的，但是需要改进，首先是改了名字——从CP1000变为ACP1000（即后来华龙一号所采用的核电堆型）。其次是提高安全技术，满足三代安全标准。

吴琳心中积压的那口气终于得到了缓解，他立马向研发团队下达了集团领导层的指示，号召ACP1000团队开始对标全球核安全标准和全球三代核电技术，列出差距项。

科研人员不怕困难，只怕没有方向。那一阵子，研发团队的所有人心里都憋着一口气，没日没夜地对标，把美国、法国、俄罗斯、日本、韩国等国的核安全相关技术标准全找来，一条一条与自己的技术对照，所有低于标准的地方，都是他们需要改进的地方。

吴琳说："当时列了很长一串改进项，都是对标后得出来的结论，确实我们有不少技术需要提高。"对标完毕，核动力院向中核集团提交了一摞厚厚的 ACP1000 项目建议书。

很快，中核集团专门下达了重点科技专项"ACP1000 三代核电技术"研究任务书，由核动力院和核二院共同完成。其中，核动力院独立申报并承担了 18 项重点课题，用于攻克核岛内的关键技术，掌握这些关键技术是实现我国核电技术向第三代跨越的重要基础。

ACP1000 项目里面有五大关键试验，其中四项是由核动力院完成，由此可见这个硬骨头核动力院啃了多少。此外，核动力院还自筹经费完成了两项额外的重要研发任务，一是蒸汽发生器，二是低温超压保护技术。这两块合起来共计 20 项重要课题。

前面已述，三代核电技术相比二代主要的变化是安全性得到提升，严重事故发生频率得以降低，而且即使发生，也会有相应的应急处理方式对其进行缓解，确保放射性物质不外溢。此外，国际上流行的三代核电技术还有几个特征，如换料周期（即反应堆内燃料更换的周期，就像汽车停车加油一样）从 12 个月变为 18 个月、电站运行寿命从 40 年提升为 60 年、抗震等级从 0.15g 变为 0.3g 等，核动力院也把这些纳入研发目标，最终研发人员所确定的 ACP1000 技术指标均达到三代技术要求，其中还有部分技术领先于其他的三代核电技术。

为此，在中核集团下达重点科技专项"ACP1000 三代核电技术"研究任务书后，核动力院凝聚骨干力量成立了 ACP1000 项目部，开展"三代核电（ACP1000）反应堆及一回路系统研制"项目。吴琳具体负责，刘昌文仍然是项目总师，聘请院士、专家担任项目技术顾问，针对核心瓶颈技术，整合全院技术资源和各专业技术人才，成立 ZH-65 蒸汽发生器专项攻关组、核电设计与分析软件攻关组及 CF 燃料组件等专项攻关组，参与研发人数 500 余人，对 20 个重点课题进行攻关，依托各主体研究所及专业研究室、国家级重点实验室及国家能源研发中心的专业人才队伍及国内一流的试验装置，为项目提供技术保障。

吴琳至今都还记得，ACP1000 对标改进的科研项目建议书报给中核集团后没几天，一天晚上 10 点左右，他还在成都总部开会，突然手机显示中核集团领导来电。这个时间来电话肯定有要紧事，他不敢耽误，赶紧走出会议室接电话。手机另一端传来满怀激动的声音：“ACP1000 研发项目经集团党组讨论已获批复，核心的东西都在核动力院，所以成败的关键在于核动力院，你们要抓紧时间组织好、实施好！”

吴琳的心情先是欣喜，而后沉重。喜悦在于核动力院自主研发的三代核电技术得到中核集团高度重视和支持，“177 堆芯”还有希望落地。沉重在于眼下核动力院参与的 AP1000 引进消化吸收工作与示范工程建设正如火如荼进行，而且大有“一统天下”的可能，留给 ACP1000 的时间窗口很短。国家层面要求按照“国际最高安全标准”建设核电，作为核动力院主管核电业务的副院长，他很清楚，在短时间内，高标准地将如此复杂的系统研制出来，这是个巨大的挑战。吴琳稍作沉思，还是给集团领导立下了“军令状”：“您放心，核动力院坚决完成任务！”

■ 攻坚克难

吴琳知道，ACP1000 的研发难度大、时间紧、要求高，要想统筹实施好这个项目，就必须要有出色的管理，打破壁垒，凝聚众智，才可能在短时间内实现重大突破。他立刻通知了臧峰刚、李朋洲、曹锐等几位骨干人员第二天一早到他办公室开会。

会上，大家就如何组织管理进行了紧张激烈的讨论，最终形成四点意见。这四点意见最终都落实，并成为支撑 ACP1000 项目顺利完成的坚强保证：

一是核动力院要建立一套先进的反应堆研发管理体系，需要一个院层面的组织管理架构，统筹好研发的各要素。

二是核动力院还有几个“硬骨头”需要啃，必须成立专项课题组进行集中攻关，解决这几个“拦路虎”。

三是ACP1000这个项目需要院长亲自挂帅，并配备一位专项负责的主管院领导当项目经理，同时要选好总设计师、专项组负责人及配合研制单位。

四是ACP1000技术研发的全过程要“借智”，因为时间有限，没机会“试错”，只有多咨询院士、专家，多邀请行业专家评审，才能少走弯路。

吴琳的压力并不小。从当时的情形判断，福岛核事故后，二代改进型机组肯定以后不会再用了，这条路是彻底断了。核动力院之前花了十几年陆续拿到了国内几乎所有二代改进型核电机组的设计订单，这种好日子就此结束。与此同时，AP1000的技术转让谈判也举步维艰，想从美国三代技术AP1000中分一杯羹看来是希望不大了。核动力院可以说是前景堪忧，唯一一条出路就是把自己的CP1000百万千瓦技术升级为第三代技术ACP1000，并实现工程应用。

事实上，国内受到福岛核事故影响波及的不止核动力院。此时国内的二代改进型核电机组其实已经处于一个成熟期，无论是设计还是建造都成熟了，刚实现批量化建设。国内的各大装备制造商也刚刚把这些大型的设备都自主化了，能造蒸汽发生器了，能造反应堆压力容器了，能造堆内构件了。结果遇上福岛核事故，所有的努力都化作泡影了。

孙子兵法讲“天时、地利、人和”，把“天时”放在第一位，真是大智慧。生不逢时，谁也没办法。

吴琳成为ACP1000项目经理后，要做的第一件事是拉起一支队伍来。核动力院几十年来都是三级管理体系，从院本级到下属研究所，再到专业科室，各自有一套完整的系统。以往的研发采用的是职能式的研发模式，将研发项目按照大的专业分工（设计、试验、运行等）分配到院下属的各个研究所，各研究所再根据专业细分到各科室，最后才到技术人员。对于时间紧、任务重的研发任务，这种模式就存在项目成员沟通不畅顺、产品开发周期较长的问题，因此必须改变这种按职能模式进行产品开发的现状。

在吴琳的总体策划下，仅用 3 天时间就拿出了组织架构方案，并与各所沟通，挑选了合适且专业的试验负责人，成立了矩阵型的院级管理项目部。吴琳明白，这种跨部门、跨所的项目团队其实是个弱矩阵，每个人都是完成本岗位的工作之外，参与到这个项目中，很多人都是靠晚上加班完成项目工作；而且这个项目部的管理权限非常有限，既不能决定升迁，更不能决定奖金，想把大家凝聚在一起并不是那么容易，只能靠团队领导者的强大协调力和团队的共同愿景。

研发项目就在这种弱矩阵的管理模式下全面铺开了。但大家似乎都对自主核电满腔热血，为了早日完成研发工作，到了夜晚，整个办公大楼灯火依旧明亮。后来吴琳回忆起来说："当时真的感觉大家都开始拼命了。"

在 2013 年底的时候，核动力院原定的 ACP1000 科研项目基本完成，只用了两年多一点点时间。这时的 ACP1000，已经是涅槃后的中国自主三代核电技术，满足全球最高核安全标准。

此时的 ACP1000 主要技术特征包括：177 堆芯、单堆布置、双层安全壳、抗大飞机撞击、能动与非能动相结合的安全设计理念、完善的严重事故预防与缓解措施、强化的外部事件的防护能力和改进的应急响应能力等。

这一切工作做完了之后，吴琳按照惯例要求研发团队以福清 5 号、6 号厂址为对象进行了初步设计，完成了初步安全分析报告，就准备递交给国家核安全局、能源局等管理部门进行审查。

■ 好事多磨

也许是受福岛核事故的影响，国家层面对美国西屋公司 AP1000 技术的安全性抱有很大的期待。毕竟国内的核电技术起步晚于西方国家三四十年，与美法等核大国相比，技术还是存在着一定的差距。虽然核动力院一直按照国际最高标准进行技术研发和改进，但是决策层依旧延续之前的政策——三代核电引进政策决定采用"统一技术路线"，也就是说，要以从美国买来的

AP1000“一统天下”，其他的堆型都不再开建。

ACP1000明明已经从技术层面满足国家要求了，还是不能建设，这可怎么办？吴琳他们只有到处呼吁，向决策层不断反映情况，陈述中国自主核电技术经过多年积累取得的丰硕成果，陈述中国发展自主核电技术的重要意义。

经过多次努力，最终争取到的政策是：“既然搞出来了，那就卖到国外去，国内不准建，国内要统一技术路线。”所谓的“卖到国外”，指的是巴基斯坦。

巴基斯坦与中国是“全天候战略合作伙伴关系”，人们亲切地称之为“巴铁”。但是“巴铁”也不傻：“ACP1000是中国研发的反应堆技术，但你们在中国国内都没有建一个示范堆，凭什么我们要做第一个吃螃蟹的人呢？”因此，巴基斯坦购买ACP1000机组的一个重要前提条件是中国国内先建设示范堆。

“巴铁”的担心不无道理。放眼2013年的全球核电市场，美国的AP1000技术和法国的EPR技术首座反应堆都在中国建设，都不同程度地拖期了，造成了不小的经济损失。“首堆必拖”简直像一个魔咒，笼罩在三代核电技术头上。连美国、法国这样的资深核电强国都难逃首座示范堆拖期的命运，中国这样的核大国作为“后起之秀”，又能如何？

国内没有ACP1000建设计划，连示范堆也不行，只能到国外建设。而没有国内的示范堆做支撑，国外更不会让ACP1000建设，这简直成了一个让人哭笑不得的死循环。

技术上的问题核动力院从来都不怕，有这么多顶级核技术专家的核团队，无论什么技术难题都能攻克，但宏观政策上的调整，就只能靠管理层继续去“攻关”了。

那几个月，吴琳和刘昌文都没少跟着中核集团的领导到处奔走，推销ACP1000。刘昌文说：“那一阵简直是，集团公司看到一个觉得可以呼吁的部门，就领着我们去汇报，去呼吁。去了很多我们从来没打过交道的部门，有些部门在之前我都没有听说过，但集团公司觉得他们还有些影响力，就带我们去那里汇报。还有一些学术机构，我们也都去汇报过，逢人就讲我们ACP1000有多么好。”

此外，还有几十位院士也帮着一起向上反映。既然国家已经定了以后国内以AP1000建设为主，那么我们中国自己的ACP1000作为辅助，象征性地建个示范堆总行了吧？得到的答复还是不行。

但天无绝人之路。渐渐地，各个层面呼吁得多了，居然真的产生了一些影响。加之美国的AP1000在三门核电站建设的首堆一直拖期，ACP1000落地福清5号、6号机组的计划又重新被摆上了议事日程。

正当吴琳他们暗自高兴的时候，没想到，又起了一番波折。

中广核集团此时突然宣布他们在二代改进型核电技术的基础上，也搞了一个三代技术，名字叫ACPR1000+，并积极向相关部委推荐。

在“一个国家不搞两个三代核电技术”的思路指示下，2013年4月底，国家能源局主持召开了自主创新三代核电技术合作协调会，最终确定中核、中广核两家集团在ACP1000和ACPR1000+的基础上各取所长，融合形成更优的技术方案，取名“华龙一号”，寓意“中华复兴，巨龙腾飞”。会后，两集团签署了会议纪要，达成十项共识，并安排双方技术人员组成专家队伍开展技术融合的交流工作。“华龙一号”的名称也由此而来。

国内达成共识后，吴琳又马不停蹄地带着团队来到奥地利，请国际原子能机构（IAEA）的专家对ACP1000技术进行审查。这是中国自主三代技术首次面对国际同行，既是虚心求教，也是主动推广。吴琳并不是第一次与IAEA的专家们打交道了，这些都是来自各个国家的核技术顶级专家，在核行业内的许多国际会议上，经常见到他们侃侃而谈。他们对于美国、法国、俄罗斯、韩国的技术都非常了解，但对于一直“跟跑”的中国，并不了解。当吴琳等人穿着笔挺的西装，说着流利的英语，向他们介绍具有中国自主知识产权的三代核电ACP1000时，这些专家们都小小地吃了一惊。现场没有人给予评价，专家们傲慢而谨慎地说，需要一段时间研究再做回复。吴琳等人回国等消息。

许多年前，核动力院的院长钱积惠去国际原子能机构担任过副总干事，当时还邀请他们到核动力院参观。在他们看来，核动力院能在那样艰苦的山沟里搞出第一代核潜艇陆上模式堆、搞出秦山二期，简直就是个奇迹。如今，中国已经甩掉了贫穷的帽子，但是在先进核电技术研发的梯队里，中国恐怕还只是个“跟跑”的角色。没想到这么快，中国就能拿出ACP1000这样有分量的作品。

■“国家名片”的诞生

几个月后，IAEA的专家们经过认真审查，终于给出了书面结论：“ACP1000在设计安全上满足国际原子能机构关于先进核电技术最新设计安全要求和标准”，并且“ACP1000在成熟技术和详细的试验验证基础上进行的创新设计成熟可靠”。几乎已经是IAEA针对全球各种具体反应堆型号给出过的最高评价了。吴琳他们吃了一颗“定心丸”。

2013年12月，中核集团按照融合后的华龙一号总体技术方案完成初步设计，并正式以福清5号、6号机组作为华龙一号首堆示范工程完成初步安全分析报告编制，正式提交国家核安全局。融合后的华龙一号，其核心关键技术特征仍然是177堆芯、单堆布置、双层安全壳、抗大飞机撞击、能动与非能动相结合的安全设计理念、完善的严重事故预防与缓解措施、强化的外部事件的防护能力和改进的应急响应能力。

2014年8月22日，国家能源局和国家核安全局联合组织了专家评审组，对华龙一号总体技术方案进行评审。融合后的华龙一号首次在国内专家面前亮相。经过热烈的讨论，专家组一致认为，华龙一号成熟性、安全性和经济性满足三代核电技术要求，融合取得了很好的成果，体现了方案的总体技术特征，并为后续发展保留了空间。

2014年11月3日，国家能源局正式批复，同意福清5号、6号机组采用华龙一号技术方案。2015年5月7日和8月20日，中核集团国内华龙一号示范工程福清 5 号机组和海外华龙一号示范工程巴基斯坦卡拉奇 2 号机组（简称“K2 机组”）分别开工，浇筑第一罐混凝土。

至此，核动力人为之努力了 20 多年的华龙一号终于开始从蓝图变为现实，中国完全自主核电技术终于实现了迄今为止最为重要的跨越——不仅开启了国内建设的热潮，同时也成为第一个走出国门的三代核电技术，成为当之无愧的“国家名片”！

第二章

今非昔比

第三代核电技术研发虽然已经是必然要求了，但是，如果仅仅在安全上得到了大幅的提升，肯定是不会得到核电投资方的青睐的，毕竟除了满足国民经济发展的用电需求以外，核电的业主还需要从中获取利润。如前所述，第三代核电技术与第二代核电技术最为根本的一个差别，就是第三代核电技术把设置预防和缓解严重事故作为了设计核电厂必须要满足的要求，从而大大提高了安全性。也就是说，第三代核电技术在安全问题上做到了“设计兜底”，可把厂外放射性物质释放的可能性降低几个量级。如果不计成本地加大投入，核电站的安全性必然能达到一个更高的层次，现实却让我们不能这样做，因为这样的核电站即便建成，也永远只是一个“花瓶”，我们除了投建需要大量的资金，在以后的日子里还得不断地加注资金以维持运转，核电安全的建设永远都处在一种动态的平衡当中。故而，华龙一号在安全上达到了全球的最高标准，那么除此之外，它必然还要有更多的其他优势，不然业主不会投资建设，“巴铁”也不会购买。而华龙一号在各方面的提升，相比于以往的核电站，大有不同。

第一节 更安全

核电的经济效益固然十分重要，但对于核能行业来说，安全始终是第一位的，因为核安全是核工业的生命线。在核电站设计之初，安全性就是首要考虑。一座核电站，其安全水平主要就是通过其安全系统完备性来体现的。而华龙一号作为我国具备完整自主知识产权的第三代先进压水堆核电站，其安全性在国际上更是名列前茅，其最为突出的就是开创性地采用了“能动与非能动相结合”安全设计理念。

第三代核电站分为改进型能动安全系统核电站和非能动安全系统核电站。前者以法国 EPR 机型为代表，采用加法理念，通过设计增加安全系统的冗余度和多样性提高安全等级，设计理念较为成熟。后者以美国 AP1000 机型为代表，采用减法理念，通过非能动技术简化核电站的安全系统，设计理念是压水堆核电技术的重大革新。而华龙一号采用的 ACP1000 堆型，则是全面平衡地贯彻了核安全纵深防御原则和设计可靠性原则，创新地采用“能动与非能动相结合”的安全设计理念，非能动安全系统作为经过工程验证、高效、成熟、可靠的能动安全系统的补充，可有效应对动力源丧失的意外情况，为保障核电站的安全提供了多样化的手段。

核电站中，系统的功能需要对应的部件来实现，一般将部件分为能动部件与非能动部件。依靠触发、机械运动或动力源等外部输入而执行功能，以主动态影响系统的工作过程，称为能动部件。如泵、风机或应急柴油发电机组等。而无须依赖外界输入通过压力、流量或温度等外部参数变化，仅依靠自然对流、重力等自然能力实现安全功能的称为非能动部件。非能动技术在核电厂遭遇失去外部供电等意外事件时，仍能安全停堆和长时间导出衰变热，因其在设计制造中能保证很高的质量水平，研究中通常假设其不发生故障。

在以往建设的核电站中，能动安全设施是必备的，经过大量的工程检验，被认为是可靠且有效的。但是福岛核事故的发生，让人们开始疑虑，如果动力源一旦失去，那么能动安全设施不就形同虚设，完全无法发挥其应有的作用了？

很早以前核动力院就考虑过此种情况，他们在20世纪90年代开展新一代反应堆安全系统的设计时，就开始考虑是否可以有效地利用非能动安全设施来应对动力源丧失的情形，并带着这样的想法和美国西屋公司进行了交流，得到了美国同行的充分认可。但后续由于核电投入不够，非能动安全系统的研发并没有顺利地开展下去，而西屋公司则对非能动安全产生了莫大的兴趣，最终将其应用到了他们所研发第三代核电技术——AP1000上。

在研发华龙一号时，他们看到了AP1000采用非能动安全系统的优势，于是采用了取其所长的方式，加入到了华龙一号的安全设计中。但是这一切并非一帆风顺，因为非能动系统的设计在国内安全没有参考，而国外对其也是严防死守，不会泄漏半分。

在这样的情况下，核动力院的科研人员，并没有放弃，而是通过借鉴设计理念，然后通过自己的方式进行全面开发。最终形成了以非能动二次侧余热排出系统（PRS）、非能动安全壳热量导出系统和能动与非能动相结合的堆腔注水冷却系统为代表的非能动安全系统。

其中非能动二次侧余热排出系统保障华龙一号在发生类似于福岛核电站的全厂断电的情况下，72小时内依旧能够带走反应堆内的热量，让反应堆维持安全。

而非能动安全壳热量导出系统和能动与非能动相结合的堆腔注水冷却系统能够保证华龙一号在严重事故下，保证反应堆压力容器内的温度不过高，防止发生高温放射性物质熔穿、放射性物质向环境释放。

以上方案的提出均是充分吸取福岛核事故的经验反馈自行设计的，作为新研发的系统，当然不能直接投入到核电站中进行使用，更不可能利用核事故来验证其功能是否满足要求，而是开展模拟工况的试验研究。

方案的理念和设计已经是颇费周折，但是制定能够充分验证系统性能的试验也是困难无比，因为国内从来就没有开展相关试验的经验，试验如何安排、装置如何设计、条件如何模拟等种种困难一直萦绕在核动力院研发人员的心头，通过对文献的调研和小型试验的尝试，他们一步步摸索，通过长达4年的时间，终于完成了所有的试验。试验结果证明，他们所设计的能动与非能动相结合的安全系统性能完全满足需求，这使得华龙一号的总体安全水平超过了世界现有的核电机组水平！

第二节　更抗震

华龙一号作为国内走出去的战略项目三代核电，在满足我国现行核安全法规、标准的前提下，充分考虑到福岛核事故的影响，将CP1000设计基准地震等级由0.2g提升到如今的0.3g。

0.3g是什么概念，参考民用建筑来说，就是抗震设防烈度8.5度，在该烈度下房屋将遭受严重破坏或坍塌（我国把烈度分为12度：7、8度地震烈度下房屋受到破坏，9、10度下房屋坍塌）。设计基准地震等级的增加大大地提高了整个核电站的抗震能力和机组的安全性。

另外，设计基准地震的提高也增加堆型对不同厂址的包络性。由于每个厂址设计基准地震不同，如海南昌江0.15g、福清漳州0.3g、浙江秦山0.2g，以前针对每个厂址都要重新设计，而现在只要确认0.3g标准设计谱可以包络厂址谱，就不需要重新设计，这就极大增加了华龙一号堆型的厂址适应性。

华龙一号抗震水平相比之前的CP1000提高了50%，这给设计等带来很大的影响，给力学分析带来了巨大的挑战。为了这个目标，研发人员进行了不懈的努力。

在燃料组件0.3g地震分析论证中，由于其部分部件的设计应力超过规范要求的许用应力，结构可能产生破坏，燃料组件的结构完整性不能满足。为了啃下这块硬骨头，核动力院的力学工作者们积极开动脑筋，齐心合力。一方面，从地震载荷输入端着手，因其是由总包院中国核电工程公司（简称“工程公司”）进行设计，负责抗震分析技术工作的设计所八室的力学设计人员与工程公司反复交流沟通探讨降低输入保守性的各种可行方案，工程公司前后提供了 8 版抗震输入。另一方面，力学设计人员不断在计算方法和计算模型上下功夫。整个抗震计算分析过程方法复杂，工作量巨大，上下游计算之间相互影响、环环相扣，任意一环出现问题都只能从头再来，这对力学计算人员的协作能力是一种考验。为使计算得到的地震载荷分布真实可信，并合理地降低计算过程的保守性，力学设计人员加班加点、开动脑筋、苦心钻研。

研发团队在仔细对比研究国内外最新规范对加速度时长、强震时长、目标谱与计算谱的包络、计算谱频率间隔以及目标反应谱的控制点数等要求的基础上，结合已有的计算软件并自行编制 MATLAB 计算程序，快速准确地完成了 8 版抗震响应谱（每版抗震响应谱包含 8 种剪切波速，每个剪切波速需在水平方向上转至少 7 条加速度时程）转加速度时程的分析计算工作，最大限度地为下游研发人员争取了工作时间。

研发团队根据反应堆压力容器及堆内构件水平和垂直方向的耦合度非常小的特点，分别建立了水平和垂直模型，模型考虑了流固耦合、各种非线性连接刚度以及结构间间隙等因素，因此计算和数据处理都需要大量的时间。优化反应堆堆内构件及燃料组件的间隙和阻尼等分析参数，针对数据多的情况，自编多个接口和后处理程序以提高计算效率，同时通过对 EPR 以及西屋公司的相关报告的研究，为燃料组件最终通过 0.3g 抗震分析打下坚实的基础。建立了燃料组件地震分析的水平和垂直模型，由于水平方向作用下燃料组件之间的碰撞，通常考虑燃料组件数最多的一排。将反应堆压力容器及堆内构件地震分析得到的时程结果作为燃料组件计算模型的边界条件施加到对应位置上，完成了燃料组件地震分析，计算得到供燃料组件力学评价的地震载荷。经过上百次的逐条分析计算，将燃料组件地震载荷与 LOCA 分析的结果相组合，最终燃料组件抗 0.3g 的关键——导向管应力和格架撞击力均满足限值要求，燃料组件其他部件的力学评价也满足规范要求。

2016 年 7 月，在由福清核电组织的审查会上，国内业内专家对核动力院燃料组件抗 0.3g 的分析论证工作和评价方法给予了充分的肯定和一致的认可。

▎抗震分析团队合影

对于满足抗震功能的设备和部件，都要通过抗震试验，确保其功能要求。其中最为关键的就是控制棒驱动线抗震试验，保证控制棒能在 0.3g 地震下顺利落棒，确保反应堆安全停堆。

在控制棒驱动线抗震试验前，抗震分析人员最初试算时，发现反应堆支承位置的楼板谱较美国的 AP1000 大很多。抗震分析人员也从侧面了解到 AP1000 控制棒驱动线地震试验时，晃动剧烈，控制棒驱动机构顶部与周围支承撞得砰砰响。相比之下，华龙一号控制棒驱动线抗震试验肯定是更加困难，大家心里都在犯嘀咕：“地震载荷这么大，到时会不会振坏了？”虽然心里这样想，可大家也明白，抗 0.3g 地震是三代核电的基本要求，必须保证控制棒能在 0.3g 地震下顺利落棒，他们没有退路。

为此，核动力院专门成立控制棒驱动线抗震试验攻关组，攻关组一起多次探讨分析参数，下来后各技术人员分工协作，反复试算，顶住了时间紧、人力缺等诸多困难。

那段时间，团队中的一名博士深深地体会了传说中的“711”，一周工作 7 天，一天工作 11 小时。那一阵子，他爱人总说，“又这么晚回来”，“怎么每个周末都加班，一天也不休息”。

家里的小孩也常对坚守在岗位的妈妈说，“这段时间怎么没见到你呢？”

这段时间团队中的所有人与家人都是“聚少离多”，他们的身影总是在办公室里……

通过攻关组的努力，终于得到控制棒驱动线抗震试验的输入时程。但专家提出：抗震试验输入时程应满足功率谱和响应谱双包络的要求。由于在此之前输入时程无功率谱包络要求，因此未有相关技术储备。为了达到双包络要求，攻关组积极摸索，根据国家法规和标准的相关要求，查阅相应的理论文献和技术手册，在现有软件无法满足计算要求的情况下，自编相关软件所需的接口文件，通过时程转功率谱和功率谱平滑等繁复的迭代比较计算，掌握了同时满足反应谱和功率谱包络的谱转时程技术，确保了所得的控制棒驱动线抗震输入时程满足双包络要求。

功夫不负有心人，经过各方专家的严格审查，计算的时程最终被用作抗震试验输入。在试验中，虽然看到控制棒驱动机构在模拟地震时程下晃动很大，但每次都能按设计要求顺利落棒，试验获得了圆满成功并顺利通过安全局的鉴定，拥有自主知识产权的控制棒驱动机构满足抗 0.3g 地震要求。试验成功的时候，攻关组成员终于松了一口气，顿时感觉一年的艰辛和汗水都有了回报。

说起这段时光，攻关组的成员只是说：“记不清有多少次激烈讨论，记不清有多少个熬灯夜战，我们不过是做了自己该做的，为华龙一号满足 0.3g 抗震设计贡献了自己的一份力。”正是他们的不懈努力，才使华龙一号能够很好地抵御 0.3g 地震，保证了广大人民的安全。

第三节　完全自主

华龙一号的研发中设计并试验验证了54项科研课题，涵盖了堆芯设计、安全分析、系统及设备研发、验证试验研究等。核动力院承担着核电站最核心的反应堆及一回路冷却剂系统的研发和设计，共承担了其中的20项科研课题。

在这个研发过程中，为了突破国外的技术限制，无疑会产生很多研发成果，“如何将这些创新成果进行有效保护？”这引起了中核集团及核动力院领导层的高度关注。过去，核动力院在专利申报和保护方面还有所欠缺，专利意识淡薄，很多成果都没有申报，损失了很多的利益，在国际竞争上也处于劣势。

在2011年之前，核动力院也已经拥有了一定数量的专利，但数量还是较少，相关的研发成果主要应用于工程设计及科技成果申报，不太重视走专利保护这个渠道，以往大多数设计人员对于知识产权的保护意识比较淡薄，很多蕴藏于科研工作者（尤其是骨干技术员工）大脑中的经验、技巧等隐性知识没有得到推广应用，对隐性知识的管理也不足，相当一部分宝贵知识还只存在于员工个人脑海中。这些人如果离开工作岗位后，他们所拥有的丰富隐性知识也将被随之带走，致使人才流失的过程中知识也随之流失。

而将华龙一号打造为一个拥有完全自主知识产权的核电品牌，中核集团和核动力院在研发之初就高度重视知识产权保护工作，为了更好、更全面地保护华龙一号的研发成果，集团对华龙一号的知识产权管理首次采用专员制，任命ACP1000项目副经理蒲小芬作为院华龙一号的知识产权专员，任命专业总师肖忠为燃料设计专项知识产权专员，同时设计所各个专业室还任命了主管室领导为知识产权分专员，以便更有力地调配人力资源开展工作，在院和资产经营管理处的统一领导下，主要负责组织协调华龙一号相关专利技术交底书的撰写。考虑到专利的撰写及申报涉及很多法律相关的知识，而

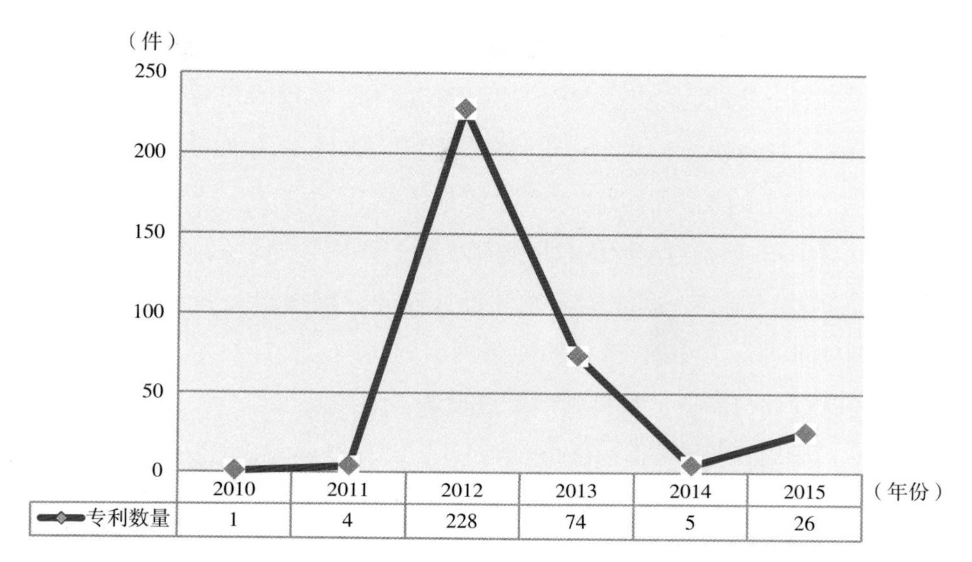

▍专利申请年份—申请数量分布示意图

具有这方面知识的设计人员又比较欠缺，为了避免一个好的专利因为没有好的机构进行撰写而不能有效保护，核动力院委托了中核集团核工业专利中心作为 ACP1000 专项的专利撰写方，全过程支持华龙一号的专利申报工作，从研发开始，各级设计人员和专利中心便对建立自主知识产权体系进行了精心策划，并分步实施。设计人员与专利中心无数次面对面地沟通、交流、挖掘，避免任何好专利的遗漏。就专利申请工作而言，完成了专利检索、侵权分析、专利策略研究、专利布局等工作，同时，为了提高各级人员的专利保护意识，核动力院也多次请专利中心的资深专家给管理及设计人员进行专题培训，通过系列培训，各级设计人员对专利的保护意识得到了明显提高。

2010 年 1 月 1 日至 2015 年 12 月 30 日期间，核动力院在国内就华龙一号核电关键技术提出了 338 件专利申请。

从上图中可以看出，核动力院在国内提出的 338 件华龙一号核电关键技术方面的专利申请中，2010 年申请 1 件，2011 年申请 4 件，2012 年申请 228 件，2013 年申请 74 件，2014 年申请 5 件，2015 年申请 26 件。由此可见，2012 年和 2013 年为 ACP1000 核电关键技术方面专利申请的高峰期，这两年专利申请数量占总量超过89%，而这两年也正是华龙一号20项科研紧锣密鼓开展攻关的时期，核动力院华龙一号项目专利申请也出现了井喷的现象。

华龙一号核电机组作为自主设计的三代电站技术，全面满足了国际上对于三代核电技术的先进指标要求，中核集团在开发华龙一号核电机组技术时，同时对华龙一号核电机组技术在国内建立知识产权体系。核动力院主要承担反应堆及反应堆一回路的研发和设计任务，根据相关专业体系，从六大类关键技术进行了知识产权保护：燃料设计与堆芯设计技术、关键系统设计、主设备设计与制造、核岛其他关键设备、仪控系统与设备、核电运行与维护技术，同时，结合ACP1000国际市场开发战略，考虑巴基斯坦、阿根廷、苏丹等潜在目标出口国的实际情况，阐述出口过程中可能出现的知识产权及其他方面的限制、制约和应对措施。

为打造具有完全自主知识产权的核电品牌，核动力院就华龙一号三代核电技术投入了大量人力物力，取得了很大的技术成果和技术突破，并通过专利战略研究以及专利战略布局让核动力院在自主研发三代核电技术的战略平台上发光发热。

核动力院华龙一号项目专利申请量在中核集团占比超过一半，核动力院在华龙一号设计研发工作中处于主导地位，并且核动力院从2010年起就开始着力技术开发和专利布局，积极开展知识产权工作，确保华龙一号最终形成自主知识产权品牌核电产品。

华龙一号专利申请主要集中在主设备设计与制造、燃料设计与堆芯设计、仪控系统设计以及关键系统设计四个技术方面。核岛其他关键设备与核电运行及维护技术方面也有涉猎，并在2012年到2013年间大幅上涨。

核动力院积极在三代核电领域进行专利布局，有效开展知识产权工作，争取在同国内外竞争对手抗衡时拥有知识产权主动权。随着核动力院长久以来不断巩固技术研发基础，不断追求卓越创新，核动力院在华龙一号项目的专利申请不仅量大，而且多数是具有开拓创新性的发明专利，是强有力的知识产权竞争砝码。

我国建立专利制度较西方国家晚。大亚湾核电站建设前期，美国西屋公司为进军中国核电市场，抢先进行大量核电方面专利申请，凭借此举索要高额专利技术许可费，保障其自身利益。此举正是“专利先行”策略的体现。

因此，要树立知识产权意识，积极主动抢占先机，在项目前期形成全面完善的专利布局，用专利制度保护科研成果，使得科研成果实现其最大价值，在确保自身利益的同时又能运筹帷幄，在国际核能领域开拓一片自己的领地。

中国目前是世界知识产权组织成员国，在 ACP1000 项目的研发过程中，中核组织有关成员单位秉承知识产权工作贯穿科研、生产、经营全过程的原则，实现了知识产权工作与项目研发设计工作的同步。通过构建完善的知识产权布局和专利申请计划，ACP1000 有效保护了创新成果，达到了提高国际市场竞争能力的目的。同时，通过同步开展在国内和目标出口国核电领域的专利检索分析情况，亦表明 ACP1000 不存在对他方知识产权的侵权风险。

2013 年 4 月，中核集团组织编制了《三代核电 ACP1000 自主知识产权和出口相关问题分析报告》，并通过了国家知识产权局专家参与的审查，专家认为：“ACP1000 作为中核集团自主研发的具有自主知识产权的三代核电机型，其自主知识产权覆盖了设计、燃料、设备、建造、运行、维护等领域，并已自主开发了核电专用软件，形成了完整的知识产权体系，是目前国内能独立出口的三代机型；ACP1000 在国内和出口目标国均不存在侵犯他人知识产权和违反有关技术引进协议的风险；ACP1000 机型出口 NPT 缔约国，不会受到国际相关条约限制。”

第四节　更 长 寿

二代改进型核电厂的设计寿命一般为 40 年。作为三代核电的标志之一，华龙一号核反应堆系统将设计寿命提高到60年，作为一个百万千瓦级的机组，每运行一天所发的电量市值达到上千万元之巨，所以寿期的延长将使得整个核电站的经济效益产生巨大的提升。

但寿命的提升需要对整个核电上的众多细节进行研究，确保反应堆系统在整个运行寿命内满足全球核安全最高标准的要求。设计团队积极响应，对于具体问题、研究规范敢于担当，勇于创新，不断地优化设计，逐步使各项指标达到规范要求。

华龙一号设计寿命提高到60年，考虑到核反应堆系统的各个方面，特别是疲劳和老化因素，改进和优化结构设计对力学分析带来了巨大的挑战。为了这个目标，设计团队积极准备、规范研究、不懈努力。

2010年开始进入60年长寿命设计，力学研究团队认为设备和系统可靠性论证不能有任何怀疑成分，要为核动力院负责，为国家负责，寿命设计涉及的疲劳、老化、断裂等分析要完全经得起核安全局审查和历史考验。因此，目标要求要达到世界先进水平，设计人员们以岗为家，为了保证节点，加班习以为常，将身心全部投入到寿命设计当中。

2014年华龙一号主管道设计评定进入最后阶段，采用国产锻造材料的主管道设计60年寿命论证需要为结构设计确定结论，设计节点已逼近，为此华龙一号项目部专门成立攻关组，攻关组在临近春节的腊月二十八得到了上游提供的新的优化计算输入，要求力学重新计算分析，春节一上班就给出结论。

攻关组分工协作，从接到任务一刻起，立即着手进行重算工作，修改计算输入，并考虑核安全局将关注的问题，全面细致地进行计算与分析。腊月三十，当园区外的居民区响起此起彼伏的新年鞭炮声时，力学工程师依然在办公室进行着复杂的计算分析工作，为了保证电厂原定的装料时间，研发人员默默地努力着。

大年初四，编写人员完成了报告的初版编写，提交给校对及审核人员。针对每个细节，校对、审核人员都进行了详细讨论，认真负责，精益求精，同时对计算工作提出质询，要求修改计算中存在的瑕疵，然后共同修改报告，最终及时圆满地完成了力学分析报告，有力地保证了工程设计的时间节点。

论证华龙一号核反应堆系统 60 年设计寿命，力学分析团队共出版了分析报告 743 份，饱含了力学人员的辛劳，他们用最严格的标准论证了华龙一号核反应堆系统 60 年设计寿命的可靠性，为华龙一号堆型推广和“走出去”奠定了坚实基础。

第三章

思变

思
变

华龙一号机组按照第三代核电技术标准开展研究，其中涉及许多研发理念的转变，同时也产生了太多的技术难点急需攻克。按照中核集团的规划，华龙一号关键技术攻关必须在2013年底全部完成，满足福清5号机组顺利开建，不得因为关键设备研制等造成工程拖期。所以，华龙一号项目研发的时间相比于核动力院之前动辄耗时十余载的科研项目来说可谓十分紧迫，核动力院的领导层也深知，如果按照以往的研发模式开展华龙一号的研发，是无法做到按时完成的。为此，核动力人不断寻求内外界的可行突破点，大胆求变。管理人员呕心沥血，以华龙一号在三年内完成主要研发为目标，开展了一系列管理改革和创新；科研人员加班加点，以第三代核电安全新标准，用最高的效率开展了科研攻关及试验验证。

这就是华龙一号堆芯系统这样一个庞大的系统研发工程能够在短短三年内完成主体科研，具备了工程建设条件的需求，并在接下来的两年内将细节勾勒清晰的主要原因。这样的研发速度在核电研发史上也是绝无仅有的！

第一节　打破桎梏

2008年是不平凡的一年，我们在漫天的风雪中感受到了来自四方的温暖；我们在一场地震浩劫中见证了人民的团结；我们望着在国歌声中冉冉升起的五星红旗，脸上充满了自豪；我们守在电视机前看着神舟七号翱翔于太空……

这一年，对于核动力院来说也极为不平凡。一批技术骨干离开了核动力院，投入广核集团的怀抱，那些曾经并肩作战的伙伴，一转眼就变成了竞争对手；核动力院开始参与到美国西屋公司 AP1000 型号的技术转让工作中；核动力院在核电工程的建设中蒸蒸日上。

此时的核动力院虽经历了小的波折，却依旧是春风得意马蹄疾，沿海地区一座座拔地而起的核电机组都烙刻上了核动力院的印记。核动力院人或是一次次奔波于核电建设现场，或是潜心于计算机前绘制建设图纸。但以往那试验台架不舍昼夜运作的场景却是难得一见了，因为核动力院在核电的研发上几乎处于停滞状态，他们将心思全扑在了核电工程的建设上。

但同样有一小批人驻扎在北京，参与由国家核电技术公司（简称“国核技”）牵头的与西屋公司的 AP1000 型号的技术转让。起初，核动力院的目标是通过充分吸收 AP1000 的技术，对现有的核电设计水平进行提升，大力发展我国自主的核电技术。这虽然对未来中国核电的发展大有裨益，但此时却并非是核动力院工作的重心。但是，也正是在这场技术转让中，核动力院发现中国核电的形式发生了大逆转，以后全国的核电建设将统一技术路线，以 AP1000 为主，其他型号的核电全部“靠边站”。

核动力院依靠翻版法国核电 M310 机型，在祖国沿海建设的这一批核电好像就成了“最后的晚宴”，过后的核电发展似乎与他们再无瓜葛了。这下核动力院的人开始慌了，整个中核集团也开始慌了。中核集团这时想起了之前已经研发过的 CNP1000，决定将 CNP1000 技术升级为 CP1000，力争和美国的 AP1000 相抗衡。为了尽快站住脚跟，中核集团准备 2011 年在福清 5 号、6 号机组开工建设 CP1000，正如之前所说，福岛核事故让这一切陷入了困局。

核动力院临危不乱，主动请缨开启第三代核电技术的研发，这次中核集团作出了一项十分有魄力的行为，将核电运营的收益拿出一部分来投入科研，以加快 ACP1000 核电技术（即后来的华龙一号）的研究进度。

这次中核集团就定下了严格的目标，要求在 2013 年具备开工建设的条件。留给核动力人的只有 3 年时间。按照以往的研发进度，3 年的时间，或许只够前期的设计以及试验台架的搭建。这与实际工程建设之间的距离，可谓差之千里。

核动力院全院的各类专业技术人员达 5000 余人，可以说是一个相当庞大的科研机构，并且其业务范围极大，将反应堆工程的研发、设计、试验和运行都囊括其中。长期以来，核动力院的研发设计都有一套固定的管理模式，即以项目为核心进行管理。

所谓以项目为核心，就是核动力院在技术研发过程中，发现自身的技术水平离国际上现有的技术还存在一定差距，或者为了对未来核动力技术的发展提前布局，为预先做一些研究。核动力院本身是一个综合性的核动力技术研发单位，下设有四个主体研究院所，彼此之间因为处于平级关系，在一个大型项目的研发过程中，就由院级组织，如科技处来协调他们的研发。并且将研发分阶段进行，每个所都有其负责的领域，这就造成了各个所之间需要不断地进行沟通协调，对于分歧较大的点还需要院级领导层来沟通。这就会影响整个项目研发的连贯性和一致性，导致研发周期的延长。

而在华龙一号的研发过程中，中核集团打破以往的惯例，以莫大的勇气和决心推进中国完全自主核电技术研发，给予了核动力院大量的资金支持，使华龙一号的研发能够多线系统化地开展，从而打破了核动力院以往在核电研发上单兵作战的局面。全院都因为这一个项目被调动了起来，他们之间的配合达到了前所未有的高度。如果按照以往的研发模式开展研究，3 年之内完成华龙一号的研发，几乎是不可能完成的任务。

为了突破僵局，以吴琳为首的管理人员，将以往他们看到的管理弊端重新摆上了台面，开始认真思考起解决方案，他们决心打破桎梏，创造奇迹。

华龙一号研发任务重、难度大、时间紧、要求高，要想统筹实施好这个项目，就必须要有好的管理，要凝聚众智。吴琳通知了各个主体所核电站研发战线上的负责人，会上大家就如何组织管理进行了紧张激烈的讨论，会上有几点看法：一是要建立一套先进的反应堆研发管理体系，需要一个院级层面的组织管理架构，统筹好研发各要素；二是还有几个硬骨头需要啃，必须成立专项组进行集中攻关，解决这几个“拦路虎”；三是要慎重选好总设计师、专项组负责人及配合研制单位；四是研发的全过程要“借智”，时间有限，多咨询院士、专家，多邀请行业专家评审，一定要少走弯路。

吴琳把策划好管理组织方案这项重要的任务交给了科技处有长期研究与实践先进管理经验的项目主管汤华鹏。科技处是核动力院主管所有科研、生产项目的部门，人才济济。“80后”小伙汤华鹏，在这里并不显眼，但他特别喜欢动脑筋琢磨管理方法。别人都慌得跳脚，要安排活儿下去，他却不慌不忙地考虑，有没有更好的方法来完成这件事。他对于发展中国自主的核电技术也有自己的独到看法。

2012年，他去韩国参加过国际原子能机构（IAEA）组织的一个核电会议，这个会议虽然说是培训会，但实际上是一个技术推介会，核电强国给参会的各个国家推介自己的核电技术。会上，汤华鹏代表中核集团，也是代表中国，坐在第一排的位置上。

汤华鹏永远都忘不了会上的场景：

最开始作报告的是国际原子能机构的人，介绍全球核电技术发展现状，提到中国的时候，还是讲的秦山二期技术CNP600。秦山之后的20多年来，中国就没有任何新的机型可以被国际友人拿到台面上来讲。会议是韩国主办的，他们颇礼貌地介绍了自己的APR1400机型。

随后，一个美国人上台，介绍他们的AP1000技术，说他们正在中国山东的海阳建设首堆。

之后，有一个俄罗斯人上台，介绍他们的VVER1000技术，说他们已经在中国江苏田湾建成了核电站。

再后来，又有一个法国人上台，介绍他们的 EPR 技术，说他们正在中国广东建设反应堆。

美、俄、法第三代核电技术堆型的介绍都提到在中国建反应堆，而中国虽然是核电引进大国，却没有自己的技术！

作为中国的代表，汤华鹏在那里如坐针毡，感觉就好像是被八国联军入侵了一样。参会的其他成员都全是一些没有核电的小国家，他觉得这下丢人丢大了！

会场虽有空调，汤华鹏仍然感觉汗湿衣裳，如芒在背。

后来汤华鹏实在觉得没面子，就插了一句说："我们中国正在搞 ACP600 和 ACP1000。"但是当时 ACP1000 的科研还没有完成，这个型号国际上完全不知道，现场反应还是很冷淡。他看到了差距，当时在国际上，中国虽然正在建造的反应堆数量还是国际第一，但是中国确实在核电领域还是非常弱的一个国家，完全没有核心技术。"真的是一点核心技术都没有，连核燃料也没有！"汤华鹏很沮丧。

他那次出国的另一个最大感受是，韩国人真的是在扎扎实实搞核电技术，他们光搞核安全仪控系统就花了十年。汤华鹏说："虽然它是那么小的国家，整体的条件其实也不如我们中国，但是人家做出来了自己的技术，而且还卖出去了，卖了八台机组，赚了不少钱，这就很不简单！"实际上，当时全球卖出的核电机组数俄罗斯数量最多，其次就是小小的韩国。知耻而后勇，汤华鹏深受刺激，会议结束回国，他暗暗发誓，一定要早点把中国自己的三代核电技术 ACP1000 搞出来，再也不能这样丢人了。

就是抱着这样的想法，汤华鹏开始对吴琳提出的组织构架的想法进行深入分析，对院内的核电技术研发现状进行深入调研。汤华鹏与几个管理骨干碰头后，围绕 ACP1000 技术的研发要求，引入了在互联网企业运行较多的"集成产品开发"（IPD）的理念，这在核动力院可算首创。它包括几个核心步骤：一是对产品开发进行有效的投资组合分析，在开发过程中设置检查点，通过阶段性评审来决定项目方向；二是基于市场需求和竞争分析，在研制过程中及时跟踪和判断外部形势变化及竞争对手情况，实施有计划的动态调整；三是研制过程中实现跨部门、跨系统的协同；四是推动结构化的流程，编制研发管理细则。

汤华鹏说，对ACP1000而言，实现“集成产品开发”最关键的就是院级组织管理架构的搭建。核动力院作为一个以军工任务起家的研究院，在历史悠久、积淀深厚的同时，也难免染上体制僵化、协作不畅的弊病。他要干的事早就有人想过，但是从来没有人干成过。但他们仅用3天时间就拿出了若干方案，推动ACP1000一体化先进反应堆产品开发模式，成立矩阵型的院级管理项目部。并根据院内几位领导与设计所、二所的几位领导研究，挑选合适的专业与试验负责人，最终明确了组织架构。其中，吴琳为主管院领导，张森如、黄彦平为顾问，刘昌文为项目经理兼总设计师，蒲小芬、冷贵君、李朋洲为项目副经理，下设11个专业领域主设人。

设想是很完美的，实际实施起来却困难重重。各个主体研究所，还是习惯了“以我为主，外部配合”的这种工作模式，大家都很不服从对方的指挥。

为此，管理团队将这种跨所、跨部门的管理理念提出之后，为了顺利地推进这种管理体制的调整，吴琳召集了二所、设计所等以往CP1000研发团队的负责人，通过分别谈心的方式，将现在存在的困难和他们进行了讨论，期望他们能够理解核动力院如今的困局，大力支持项目部的成立。

这一场场谈话，并没有多少曲折，因为各主体研究所的负责人都为中国核电自主化的发展而呕心沥血过，这时候本就是大家摒弃不同意见，团结一致为了一个目标而奋斗的关键时刻。

于是在各个部门的支持下，ACP1000项目部得以成立。这是核动力院史上第一个以型号（华龙一号）为目标而设立的、组织架构完整的核电项目部。

听起来，不就是成立一个跨部门统一指挥的管理部门吗，难道还有什么不同？

这和核动力院以往的核电研发管理确实千差万别，以往核动力院核电技术的研发都是以单独的项目为核心进行管理，他们就像是一根根线，最后的核电型号就相当于一张网。要通过这一根根线来编织出一张完整的网，但是如果每根线都有自己的想法，那么这张网的网眼就可能大小不一。项目部的存在，就是为了顺利织成这张网。项目部知道需要织一张怎样的网，并且知道完成这张网先用哪根线后用哪根线，从而制订了详细的计划，并且在其他线还没有加入到网的编织时，就可以提前将这些线准备好，这样整张网的编织就变得有条不紊。

同时，这样的管理组织架构改善了技术和业务部门之间的沟通，促进了各层级、部门间的合作，使新的研发管理模式在创新活动中发挥重要作用，提升了研发过程中产品、技术的深度融合，使项目、资源协调有序。另外，在中核集团的要求下，编制了相应的科研管理细则，涉及经费、进度、风险、验收等，指导项目研发。

创新性地采用组织级项目管理模式，把华龙一号研发作为项目集进行管理，将零散的与华龙一号相关的项目集中管理，统一管理架构，侧重从战略层面权衡组织效益，实现了单个项目无法实现的效益。在产品研发组织架构上，建立了在院主管领导负责制下，包含院级主要管理部门和所领导，主要技术负责人，科技、质量、知识产权等部门专职管理人员组成的型号产品研发管理团队（院级反应堆型号总体研发部），主要负责项目集管理和总体技术管理，确保华龙一号研发目标实现。由总体研发部下设的多个项目部负责子项目管理，如总体、关键设备、燃料、仪控等子项目部，型号总设计师负责技术管理。各项目部下设多个课题组，开展技术攻关。通过这种组织级战略执行框架，确保了各级项目管理符合华龙一号整体研发战略，研发目标一致，并形成内外部、各项目、各课题间有效协同。核动力院就在这样的组织模式下，开始了华龙一号的研发，一路披荆斩棘，实现一次又一次的突破！

第二节 协 同

核电型号涉及的系统多、专业广、研发难度大。除了核电自主设备上的攻关以外，国内制造厂是否能够制造出满足设计指标的设备也至关重要。为此核动力院在研发的过程中，就对以后设备制造环节进行了考虑，建立了“强核心，大协作”的协同合作模式。即在设计的过程中，与制造技术先进的企业进行沟通，期望他们能够自筹经费进行生产技术的攻关，而核动力院也提供相应的技术支持，以便企业能够尽快掌控该项技术。

后续核动力院更将眼光放得长远，除了设备的制作，还将核电运行，直至后期核电退役所需的技术均和相关企业进行了提前沟通。通过这种合作的方式，达到了上下游的良性互动，大大地缩短了核电设计、试验、建造的周期，为华龙一号的顺利建设铺平了道路。

同时，通过这种协助的方式，国内的高端制造业也取得了长足的进步，实现了核电设计能力和高精尖制造能力的两极快速发展，解决了华龙一号研发所需的人才、技术及研发设施等科技资源短缺问题。

利用“互联网 + 异地三维设计一体化”的研发设计协作模式，依托华龙一号全球首堆示范工程，将研发设计有机结合，极大提高了项目研发设计效率。在华龙一号的研发过程中，联合了国外包括法国、美国、意大利、奥地利等 14 家国际组织机构，国内 75 家高校、科研机构、设备制造厂共同参与，协作完成了 179 项研发工作。通过广泛利用社会研发资源，极大地加快了华龙一号的研发进程。

华龙一号依托互联网协同研发，将核电工程设计智能化水平提升到新的高度，实现了“数字化电站”，设计成果可直接对接核电工程的采购、建安、制造以及项目管理环节。华龙一号综合协同设计平台，将核电设计与信息技术进行了深度融合，充分利用互联网、数据加密、仿真与虚拟现实等技术，实现了核电站设计研发的全面升级，达到国际先进水平。

华龙一号采用三维综合设计平台，除包括工程公司、核动力院两院四地协同设计外，还与核电业主、项目管理、工程采购、设备制造厂以及土建与安装施工等单位连接，提供相关设计数据支持，互联单位共20余家，协同设计平台的终端数量达到500个，并可以根据需要进行扩充。平台集成了工厂三维设计、电缆敷设、力学分析计算等多种功能。基于这个平台，建立了一个数字化的华龙一号核电厂三维设计模型及完整的数据库，其中包含了5万多台（套）设备、165公里管道、2200公里电缆等。它包含了核电站完整的设计数据，能有力支撑各个环节提高工作效率和管理水平；可直接生成设备清单及性能参数表用于采购，直接抽取施工图纸用于建安单位的预制与施工，直接发布下厂图纸到制造企业用于设备生产，数字化模型与进度计划匹配可作为建安工程的精细化管理工具，为业主和核电站运行单位提供全寿期服务的重要基础数据库，在工程建设及核电站运维，直至核电站退役的全寿期内，都将发挥重要作用。

第三节　新的工具

华龙一号，是核动力院首次尝试自主设计的核电型号，涉及系统多、专业广、时间跨度大，为做到从科研到工程应用的无缝衔接，实现从科研到工程的顺利落地，核动力院还推出了两项举足轻重的管理工具。这也是核动力院在科研项目上的首次应用，最终取得了良好的效果。

第一个便是运用了技术路线图工具对华龙一号关键技术研发路径进行系统规划。

首先，通过运用技术路线图工具，对华龙一号关键技术进行了系统划分，并对不同关键技术在不同阶段所能达到的技术水平进行了预测和规划，为项目规划和决策提供了清晰的思路，实现了研发过程的民主化和科学化；

其次，技术路线图作为华龙一号研发中协调技术、资源等的基本机制，实现了各研发单位的协调运用，并对各项技术设定了完成时限，可以对各项技术进展进行有效跟踪，便于及时调配资源进行补救，最大限度提高了研发效率；再次，华龙一号技术路线图更指明了未来核电市场发展方向，具有一定的预期性和前瞻性，有助于减少科研的盲目性和重复性；最后，华龙一号技术路线图对华龙一号技术研发进行了全面的规划，对技术发展的基本时间与空间及范围进行了限制，清晰地界定了技术发展的进程，主要部门通过技术路线图对技术研发进行监督，使所有相关工作在技术路线图的指引下有序开展，实现了华龙一号从科研到工程的顺利落地。

第二个便是建立技术成熟的评价标准。

虽然华龙一号是在成熟设计的基础上进行研发的，但也引入了新的、满足三代核电技术要求的先进设计，如何降低新技术工程应用风险，避免出现同期新建三代核电拖延情况，需要基于统一标准，对新技术元素建立共识，以在新技术的研发和应用中恰当决策，实现技术研发者和使用者的高效沟通，推动技术原理向工程应用顺利转化。在此背景下，核动力院主动变革项目管理方式，以“严控项目技术风险、确保科研项目达到预期技术目标”为思路，提出并实践了技术成熟度评价标准（TRA）的核电技术研发项目管理机制，建立了一套基于技术成熟度评价的科研项目研发管理体系，并通过华龙一号工程全面验证了评价准则的科学性，评价方法、流程的正确性、可操作性，评价制度的有效性，评价组织的合理性。

以美国为代表的发达国家自20世纪五六十年代就开始了技术成熟度方面的研究工作。进入21世纪后，美国国防部、美国能源部、欧洲航天局、法国宇航中心、日本宇航局等著名机构结合技术项目管理的实际需求，纷纷制定了自己的技术成熟度等级评价体系；航天科技在国内率先开展TRA的相关研究工作，并得到了广泛应用。

核动力院自2012年开始开展TRA的专项研究工作，并于2013年组建了技术成熟度评价青年创新团队，致力于评价方法的应用研究和评价准则的开发工作，将技术成熟度评价与科研项目管理结合起来，并在所有参与华龙一号技术研发的主体研究所内推行，逐步形成了基于技术成熟度评价的科研项目管理机制；同时，搭建了相对独立的技术成熟度评价组织，包括组建评价专家队伍、评价执行机构等，在此基础上逐步形成了基于技术成熟度评价的研发管理体系，确保了评价的科学性、可操作性及适用性。2015 年 1 月，依托创新团队完成了针对核动力及核电领域的技术成熟度评价准则、方法和评价流程的研究工作，编制和发布了“核动力 / 核电技术成熟度评价导则”。同时，创新团队在上述研究成果的基础上于 2016 年 12 月建立了一套技术成熟度评价标准。通过“导则”和标准的形成，逐步建立了一套科学的技术成熟度评价准则、方法和流程。

自 2013 年试行基于“技术成熟度评价”的项目管理以来，提高了项目综合管理水平，确保了有限资源的合理配置，“以评促研”“以评促用”的技

本导则知识产权属于中国核工业集团公司，未经我公司书面同意，不得复制、传播、发表和用于其他方面。

中国核工业集团公司核动力事业部管理指南

编号：Z001-2014 版次：1

核动力/核电技术成熟度评价导则

2015年12月23日 发布 2016年1月1日 执行

中国核工业集团公司核动力事业部 发布

ICS 击此处添加 ICS 号
点击此处添加中国标准文献分类号

Q/CNNC

中 国 核 工 业 集 团 公 司 企 业 标 准

Q/CNNC XXXX. 1—XXXX

核动力/核电技术成熟度评价规范
第 1 部分 等级划分及定义

Specification of the technology readiness assessment for nuclear power engineering

Part 1 Classification and definition of levels

（报批稿）

XXXX－XX－XX 发布 XXXX－XX－XX 实施

中国核工业集团公司 发布

“导则”及集团公司企业标准封面页

术成熟度评价项目管理思路极大地提高了科研项目的研发质量，促进了科研成果转化。在三年多的实践中，核动力人顺利完成了华龙一号三代核电技术众多关键设备研制、系列试验研究任务等，为实现华龙一号三代核电技术“走出去”战略作出了突出贡献，提高了投资决策效率，确保了投资效益，打造了科技自主创新的“新水平”，创新了以技术攻关为核心的科研管理“新机制”，实现了项目技术风险归零，确保了重点工程项目顺利实施，支撑了新产品工程应用决策，持续提升了技术管理和评价管理水平，取得了巨大而突出的经济和社会效益。

第四节　涉足采购

为响应中核集团“集团化、专业化”的发展思路，实现核动力院成为核蒸汽供应系统集成供应商的战略目标，2007 年 9 月，核电工程设备采购部应运而生，2010 年 1 月，更名为“核电设备集成采购部”。随着采购范围的进一步扩大，2018 年 9 月，又更名为“核动力设备集成采购部”（以下简称采购部）。

因为多年从事反应堆结构设计工作，对反应堆一回路系统设备及其供应商都十分熟悉，米小琴被选中成为采购部初建时的四位创始人之一。从核电设备设计到核电设备采购，从核电技术专家到设备采购经理人，米小琴用刻苦、坚持、用心及智慧完成了这样的跨越。

“你能相信吗，我是做技术出身，到核动力院来也一直从事技术岗位，对商务知识可以说是一窍不通，从来没有想过，我会从一个技术员变成一个采购员，这一干就是十几年。”在讲起自己在采购部工作的日子，核动力设备集成采购部总工米小琴的眼中闪动着跳跃的光，脸上洋溢着自信的笑容。

1992 年，22 岁的米小琴从华东化工学院化工机械专业毕业，来到核动力院设计所二室从事反应堆压力容器的研发设计。15 年的一线技术研发经历，让米小琴对反应堆一回路系统的各个设备了如指掌，为她踏上“采购员”之路奠定了良好的基础。

过去，她熟悉设备设计标准、规范，不论是法国的 RCC-M 规范还是美国的 ASME，每个部分她都烂熟于心；现在，她又要研究招投标法、合同法，还有相关的法规及导则如 HAF、HAD 等。

“核电设备采购是一个综合性很强的工作，不仅要懂技术，还要懂质量、商务。刚开始做采购的时候，我对商务方面的知识几乎不懂，特别是税务，以前都没有接触过这方面的知识，当时还专门请了夹江县国税局的人来给我们讲课。”此外，她购买了大量采购管理、项目管理方面的专业书籍，在工作之余，重新当起了学生，不断吸收着新的知识。从外行到内行，必然是一个艰辛的过程，米小琴等采购部人员在成长的道路上经历了很多挫折。“因为初期我们都不是专业的采购员，也十分缺专业人才，所以我们刚开始做集成采购的时候，还是走了不少弯路的。”米小琴感慨地说。

开始搞核电设备采购时，还没有建立系统的采购管理质量保证体系。准确地说，核电设备采购质量保证体系是一边开展设备采购工作，一边建立、完善的。从无到有，从有到全，从全到精，在五、六年的时间里，在她的领导下，采购部一面借鉴相关单位的质保管理经验，一面研究核安全法律法规，逐步建立了一套既满足各项法规又适合核动力研究设计院院情的核电设备采购管理质量保证体系。

一路磕磕绊绊，米小琴和采购部都在不断地成长。

通过几年的摸索、努力，米小琴对集成采购算是正式入了行，并有了一些自己的心得，但是更大的挑战也在后面等着她。

2012 年，核动力院拉开了华龙一号设备采购的序幕，这个重担又落在了她的肩上。华龙一号是我国自主设计的三代核电，又是国家名片，核动力院高度重视，于 2015 年 3 月成立了项目总经理负责制的专门团队——华龙一号项目部，米小琴担任副总经理，全面负责华龙一号设备集成采购工作。

采购部负责采购华龙一号共17项设备，这些设备既有反应堆压力容器、堆内构件、控制棒驱动机构、蒸汽发生器等核岛主设备，还有棒控棒位系统、堆芯测量系统等仪控电气设备；既有静设备，也有动设备；既有院外供货设备，还有院自主供货设备。不同的设备供货商以及不同设备的制造特点和技术难点，都引入了不同的设备管理风险点。

“华龙一号有很多是核安全一级设备和涉及新设计、新设备、新厂家的三新‘设备’，给采购带来了很大的压力。”米小琴感慨地说，因为华龙一号的特殊性，为了确保其供货顺利完成，采购部还为华龙一号建立了一个专门的采购体系。

“三新”设备采购是华龙一号设备采购的大难题。难在哪里？难在太多的不确定性。

探测器组件拆除装置的自主供货绝对是集成采购中的一块“硬骨头”。填补国内空白、机电气一体化的复杂“三新”设备、以研代产、设计、采购、制造三位一体……太多的难题，给采购工作设置了重重阻碍。采购伊始，探测器组件拆除装置就被纳入了采购部风险管理清单进行管控，并编制了《福清5、6号机组探测器组件拆除装置工作策划书》，制定了详尽的专项工作计划，并通过周报制度，每周对存在的风险进行分析并给出解决方案；建立微信专用工作群，每日对工作进展进行汇报；每周派遣相关人员前往制造厂对制造进展进行督促落实，并协调设计人员进行技术支持，同时安排经验丰富的监造人员驻厂进行过程控制……为了拆除装置采购任务的顺利推进，采购部采取了能够想到的一切可行方法与手段，最终顺利完成交付。这只是采购部集成采购华龙一号设备采购工作的一个缩影。

“华龙一号设备采购节点非常刚性，必须按时完成，这也是我们一直践行的理念。”米小琴说。为了实现这一理念，为了更加有效地管控设备制造过程中的风险，采购部对TOP10风险设备成立了执行专项组。同时，采购部还要求设备制造厂对设备风险进行充分识别，并在每月月报中报告设备风险情况。对风险较高的设备，要求制造厂提高报告的频度。针对设备风险管控的不同级别，采购部还制定了不同的风险管理下沉工作计划。采购部要求所有设备制造厂须建立风险管理体系，并对风险进行识别、梳理，建立风险清单，进行风险跟踪、管控。正是通过一系列风险管控的有效手段，采购部一次次化解了设备制造过程中的重大风险，保证了设备的交货质量，有力地确保了福清现场的设备需求。

如今，17项设备集成采购已经圆满完成，米小琴和采购部的同事们也愉悦地松了一口气。“说实话，华龙一号的设备采购工作是真的难，但是也有美好的收获。”米小琴说。

经过华龙一号的锻炼，她和同事们都得到了成长，在采购方式、方法、管理手段、工具的运用上都有了长足的进步，增强了采购部的采购能力，同时对采购工作的荣誉感和成就感变得更强。核动力院核电设备采购体系建设经过华龙一号的磨练也迈上了新台阶。

第五节　遇见卡拉奇

核动力院在华龙一号项目的管理中，还有一个十分特别的地方，因为华龙一号并非只在国内进行建设，2015年9月，在巴基斯坦卡拉奇核电站，海外“华龙”也开工了。

2016年8月，核动力院成立了巴基斯坦卡拉奇核电工程现场办公室，负责履行设计与技术服务分包合同所规定的有关现场技术服务职责，协助解决现场安装、调试和启动过程中与核动力院有关的技术问题。

巴基斯坦卡拉奇工程现场，是对每一个筑梦人初心的考验，而支撑他们的是对核电的情怀，对事业的热爱，对家庭和社会的责任，对“一带一路”倡议的响应，对中国梦的践行。

阿拉伯海的风仿佛是被恶魔施下了咒语，卡拉奇，这座印度洋北部阿拉

▍卡拉奇工程现场

伯海的港口城市，虽受着海风眷顾却常年干热少雨，一年仅有的几次降雨是这片土地上动植物的盛宴。生活在这里，仿佛置身于塔克拉玛干大沙漠，满目黄沙，任意一棵绿色的植物便是这土地上亮丽的风景。就算是一年中最舒适的气候，刚来的人也会水土不服，但有限的医疗条件却让人连病都不敢生，毕竟核动力院的设计代表要在这样的环境下坚守三个月寸步不离，直到下一个接替的人到来。

驻场，核动力院人把它比喻成“最后的战役”。它是一张张精心设计的图纸转化成工程实体的最后一个设计阶段，也是考验设计能力的一个阶段，因为在这个时候往往因施工误差、材料替代、现场变更、需求变化等众多问题导致大量图纸文件的修改，是谓核电设计“最后的战役”，时差 3 小时，导致这里和成都总部沟通时间极为短暂，往往是利用早起或午休的时间把事先梳理好的问题通过不稳定的网络与成都总部人员沟通。各类问题单每月 100 份左右，驻场人员和成都本部人员通力合作，按期回复率 100%，推动现场施工一步步顺利进行。

下现场核实情况也是必要的环节。穿上包裹严实的工作服、沉重的防砸工作鞋，套上高空作业安全带，一身装备让步伐都沉重起来，“全副武装”后在气温高达50℃的烈日下作业，还没进核岛，额头上豆大的汗珠已经顺着脸颊滚了下来。

焊接、打磨、设备散热……这些因素每天都在挑战核岛内的空气指数，如果够仔细，还可以看见焊接的白烟在弧光中袅袅升起，绕过锃亮的脚手架消失在贯穿件的上空，而空气中始终弥漫着三氧化二铁的味道。口罩，是防止烟尘肺职业病最有效的保护，但要在核岛内超过40℃的环境中，一直佩戴口罩也是一种挑战。本来可重复使用的口罩，在这严苛的环境下竟成了一次性用品，一次现场经历，就能让口罩的过滤装置报废，雪白的口罩如同从煤堆捡回来一样。现场发现种种问题：支架碰撞、安装空间不足、电缆路径变更、材料替换、设备调试异常、接口不一致……他们要做的工作就是将现场的情况如实反馈给成都本部设计人员，同时根据现场情况提供解决建议，指导设计范围内的施工，对设计文件作出解释。

一次现场出征，灰色的工装变成黑色，湿透的工装沾着尘土黏在身上显出肌肉的轮廓，沿着安全帽边滚下的汗珠嘀答作响。

华龙一号海外工程在历经50多个月的艰苦奋斗后，即将进入热试阶段，与华龙一号一起走出国门的还有夏欣，他是中国核动力研究设计院第一个海外现场办主任。他像是一座桥梁，架起了卡拉奇现场与祖国华龙一号研发团队的沟通渠道。但他又不仅仅是一座桥梁，他在现场独当一面，统筹协调，精准判断，第一时间处理问题，他就是中国核电设计团队的代言人。一次次迎来送往，其他同事还有轮换的机会，他却是长期驻扎。如果说见证海外“华龙”的一步步成长是他最大的骄傲，那么错过自己儿子的成长就是他最大的遗憾。让夏欣没有想到的是，在儿子所在幼儿园一次给家长打分的活动中，自己这个“不称职”的爸爸竟得到了110分的高分。儿子说这是给爸爸的鼓励，虽然爸爸从来没参加过自己的家长会、从来没哄过自己睡觉，甚至生病时也看不到爸爸，但他觉得爸爸很伟大，他很骄傲地跟小朋友分享：“去我爸爸那里要坐很久很久的飞机，那里有我们中国很重要的工作。”这让夏欣既欣慰又心酸。海外建设进展顺利，华龙腾飞指日可待。“等你上小学的时候我就回来了。”夏欣记得他对儿子的承诺。

“我没有那么多牵挂，我就牵挂我那只猫”，语出夏欣主任的得力助手唐熙。他坚称自己是一个宅男，所以在卡拉奇封闭的项目现场能待得住。唐熙是一个单纯乐观的阳光男孩，处理文档管理细致，进行各方协调灵活，是现场宣传的笔杆子，还经常顶着烈日化身摄影师，更是活跃现场气氛的担当。如果没有他，这里的生活大概会少一些色彩。嘴上说没有牵挂很适应这里的“集中营”生活，心里可是期待着与同事文杰三个月一次的“轮值”，因为他与女友约定的婚期就要到了。

除了现场办常驻人员，各科室设计人员也会根据现场施工进度的需要前来驻守。为了保证质量、保证进度，核动力院技术人员坚守设备安装现场已

核动力院现场工作人员

成常态。经常是匆忙中刚吃过午饭，或是半夜已经入睡，又被叫去现场，随时解决安装中遇到的各种问题，及时作出“诊断”，寻求解决方案。

又是一个夜幕前的黄昏，夕阳燃尽了天边的云，渐渐淹没在了地平线。空气依然湿热得像是能拧出水来。“中国村”的小路上，肆虐的海风夹杂着黄沙，直灌入喉咙，阵阵苦涩。道路两边，宿舍楼前，人们捧着手机，诉说着思念之情。微弱的荧光下，他们的笑容是那般灿烂，双眼却又那般愧色萦绕。因为，在小小屏幕的那端，传来了年迈母亲的叮咛，挚爱妻子的安慰，更有孩子的一声声“责难”——“爸爸，你怎么还不回来……”这句话，每一个晚上都会听到很多遍。

异国华龙故事，有坚守，有无奈，有奉献，有温情。苍穹如墨，半痕新月凌空，勾起了思念，勾起了乡愁，也勾痛了每一个离人的心。

第四章

十万火急

十万火急

“数个装置”+“四个阶段”+“三年之内”=“十万火急”!!!

核安全是核工业的生命线，核安全要求任何一项未经验证的技术均不得应用于核反应堆及相关系统。一项重要系统或设备在正式投入使用前，都必须在为其特制的试验装置上以特定的方式或手段完成规定的试验，方能确定其是否可用。而对于全新的华龙一号来说，其中众多系统和设备都是全新的，对这些全新系统和设备的功能，除了进行定量的验证分析外，还必须采用试验验证的手段。华龙一号所采用的全新设备成千上万，为了保障华龙一号的安全性和可靠性，只有完全符合设计要求的系统和设备，才能够被采用。

当然，这些数以万次，甚至数十万次的试验，肯定不可能全部放在核动力院一个单位开展，毕竟像华龙一号这样一项浩大的工程，需要全国上千家单位通力合作才能够完成。华龙一号针对主要创新技术的验证应开展的大型试验总共有六项，其中有五项将在核动力院完成。

核动力院开展的与华龙一号相关的试验，时间跨度较为久远，最早的试验甚至可以追溯到 2000 年，那时的华龙一号还是一个雏形，那时的名字还叫 CNP1000。华龙一号最为重要的五项试验都是 2011 年之后才正式启动的，不动不急，一旦启动便十分紧急，根据上级要求，华龙一号相关系统与设备的试验必须赶在 2013 年之前全部完成。

“在以往，每一个大型试验台架的设计、采购、安装、调试，都要花费3至5年时间，然后再开展试验，整个试验下来往往需要将近5年的时间。而这一次我们要在3年之内全部搞定，真可谓是十万火急！”核动力院华龙一号试验的总负责人李朋洲如此说道。

第一节　年少的梦

“核动力院在如此短的时间内，完成了所有的试验，其中确实有许多常人难以设想的困难。完成它，不仅在试验方法上需要提出许多新理念，同时时间进度要求也十分严苛，但我们依然顺利完成了，并且还做得很好。”在试验大厅中的李朋洲看着那一座座复杂至极的试验装置，脸上写满自豪。

如今李朋洲已经是核动力院反应堆工程研究所（以下简称“二所”）的所长，更是华龙一号五大试验的总负责人。从1988年考入核动力院，李朋洲在核动力院已经工作30多个年头了。在这些日子里，他取得了诸多傲人的成绩，为核动力院的发展、为中国核动力事业的发展作出了不容忽视的贡献。但是他能迈上中国核动力事业这艘巨轮，却完全是出于一个偶然。

1984年的夏日，即将参加高考的李朋洲看着物理书最后几页关于反应堆的原理图，脸上充满了好奇，正是那一页插画，引着他进入了核电领域。他说：“当时物理书制作得并不像现在这样精美，但是那幅原理图充满着神秘感，让我产生了报考核电相关专业的冲动。”

核电，中国人自己的核电，这便是他年少时的梦。

成绩优异的李朋洲1984年如愿以偿地考入了西安交通大学的反应堆工程专业，当时西安交通大学的反应堆工程专业水平在全国是首屈一指的。只是求学之路并非一帆风顺，1986年发生的切尔诺贝利核事故让所有反应堆工程专业的学生对未来充满了迷茫，他们不确定核电是否还会在中国发展下去。此时，秦山一期已经如火如荼地开展了，大亚湾核电站也将在第二年开建，但这些项目的推进根本无法扫除切尔诺贝利核事故带来的阴霾。因为核电的前景并不明朗，公众对核电缺少信心，除了这两座核电站以外，他们认为很长一段时间国家都不会再开展其他新的核电项目，为此，当年的反应堆工程专业为了使学生在走出校门后能有更好的就业机会，便对他们所学的内容进行了适时的拓展。

“我们简直是什么都学，去辅学一些泵、风机、锅炉等等，什么都学。”同样，等到毕业的时候，他的同学也并非全都找到了与核电相关的工作，有的去了火电厂，有的去了锅炉厂。而留在核工业战线的人中，大部分都去了北京的二院、原子能院。李朋洲则选择了报考核动力院的研究生，来度过这段核电行业的艰难时期。在他的心中，核电依旧是难以割舍的情怀，他明白，总有一天，核电会回到能源舞台的中央，他决心潜心学习，好好工作，等待着以后的核电大发展，虽然他也并不知道，核电大发展的一刻究竟要等多久。

李朋洲的运气还算不错，他来到核动力院时，核动力院已经中标了秦山二期反应堆系统的设计，正开始进入一个稳步向上的发展时期。但对他个人而言，却陷入了一个十分艰难的抉择。进入核动力院后，李朋洲的导师因个人原因要离开核动力院，这迫使他不得不更换导师。新导师的研究方向是力学，和他所学专业相去甚远，也就是说，为了适应新导师新领域，有很多东西他都必须得重头学起。后来，硬是凭着那股不服输的劲儿，他开始熬夜钻研数学和力学，最终取得了硕士学位，并继续在力学领域深造，开始攻读博士学位，成了核动力院第一批自主培养的博士。

在攻读博士期间，他还曾到过法国的研究所进修。当年法国在中国建设了大亚湾核电站，还开工建设了岭澳核电站，与中国的关系正处在“蜜月期”，所以在核电方面与中国产生了许多交流。“说起来是交流，实际上我们只是学生，我们是去学习核电技术。”李朋洲回顾他在法国的经历时如是说。

后来他还多次去过法国，每次去法国都感觉和上次不一样。并非是法国出现了多大的变化，而是法国人对待他们的态度产生了巨大的变化。第一次去法国，他是以向法方请教的“学生”身份去的，法方安排他住在难民营；第二次去法国，他是以国际原子能机构专家的身份前往，法方安排他住在酒店；再往后去法国，他就是作为核动力院的专家团队及中核集团的专家团队成员出国访问了。“法方对我们态度的变化并非仅仅是因为我们身份上的变化，更多的应该是因为我们国家综合国力的不断提升，从这一点，我知道了一个国家的强大到底意味着什么了。”

博士毕业后不久，李朋洲就开始转入管理岗位，主要负责力学试验的管理。随着能力和职位的提升，他开始负责许多专业方向的试验，如流体力学试验、热工水力试验、反应堆物理试验等。在以他为代表的一批核动力院人的努力下，二所建造了一批又一批的大型试验设施，核动力院的试验能力得到大力提升，研发完全自主的核电站只是时间问题。

一直到 2011 年，他终于能全力以赴追逐自己年少时的梦并大展拳脚了。中核集团启动重大科技专项明确支持华龙一号的研发，开始进行大规模的资金投入。这一次，李朋洲感觉到自己年少时的梦终于要实现了。

看着一个个试验任务成功立项，他知道华龙一号的诞生已成必然，虽然他深知其中仍有诸多艰难险阻，但是，他相信，有坚定的信念和顽强的意志，一切困难都将被战胜。一切如他所料，核动力院圆满完成了所有的试验任务，驱动线热态性能和 0.3g 抗震试验、二次侧非能动余热排出试验、堆腔注水系统临界热流密度试验、蒸汽发生器部件试验和综合性能试验、管束气水两相流致振动试验。在核动力院新基地和夹江基地、在河南油田、在金堂电厂，一座座试验台架拔地而起，一项项试验顺利开展。一批又一批的研发人员加入到试验当中，华龙一号现场建设稳步推进，现场试验尽在掌控，试验设备准确到位，试验传感器无一损坏，导线和保护件无半点脱落，紧张有序的进程创造了反应堆冷热态调试实堆测量的世界之最。

回顾这一切，李朋洲说："刚开始的时候真的觉得十分艰难，时间紧，任务重，压力空前，技术难度巨大。不到3年，要自主设计、建造大型装置并且完成试验，以前没人干过，真可谓前无古人。同时期开展的还有模块小堆、CF燃料组件和CAP1400等众多科研，装置和人力资源冲突是常态。面对现状，所里开展了机制改革，建立课题负责人中心制，管理资源围绕课题转，一切行动听课题负责人指挥，充分发挥课题负责人主观能动性，最终收到奇效；同时建立实施节点考核激励奖制度，及时给予奖励。一份份扉页印有'下定决心，不怕牺牲，排除万难去争取最大胜利'的精美月报指导着下个月工作。协调会经常开到晚上10点以后，技术、进度、采购问题摆上桌面，一一讨论决定。自己长期加班导致腰肌劳损，发作起来真是疼痛难忍，开会时必须用凳子边沿顶住腰，坐姿很是不雅。但现在回过头来看，感觉也还好，因为我们真的做得很不错，华龙一号的试验使我们的研发能力有了一个巨大的提升，同时也为我国核动力事业培养了一支作风顽强、敢于拼搏、勇于创新、能打硬仗的高素质人才队伍。"

这一切并非是年少梦的终结，未来仍有着无限可能。

第二节 开 局

核动力院针对华龙一号所开展的试验，第一个便是反应堆水力模拟试验。这个试验开展的时间其实很早，早到2000年，当时的工程还是华龙一号的雏形，名字还叫CNP1000。在中核集团大力支持CNP1000研发、投入一笔资金的大背景下，核动力院开展了当时极为重要的两项试验——反应堆水力模拟试验和反应堆流致振动试验，这也是新研发堆型必须要开展的两项重要试验，同时也是核动力院在华龙雏形上最先开展的大型试验。

CNP1000反应堆采用三环路设计，当初中国还没有自主的燃料，所以此时堆芯仍然采用法国 AFA3G 燃料组件。由于组件数从 157 组增至 177 组，堆芯和压力容器扩大，堆内构件布置也作了相应改变。结构的改变必然引起堆内冷却剂流动特性发生变化，这种变化将会对反应堆旁漏流、堆芯流量分配和下腔室交混特性产生一定的影响。

根据反应堆的热工与运行要求，为使反应堆在正常工况下达到最佳设计性能，在非正常工况下保持结构的完整性和堆的安全性，科研人员必须充分了解冷却剂在堆内的流动特性。为此，不仅需要满足有关部位必要的旁漏流份额，同时也要保证冷却剂尽可能多地流过堆芯，使流量分配与各燃料组件的焓升分布规律相一致。因此，设计参数的选择和设计计算的合理性都必须经过反应堆水力模拟试验的严格验证。

2000 年初，为了满足 CNP1000 工程设计要求，及时提供设计和安全分析依据，中国核工业集团公司决定开展 CNP1000 反应堆整体水力模拟试验。反应堆水力模拟试验，包括反应堆旁漏流、堆芯入口流量分配和下腔室交混特性试验，通过试验，确定反应堆各部分水力学参数，进而确定反应堆的相关结构，对反应堆的热工水力、结构设计和安全分析均有很重要的意义。三项试验中，由流量分配试验做担任先行军，验证和指导工程设计，以期顺利通过安全评审。

核动力院反应堆工程研究所二室承担了 CNP1000 反应堆整体水力模拟试验的试验任务，二室全称为流体力学试验研究室，在流量分配试验方面有着丰富的经验。接到任务后，室里迅速作出响应，成立了由杨来生、漆向前、王盛组成的专项课题组。面对国内首次开展的百万千瓦级反应堆水力特性研究，课题组经过一番分析论证，认为该流量分配试验对当前的试验水平来说仍然存在一定的挑战。

一是试验回路的选择。现有的反应堆整体水力模拟试验装置为两回路运行，而 CNP1000 反应堆为三回路运行，并且原水泵扬程也不能满足后续的 CNP1000 反应堆堆内构件流致振动试验要求。课题组当机立断，决定在原试验装置基础上增设一条新回路，更换两台主泵，并对原回路系统、电气系统、测量控制系统进行了相应的改造。

二是燃料组件内部流量的测量。在CNP1000水力模拟试验中，由于管线密集排列，没有用于安装现有涡轮流量计的空间，模拟燃料组件的四根燃料棒内部通道狭窄，若分别安装流量计对组件内部阻力影响很大，难以实现对原型AFA3G组件的模拟，且无法保证足够的涡轮流量计前后稳定段。一番探索之后，课题组决定放弃以往的流量计内嵌式安装方法，将下管座与涡轮流量计进行一体化式结构设计制造，从而实现对AFA3G组件的模拟，使下管座兼备组件入口流量测量功能，既解决了流体流经流量计时的压力损失问题，又解决了流量计的信号检测器与流体之间的电绝缘问题。

三是流量信号线的引出。CNP1000反应堆模拟燃料组件共有177组，这177组涡轮流量计信号线的引出采用什么样的方式才能不影响流场呢？经过多次探讨，课题组将燃料组件的其中一根燃料棒设计为空心，引线经由空心的燃料棒及堆芯上板，对应进入上腔室导向筒，密封穿出平顶盖，避免了对流场的干扰和对流道的堵塞。

四是对燃料组件的标定。加工出厂的模拟燃料组件因存在机械加工误差而与理论设计难以完全吻合，即组件本身与设计值、组件与组件之间的阻力特性均可能存在一定差异。为准确模拟反应堆堆芯内的水力特性，课题组决定对所有模拟燃料组件进行标定，并通过在出口段加装阻力调整片将组件阻力值稳定在设计值范围内。除此之外，由于模拟燃料组件流量测量的涡轮流量计在入口条件不同时，其仪表系数有可能与制造厂家提供的不相符，所以，在标定组件的时候，课题组也对入口段的涡轮流量计进行逐一标定，使流量分配试验数据的准确性与可靠性得到保证。

解决了几个关键的技术问题后，课题组刚松下一口气，新的挑战又来了。试验回路需要进行新建、改造与系统调试，可177根燃料组件还需要进行阻力和流量计的双重标定，且试验整体模型面临加工、制造和验收，进度节点的紧张与试验人员的紧缺成为摆在二室人面前的又一难题。

CNP1000 水力试验前准备工作中

时间短，人手少，任务重，面对这个情况，二室将当前人力资源进行了调整和优化，课题组兵分两路，成都工作区与夹江基地双箭齐发。他们放弃了午休时间，放弃了数个周末，放弃了“五一”长假，课题组为整体水力模拟试验的顺利完成争取了宝贵的时间。

经过课题组一年多的积极筹备和努力，流量分配试验终于顺利开展，完成了一环路运行、二环路运行、三环路运行等共计 21 个工况点，获得了不同工况下的堆芯入口流量分配因子，验证了 CNP1000 反应堆堆芯及上游结构设计的合理性，为热工水力设计和安全评审提供了必需的输入。

2005 年，CNP1000 水力模拟试验的后续分项试验陆续展开，其中包括下空腔交混及压降试验和四项旁流试验，即导向管旁流试验、上封头旁流试验、堆出口缝隙漏流试验和围板漏流试验。其中，交混特性研究，确定了事故工况下硼水及冷却水注入量，为主蒸汽管道断裂等事故分析提供依据；阻力特性及压降试验，确定了原型堆各部分的压降，为主泵扬程及结构选择提供数据；堆内各旁漏流研究，确定了各旁漏流结构尺寸及旁漏流量份额。

作为二室重点试验方向之一，交混试验通常采用在试验回路入口段注入氯化钾溶液，利用燃料组件内置的电导电极进行电压测量，由计算得到堆内的交混特性因子，以获得堆芯冷却剂的流动特性。这种测量方法叫作示踪剂法，具有测量快、准确度高的优点。

但是，CNP1000 反应堆拥有 177 组燃料组件，如此数量众多的组件要同时进行测量，即使是在专业化的二室也属首次。这次交混试验对于电导电极在流场内的密集安装和测量提出了新的要求：安装尺寸要尽可能小，不干扰流场，且安装方便；要消除电导电极测量时的极化现象，要保证输出信号的实时性，要消除温度变化对浓度测量的影响，要减少电路之间的电磁干扰……通过一番调研和与电导电极厂家的沟通交流，课题组终于下定了决心，改！

这次的改进对于交混试验测量技术来说可是一次极大的提升。为了这次改进，课题组直接弄出来一个电导电极流动交混测量系统——电导电极采用本身尺寸很小的片状“U”形铂金电极，用磨片玻璃封装在支架上，最后可以安装固定在组件下管座内；每个测量通道配有独立电源、内置振荡器，以消除电导电极测量时的极化现象；电极信号经过测量通道放大检波后隔离输出，整个测量单元为纯模拟电路，可以保证输出信号的实时性；变送器模块还安装有隔离金属板，以减少电路之间的电磁干扰；变送系统设有温度测量通道，可以连接铂电阻温度计测量试验介质的温度，并在数据采集系统中对电导电极测量值进行温度补偿，消除温度变化对浓度测量的影响。

解决了电导电极的测量问题，课题组又把焦点对准了氯化钾溶液的注射，如何保证双环路同时注入氯化钾溶液时，注射时间同步、注射浓度和流量相同呢？毕竟，同与不同对试验测量数据的可靠性存在着极大的影响。

课题组内部开了讨论会，开始着手研究新方案，于是，一个新的氯化钾溶液注射系统应运而生——在整体试验模型中的两条入口管设置完全相同的两套氯化钾溶液注射装置，配置定量浓度的氯化钾溶液，分成等量两份装入注射装置中；使用专门的控制开关，将两电磁阀联锁，确保两个注射装置的时间同步；通过注射位置的压力表测量回路静压，确定注射系统所需压缩空气压力，确保两注射装置的注射压差和注射流量相同。

解决了两个大问题，交混试验如期开展，得到了单环路注入和双环路注入共计 12 种工况点数据，得到了下腔室交混因子，确定了事故工况下硼水及冷却水注入量，为主蒸汽管道断裂等事故分析提供了依据。

到这里，交混试验本已可以画上个圆满的句点了，可课题组的心思却又一次活跃开了：“我们现在有了完整的交混试验数据，是否可以和数值模拟相结合，将模拟计算结果与试验结果做个对比呢？”

说干就干，课题组开始进行模拟计算。没过多久，结论出来，模拟计算结果与试验结果吻合得很好，充分验证了CNP1000反应堆下腔室交混特性试验的准确性与可靠性。

这下，精益求精的课题组终于是放心了。至此，CNP1000反应堆下腔室交混试验圆满结束。

在交混试验课题组精益求精的同时，CNP1000反应堆的四项旁流试验也正如火如荼地进行着，只不过，他们的战场不在热闹繁华的成都市区，而是在静谧的夹江山沟。

夹江，核动力院诞生地，到现在，在核动力院人心里，它仍是几代人的“老家”，核动力院人一直亲切地称之为“基地”。2005年，距离二所搬迁至成都工作区已有数年之久，大部分同事已经在成都城里安了家，搬迁后的新入职员工，更是纷纷落户成都。可二所在夹江基地依旧保留了不少试验装置，CNP1000反应堆的四项旁流试验所需的试验装置正建造于此，这也意味着参与试验的同志需要长期待在夹江，与家人聚少离多。

挑起旁流试验大梁的都是年轻人，孟洋、赵玲、徐元利，三位试验人员全都在35岁以下，年龄最小的甚至才20出头。可他们无一例外地选择了奋战在一线，坚守在现场，驻扎在基地。

说起试验现场条件的艰苦，试验人员也是诸多感慨。由于试验装置长期闲置，久未启动的主泵，锈迹斑斑的阀门，老化破损的线路，沾满灰尘的管路，挂了蛛网的台架，还有荒废坍塌的厕所，放眼望去，已然一片荒芜，百废待兴。为保证试验所需条件，试验人员对试验装置进行了彻底的检修，就连地下水池也进行了清洗。值得一提的是，在检修过程中，还引发了一场小事故。原来，一只小老鼠不知天高地厚地找到了电线，不停撕咬，最后老化的电线敌不过其坚硬的鼠牙，绝缘皮被小老鼠啃掉。“啪啪”几声电流响起，电线短路，检修人员大惊失色，急忙查找原因，待看到已触电身亡的小老鼠时才算舒了一口气。不过，这场由老鼠引发的事故，也为试验人员提了个醒，在检修中更为小心谨慎，确保仔细检查到装置的每一处。

尽管试验装置经过了检修和调试，可毕竟闲置多年，试验过程中回路依旧是状况不断。由于回路多年未启用，某些地方生锈过于严重，经过多轮回路串洗依旧不能达到试验要求，回路流量始终上不去，最后通过砂纸打磨了多个地方，过滤口没有了锈灰的堆积堵塞后，才彻底解决了这个问题。不仅如此，因为回路的主泵为盘根密封，泵轴的锈蚀严重，盘根极易磨损导致漏水，于是试验人员放置了防雨布，不让突发的漏水影响到旁边的电机和变阻箱。还有石棉密封垫片因为年代久远而粉化，枯叶在回路里引起堵塞，闸阀笨重需要三个人合力才能搬动……这些令人想得到的、想不到的状况一件接一件地跳出来，又被试验人员一件又一件地解决。

在试验前设备的调试中，采集数据的电脑经常出现无法开机的现象。那个时候，二室仅有这么一套数采设备，无法开机就意味着试验根本无法往下进行。试验人员不甘心，对着电脑开始研究，甚至就连回招待所也把电脑带上，睡前还能再捣鼓捣鼓。而这一捣鼓，电脑居然又神奇地开机了。可第二天，重回试验现场的电脑又任性了起来，仿佛昨晚的开机只是昙花一现。试验人员灵机一动，找了个吹风机对着电脑狂吹一通，这下，电脑终于又重新启动了。原来，是试验现场的空气过于潮湿，电脑不喜欢这般潮湿的环境，才屡屡罢工啊。

试验人员对基地的深刻印象，还有一部分是基地丰富且多样化的小生物方面。除了随时可见的老鼠和蜘蛛，赶之不尽的蚊子和小飞虻，让人想到就起鸡皮疙瘩的跳蚤和蝙蝠，还有一种生物让他们更为忌惮。有一段时间，他们为了赶试验进度，常常天黑才准备回招待所。从试验场地回住宿的地方要经过一条偏僻的田间小路，窄窄的，路边还有茂盛的野草。夏天的夜里，乡间常有蛙鸣，草丛里还经常会有一种窸窸窣窣的声音。年轻的试验人员曾一度疑惑这个声音是什么，直至试验结束，同行的老同志才告诉他们，这很

CNP1000 水力试验回路

可能是蛇在草丛里爬行。直到有一天，试验人员发现试验区的大门锁上盘了一条青蛇后，才明白老同志所言非虚。

逢山开山，遇水搭桥，正是这样艰苦的试验条件，正是这种敢于吃苦、甘于奉献的敬业精神，成就了这诞生于夹江山沟里的CNP1000反应堆旁流试验。这正是核动力院人“勇攀高峰”的最好体现！

2007年，中国核工业集团公司主持召开了“CNP1000反应堆旁漏流、流量分配及交混特性研究”成果鉴定会，专家们一致认为：该试验研究成果对CNP1000工程具有重要意义，验证了CNP1000反应堆结构设计，为热工水力设计和安全评审提供必需的输入，研究的模拟原理和试验技术达到当前国际先进水平。简单的一段话，不仅仅是对二室水力试验能力的肯定，更蕴含了二室科研人员背后几年的苦苦探索与默默耕耘。

CNP1000反应堆旁漏流、流量分配及交混特性试验，获得了中核集团科技进步三等奖，并申报了四项专利，而该研究不仅验证了CNP1000反应堆结构设计的合理性，且其模拟、试验和测量技术以及试验设施也可应用于大型核电反应堆水力试验研究以及化工、换热等设备内流体流动特性的研究。这不仅大幅提升了核动力院开展整体水力模拟的试验能力，为以后新型堆芯研发打下了坚实的基础，同时，也为华龙一号的后续研发奠定了深厚的基础。

第三节　严重事故我不怕

当反应堆发生严重事故，没有足够的冷却能力对反应堆堆芯进行冷却时，大量的堆芯材料会随着温度不断上升而熔化，最后坍塌流动至反应堆压力容器的下封头。1979 年 3 月 28 日，三里岛 2 号机组（TMI－2）就发生了这样的堆芯熔化事故，这就是大家所熟悉的三里岛事故。而 2011 年 3 月 11 日，福岛第一核电厂发生严重事故，情形更为严重，在地震、海啸等多重因素叠加影响下，核电厂断水断电，反应堆完全丧失冷却能力，堆芯熔化并垮塌，最终导致了压力容器熔穿。压力容器是一个椭球形的厚重金属壳，它就

福清 5 号压力容器吊装现场

像一个高压锅一样装着反应堆，却是放射性物质包容最为重要的屏障之一，它的熔穿致使放射性物质从反应堆中释放到了外部空间。尽管堆芯熔化概率很低，但是现有技术条件无法百分之百杜绝其发生；然而随着安全技术的不断提升，其发生的概率也在不断降低。

早期国内外对于严重事故的管理策略主要以预防为主，在设计时将诸多参数进行保守设置，降低堆芯熔化发生概率，以期能够避免严重事故的发生。以先前严重事故为教训可以发现，将堆芯熔融物滞留在压力容器内，能够保证反应堆压力容器的完整性，减缓放射性的释放，保障公众安全。

在对现有先进反应堆熔融物堆内滞留策略消化吸收的基础上，中核集团提出了设置堆腔注水冷却系统（以下简称“CIS 系统”），通过能动（外部动力驱动）和非能动（物质所具有的特性驱动，如重力、密度差、温度差等产生的动力）两种方式冷却压力容器下封头，将堆芯熔融物包容在压力容器下腔室内，维持压力容器下封头的完整性，防止大多数可能对安全壳完整性带来威胁的堆外现象的发生。

华龙一号（ACP1000）堆腔注水冷却系统实验（CIS）是中核集团公司重点科技专项，属于堆腔注水冷却系统单项性能验证实验，实验目的是为 CIS 系统的设计和有效性分析提供依据，为华龙一号的安全保驾护航，

2009 年之前，核动力院从未开展过严重事故相关的实验，所以对于相关实验研究的经验严重缺乏。那时刚刚硕士毕业不久的张震在指导老师的建议下，开始进行反应堆严重事故缓解措施——堆芯熔融和压力容器外部冷却相关的实验研究项目申报。申报的前期准备中，张震一头扎进文献的海洋，对国内外堆芯熔融和压力容器外部冷却相关的研究现状进行了广泛调研。在充分了解内外部情况后，张震结合核动力院的实际，几番修改后编制了第一版的项目建议书。可惜的是，因为缺乏经验，项目建议书的背景意义没有描述到位，项目紧迫性和必要性的阐述也没有足够明晰，该版项目建议书就这样石沉大海了。

失败了当然难过，年轻的张震甚至一度对自己的能力产生过怀疑。但难

▍华龙一号堆腔注水冷却系统临界热流密度实验装置

过解决不了任何问题，整理好自己的情绪后张震又开始了项目建议书的编写。经过一番思索，张震决定转变思路，不再站在编写者的角度反复修改建议书，而是尝试站在评审专家的角度去重新审视这份项目建议书。如果自己是专家，在大量的建议书面前，什么才是可以突然打动自己的呢？如果自己是专家，在如此多的内容中，什么才是让自己信服的内容呢？思考过这些，张震突然就明白自己要做的是什么了。说做就做，在修改建议书的日子里他仍然每天坚持阅读文献，开展调研，不断扩充建议书内容，提炼核心内容，使建议书不断完善。机会终于眷顾了这个有准备的人，2011 年 1 月，多次修改的项目建议书获得了中核集团重点科技专项的批复，张震也成为堆腔注水冷却系统实验研究的实验课题负责人。

项目得到批复后，张震和团队成员根本来不及庆祝，此时对于他们的考验才真正开始。堆腔注水冷却系统实验是中核集团的重点科技专项，时间紧、任务重、节点刚性，而核动力院先前从未开展过类似实验。对于实验中涉及的模拟方法、密封方式、加热方式、测点布置等各种技术问题都需要从头摸索。

正在大家为眼前的问题忙得焦头烂额的时候，新的情况又出现了。因为试验需要模拟严重事故下复杂多变的工况，所以试验中使用的模拟体热量分布必须能够根据需要进行调节。对此，实验室先前使用的常规加热方式完全不适用。面对突如其来的致命问题，整个课题组的工作只好暂时搁置，大家集中在一起商量如何攻克此番难题。

张震提出，既然老方法行不通，大家就不要钻到老办法中出不来，咱们一定要另辟蹊径。说做就做，经过多方调研论证，课题组提出采用大量离散发热体，加热实验模拟体，通过改变离散发热体的功率，从而实现不同的实验模拟体热量分布。但是，这种间接加热的结构提出后，马上遭到了相关专家的质疑。有专家提出：“采用间接加热方式开展临界热流密度实验，如何在实验模拟体达到极限最大换热量的同时，实现间接发热体正常工作而不烧毁？”课题组成员心里十分清楚，破解专家的疑问就要求间接发热体耐受性和可靠性极高，且间接发热体与实验模拟体之间接触极好，否则间接发热体会先于实验模拟体达到临界换热状态，导致实验无法获得数据！一边是不能延期的任务，一边是充满风险的方案，大家的心里都承受着巨大的压力，换方案还是继续坚持，该何去何从？

纸上得来终觉浅，张震知道，再怎么计算论证也无法完全说服有疑虑的专家，自己也确实知道此实验方案的风险。所以，为了说服相关专家，也为了进一步验证实验技术的可行性，张震想了一个折中的好办法，提出先开展一个小规模的考验实验。于是，在大家的通力合作下，课题组用了极短的时间完成了考验件设计、加工、安装、测控系统调试、电气系统布置等内容，通过考验实验，不仅筛选了满足需求的间接发热体，验证了间接加热获得临界热流密度的实验技术，同时还验证了测点位置设置、功率分段调节等关键实验技术，用数据说服了专家和自己，实验得以顺利继续进行。

在验证实验方案的日子里，同事们经常可以遇到在楼道跑上跑下的张震。有人问他："为什么不坐电梯？"他总是笑着回答："等电梯太慢，爬楼梯可以节约时间，也可以锻炼身体，一举两得。"就是这种积极、踏实的工作态度，帮他解决了实际工作中的各种问题，为最终完成实验方案带来了很大帮助。最终，该实验研究方案按计划在 2011 年底通过了集团公司组织的专家组审查，为华龙一号的顺利交付奠定了坚实基础。

由于项目进度紧，工况多，实验进展过程中不断出现新问题，课题组实验人员主动采用工作日加晚班、周末连续加班的工作方式，通过自主创新和反复测试，保障了试验任务的顺利开展。

对于工程性验证实验装置，确定一个合理可行的模拟方法和规模是验证实验及装置建设面对的首要问题和难点。由于压力容器直径较大，采用原型尺寸进行整体模拟，在实验技术方面几乎不可实现。因此，目前国际上的普遍做法是对压力容器下封头进行简化，采用切片实验台架开展实验。

CIS 实验也是采用等宽切片模拟方法对压力容器下封头进行简化，模拟体的流道间隙宽度、压力、入口温度等条件均与压力容器下封头保持一致，但是模拟体发热面宽度方向的几何结构不同，导致加热功率和流量不能直接采用原型参数，需进行模化处理。核动力院集中优势力量，成立了以从事反应堆热工水力、流动传热以及具有丰富计算机数值模拟经验等多方面的研究人员组成的论证小组。经过广泛调研和深入论证，通过严谨的方案论证和理论推导，确定了 CIS 实验的模拟方法。

在课题组成员的不断努力下，2011 年，小规模验证实验的实验方案设计、实验方案通过审查。2012 年，实验模拟体完成设计、加工制造，同年完成实验装置的调试工作。2013 年，系统的非能动工况实验与能动工况实验开展，顺利完成华龙一号堆腔注水冷却系统实验的全部内容。研究团队突破了异种材料可拆换式流道、大尺度弧形发热面密封技术、热流密度及流量实时耦合模拟方法、加热体出口绝对常压模拟四大关键技术。

2018 年 1 月 23 日，经严格评选，华龙一号堆腔注水冷却系统实验研究的课题负责人张震荣获首届“彭士禄核动力创新青年人才奖”。上班的路上，看到办公楼上挂出的“热烈庆祝张震同志荣获首届彭士禄核动力创新青年人才奖”横幅，张震脸上露出腼腆的微笑。

第四节　纵深防御有支撑

日本福岛核事故后，我国国家核安全局要求核设施与核技术利用装置安全水平进一步提高，辐射环境安全风险明显降低，保障核安全、环境安全和公众健康；明确“十三五”及以后新建核电机组力争从设计上实际消除大量放射性物质释放的可能性。作为简化核电设备、改善系统安全性和提高经济性的有效手段，采用非能动安全系统被认为是第三代核电技术的重要特征之一。目前，非能动安全技术广泛应用于各国的先进反应堆设计中。

反应堆在正常运行时，反应堆内的热量主要通过蒸汽发生器带出，核反应堆停堆后，功率在初期以很快的速度下降，而后以较慢的速度下降。虽然停堆后继续释放的功率只有稳态功率的百分之几，但是这些热量如果不能及时从堆芯输出，就有可能烧毁堆芯。例如福岛核事故中，核电站失去电力供应，导致冷却系统失效，无法控制核燃料的衰变热，几小时内氢气不断聚集，并发生爆炸，反应堆部分熔毁，导致放射性物质泄漏，给人类生存的环境及人体健康造成危害。

在这样的背景下，核动力院研发出了二次侧非能动余热排出系统（PRS），核反应堆余热是停堆后反应堆内残存的总热量，包括剩余释热和堆内各部件残存的显热，二次侧指蒸汽发生器二次侧，与其相对应的一次侧，即反应堆内的温度极高的水，通过在蒸汽发生器中进行热量交换，将一次侧中的热量传递至二次侧。在事故工况下PRS依靠回路中的水由于温度不同所产生的密度差和水位高低不同产生的重力差作为驱动力形成自然循环，在不依靠外界提供动力的情况下就自行运作，将反应堆余热导出，实现反应堆安全停堆。

PRS是华龙一号核电技术的重要创新型安全设计。根据法规要求和安全评审意见，必须对其进行由业主方组织的独立验证实验。

二次侧非能动余热排出系统实验的目的是为验证ACP1000反应堆在全厂断电、同时辅助给水气动泵失效事故工况下,PRS系统的运行能力和特性，验证原型事故冷却水箱和原型应急余热排出冷却器的设计能力。无干预成功运行72小时是衡量PRS系统能力的重要指标，72小时内无需过多场内应急就可以将堆芯衰变热传递至事故冷却水箱，从而降低堆芯温度，保证反应堆的安全性。通过实验结果来证明福清5号、6号机组PRS系统的运行能力和特性，确认设计单位对PRS系统所做安全评价是否正确。

福清核电公司选择中国核动力院反应堆工程研究所位于四川省乐山市夹江县的二次侧非能动余热排出系统装置上开展验证实验。实验由中核核反应堆热工水力技术重点实验室技术人员和福清核电公司人员共同承担。在此之前，福清核电业主已经开展了设计验证实验、安审中心独立验证实验，结果均证明了PRS设计的合理性和正确性。

PRS验证实验没有现成资料和经验可以借鉴，实验装置如何设计，模型比例如何确定，设计输入是否合理和完整等等问题，均需要与设计方反复研究、仔细琢磨，要想顺利完成实验，只有不断探索和创新。最终研发人员不断攻克一个个难关，终于制定了详细的实验方案。2011年12月7日，实验研究方案通过集团公司核动力事业部评审。评审会上，课题负责人郗昭分别从实验技术路线、实验模拟准则及规模论证、模拟方法等方面进行了汇报。经过与会专家的充分讨论，一致认为两项实验研究方案内容完整，满足试验任务书的相关要求，能够达到模拟原型系统验证的需求，通过了集团公司的审查，为后续实验研究工作的顺利开展奠定了基础。

实验需要在高位水塔上完成，高位水塔的主要功能是为该系统实验用最终热阱——冷却水池以及仪表测量系统和电气系统设备提供安装平台，并为实验人员提供操作空间。

高达50余米的瘦高型实验用高位水塔，经历了选址、设计、采购招标、建设等各个阶段。在选址阶段就经过了多次反复，最终确定落户二所夹江12号实验基地。经过乐山地勘设计院的现场勘测和取样分析，认为该处的地质条件满足该设施承载要求。为确保高位水塔的设计和建造进度、功能及其可靠性，在设计阶段二所和建筑设计所开展了联合攻关，设置了攻关小组，就设计过程中出现的各个技术难点，群策群力，逐个突破，最终在短短两个月内完成了高位水塔的设计工作。

2013年7月11日，中核集团在位于四川夹江的中国核动力院基地组织召开了ACP1000重点科技专项子课题“ACP1000二次侧非能动余热排出系统实验研究”实验前准备状态检查暨实验启动仪式，评审组一致认为：实验装置通过实验前状态检查，实验可以正式启动。在实验现场，与会专家领导共同参与见证了实验的启动。课题组耗时两年，在具备一定的技术沉淀的基础上设计、建造并调试完成了高达60米的模拟实验装置。

建成的华龙一号（ACP1000）三代核电非能动余热排出实验装置等高、等温、等压、实时模拟，确保了原型物理现象在实验装置上的再现。解决了超长电热元件设计、SG模拟体设计、冷却器设计、雷区高位水塔设计等一系列关键技术问题。建成近60米高华龙一号最高的标志性实验装置，有力支撑了华龙一号落地，承担起华龙一号国内外宣传“使者”的角色。

2013年9月28日至30日，三代核电ACP1000二次侧非能动余热排出系统实验成功无干预运行72小时，标志着核动力院具有自主知识产权的百万千瓦级三代压水堆核电技术ACP1000的实验验证工作取得了重要的阶段性成果。

▍PRS 实验装置

72 小时瞬态实验时间紧、难度大，课题组通过连续半个月加班加点的辛苦准备，对 200 多个测量信号逐一检查，克服了功率曲线跟踪、电源实时反馈以及实验装置不同温度下功率补偿等多项技术难题。通过分析论证以及预实验最终确定的蒸汽发生器模拟体水位、压力等初始工况的建立方法，满足实验设计要求，并顺利完成 72 小时瞬态实验。

无干预成功运行 72 小时是衡量 PRS 系统能力的重要指标，72 小时内无需过多场内应急就可以将堆芯衰变热传递至事故冷却水箱，从而降低堆芯温度，保证反应堆的安全性。无干预运行 72 小时是二次侧非能动余热排出系统实验的主要任务，此项实验的完成初步证明了 ACP1000 二次侧非能动余热排出系统的设计是成功的，也为 ACP1000 顺利通过安全评审奠定了坚实基础。

2013 年 12 月，完成稳态和瞬态实验研究。

2014 年 6 月，完成系统性能影响因素实验研究。

2014 年 10 月，完成环境保护部核安全与辐射中心的独立验证实验。

ACP1000 二次侧非能动余热排出系统实验启动仪式

二次侧非能动余热排出系统实验课题负责人郗昭有一个记事本，上面密密麻麻、井井有条地记满了这个实验任务开始以来所有的重要事件和重要数据。留在郗昭记事本里的，都是十分重要的“干货”，主体除了方案就是设备，当然，还有一些带着温度的实验关键词，留在了把实验方案变为现实数据的实验人员的记忆中。

高，是实验的第一个关键词。这里的“高”，指的是海拔上的高。

“渐渐走近那高大的实验平台，站在它的脚下，仰头看到弯弯曲曲的回路，还有错综复杂的管线和仪表，我完全是一头雾水。ACP1000 二次侧余热排出系统装置足足有 60 米高，第一次踩着台阶，扶着栏杆一层一层往上走，从不恐高的我第一次感觉到有些心虚，有些腿软……在我眼里，它像一座神秘的金字塔。”这是当年团队中的新人第一次见到实验装置时的感受。

远，是实验的第二个关键词。这里的“远”，是指地理位置的远。

早期选址历经多次反复，经专业级的现场勘测和取样分析，最终以地质条件满足该设施承载要求为主因，确定二所 12 号实验基地为 ACP1000 二次侧余热排出系统装置落地之所。12 号实验基地地处夹江，距成都近 200 公里，曾是二所五室诞生并发展壮大的地方，20 世纪 90 年代中期，二所主力搬迁成都后，这里已渐显落寞，想不到在将近 20 年后的 2012 年，这里突然又热闹起来，一个新的实验装置将在这里拔地而起。只是，200 公里的长度阻隔了实验人员和家人的亲密接触，也影响了小分队和大本营的联系。

长，是实验的第三个关键词。这里的“长”，是指时间上的长。

在 2012—2013 年实验装置建设和试验最为紧张的两年时间里，实验人员和实验装置几乎没有休息的时候，过的也都是不知节假日为何物的日子。最长的一次连续工作时间是 30 多天，为了按时完成板上钉钉的实验节点，课题组也是蛮拼的。

冷，是实验的第四个关键词。这里的“冷”，是指天气上的冷。

2012 年冬天，当大家已经沉浸在迎接元旦春节的喜悦中时，郗昭仍一如既往地带领课题组人员，扎根于夹江基地，继续着从台架到设备电气仪表的安装。项目建设初期，单位招待所条件较差。四川山沟里的冬天不比北方，温度虽在0℃之上，但在湿度的加持之下，寒冷让人无处可逃。被子太潮，空调太老，不几日，感冒果然如约而至。尽管感冒并没有影响到实验进度，但流鼻涕打喷嚏的症状总是让人痛苦。课题负责人郗昭二话不说，立刻拨通所长电话，要求改善基地住宿条件，更换空调，添加被褥。带病坚持工作了一段时间，课题组人员终于可以甩掉病痛、轻装上阵、加班加点了。

其实，郗昭也病了——累病了。实验台架高达60米，实验中的关键设备安装在最高处，在60米高的台架上爬上爬下是在所难免的。安装时，一天不知道要来回爬多少次台架，累了，停下来休息一会儿，缓一缓，又要继续。在高强度的工作负荷下，郗昭一个星期瘦了5斤，连续低烧让她不得不安排好课题组的工作停下来关注自己的身体，结果一检查，感染了肺结核。短暂的治疗休息后，她又投入到工作中，因为课题组即将进行的实验工况是72小时连续实验，作为课题负责人，她必须坚守在自己的工作岗位上。就像她说的，一旦实验开始了，不管人在哪里，心都留在了实验现场。

无惧，是实验的第五个关键词。这里的“无惧”，是指人的品质的无惧，是工作多年经验累积出来的自信带来的无惧。

装置高，且在户外，整个课题组必须把安全放在首位。有一次，水泵在给回路补水，由于补水速度过快，回路在已经充满水的情况下压力升高，超过了安全阀的压力，坐在控制室里的郗昭立马注意到了控制室外水滴打在台架上的声音，意识到了安全阀可能已经被顶开，她立即下达命令关掉水泵，阻止了压力的继续升高。这次超压后，为了确保接下来的实验顺利进行，郗昭决定对一些主要部件进行检修或标定，以保之后的实验万无一失。当机立断，临危不乱，这是一个合格的课题负责人应当具备的基本品质。回路是整个实验装置的骨架，它就像人的血管一样，需要保持畅通，不能出现破口。为了保持畅通，实验前需要对回路进行排气。这可是一个体力活。每次需要打开“C”形管束入口端的大法兰，拆卸和安装法兰的紧固螺栓需要抡大锤加力，拆卸、排气、安装，整个过程要花40分钟，每次都会累得汗流浃背。

PRS 启动初期大气旁路排放阀开启蒸汽释放

实验前还需要打压查漏，查找密封不严的地方，当压力稳定时，课题组成员余诗墨、王洪强和骆汝东就会戴上安全帽一层一层往上检查，每一个阀门、每一个三通、每一个法兰……都要保证没有渗水。很多时候，渗漏用眼睛是看不出来的，需要用手去触摸，从一层到十七层，每次实验前都要进行一次全面的检查。回路人员就是用这样的耐心，一次一次去感受这个装置的高，一次一次去感受这个装置的繁复。无惧，也无憾！

2015 年到 2016 年，实验结果先后通过了中核集团验收和国家能源局验收。公开资料显示，核动力院实验主要节点均早于国内其他核电企业三代非能动安全实验 2—3 年。

三代核电非能动余热排出实验装置解决了 PRS 双自然循环回路耦合初始工况快速准确建立、PRS 系统热损失动态处理等关键实验技术，获得 200 余组数据，验证了 ACP1000 PRS 系统 72 小时瞬态排热能力，支撑华龙一号首堆 PRS 系统的设计验证、设计定型和国家核安全局设计评审。通过 ACP1000 PRS 系统实验研究，获得了 PRS 系统的运行能力和运行特性，验证了事故冷却水箱和应急余热排出冷却器的设计冷却能力，为设计和核安全评审提供了重要的实验数据基础和必要支撑。

第五章

重器

所谓重器，一要既大且重，亦要为系统之重要物件。

华龙一号的核岛中，有成千上万件复杂的各类设备和装置。其中一些设备动辄高达一二十米，重逾数百吨，站在其下仰望，只觉硕大无比，人之与其相比，则渺小已极。如此设备，却与笨重毫不着边，其精密程度仍以毫米相计，故而其材料、设计、制造、安装都面临巨大考验，每一个阶段都有难点，每一段进展都是呕心沥血的产物，正是经过一次次的优化，方能达到如今的水平，是当之无愧的华龙重器。

华龙一号核岛布局示意图

第一节　守护华龙

2017年8月20日上午，由中国核动力研究设计院自主设计和招标采购、中国一重集团承制的华龙一号全球首堆（福清5号机组）反应堆压力容器现场交付会在中国一重盛大召开。这标志着，反应堆压力容器设计者多年的辛勤与付出终于到了收获的时刻。这一重大时刻是我国自主研发三代核电技术的一次重大实践，也是我国核电事业的重大突破，中国技术、中国制造再度唱响世界。

反应堆压力容器用于包容反应堆堆芯部件、堆内构件及控制和测量组件，盛装反应堆冷却剂等工作介质，是防止放射性物质泄漏的第二道安全屏障。华龙一号反应堆压力容器，总高约13米，总重418吨，简简单单的数字背后，凝聚的是设计者长达十数年的辛勤努力和付出。中国核动力研究设计院在完成我国首座自主研发设计的60万千瓦核电站秦山核电二期工程后，就启动了自主百万千瓦核电技术的研发工作，在主打产品“二代+”风行之际，核动力院反应堆结构设计研究室的研发团队就将设计目光投向了华龙家族。在“二代+”核电工程设计的基础上，率先提出了“177堆芯”方案，

▍华龙一号反应堆压力容器及其设计团队

即 CNP1000 堆型，自主编制了压力容器的总体结构方案文件，并在此基础上研发了 CP1000 设计方案，但仍未跳出“二代 +”的设计框架。在日本福岛核泄漏事故后，研发团队未雨绸缪，将他国经验教训转换为设备升级换代的动力，大幅改进了反应堆压力容器的结构设计，以更安全为设计理念，最终形成了目前的华龙一号家族。

作为我国首个具有完全自主知识产权的核电机组设计方案，其反应堆压力容器完全由我国自主设计，满足三代核电的安全和功能的要求，同时基于国内制造厂的制造能力进行相关设计及改进，完全实现了国产化，为华龙跨出国门做好了准备。

这是一段漫长的旅程，回首来路，反应堆压力容器在东北黑土地上初具雏形，在渤海之滨完成验收，在福清堆坑中蓄势待发，而它最初的起点是天府之国成都的中国核动力研究设计院。这注定不是一帆风顺的旅程，而设计团队既然选择了远方，便只顾风雨兼程。与以往的“二代 +”产品不同，华龙一号反应堆压力容器的设计标准为新版的 RCC-M 标准（法国《压水堆核岛机械设备设计和建造规则》的简称）。有别于常用的旧版本，这对于设计团队、制造方、业主都是一个全新的挑战，而设计团队无疑将肩负起更多的责任。从重新对新标准的学习研究，到规范培训；从制造厂的技术交底，到长期驻厂看护其成长；从处理制造厂的技术联系单，到协调三方处理问题……设计人员与反应堆压力容器一起成长，提高自身的核心设计能力，

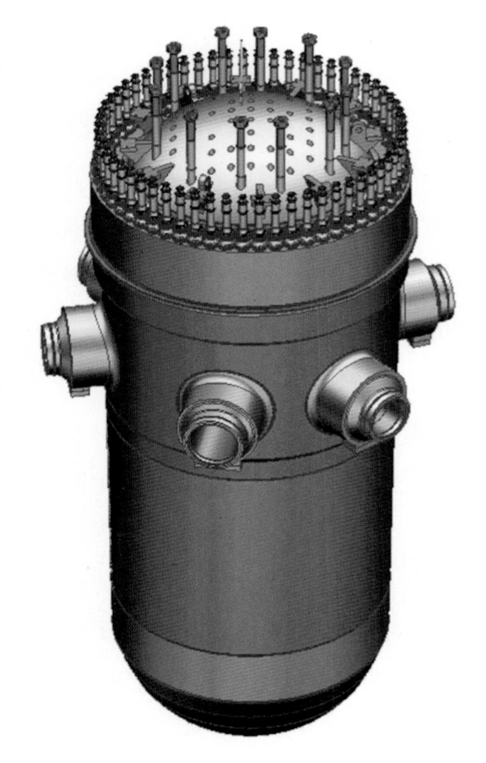

华龙一号反应堆压力容器

也经历了许许多多难忘的故事。

华龙一号反应堆压力容器是如何铸就的，全国五一巾帼标兵、全国三八红旗手罗英最有发言权。作为一名“核二代”，“潜心反应堆科研事业、以中国核动力引领世界核动力”，是罗英从小在九〇九基地成长时就怀揣胸中的使命。罗英还记得在秦山二期核电工程建设期间，反应堆压力容器还由韩国斗山重工制造厂承制。为了弄懂核电压力容器制造过程中的关键技术，罗英驻厂服务六百天，连续三个春节在斗山度过。在制造厂里，工人可以倒班，但作为中方代表的她却不能下班，随时有技术上的问题需要她去解决。现场环境艰苦异常，可罗英同志却硬生生地坚持了下来。想女儿了，她只能每月通过破旧的通信设备给女儿带去一份简短的问候。凭借着这份意志，她不仅成功解决了该项目重大不符合项，保障节点按时完成，还把这份精神力量坚持进了后续的全部工作。也正是凭借这段难忘的经历，当后来带领团队攻关华龙一号反应堆压力容器研制时，罗英展露出了一种别样的情怀与气魄。如今，中国核动力研究设计院专门成立了以“罗英”命名的创新工作室，并荣获了四川省首批五一巾帼创新工作室荣誉称号。在创新工作室里，专门陈列着一台华龙一号反应堆压力容器的模型。罗英对这个模型的呵护特别细致，闲暇之时也常常会注视着它。在她的目光中，折射着华龙一号反应堆压力容器问世的艰辛旅途。

“路漫漫其修远兮，吾将上下而求索。”这旅途有曲折有荆棘，但是核动力院人用丰厚的设计底蕴和自主创新的奋斗精神，一步一个脚印，踏踏实实地将反应堆压力容器的设计走向定型，走向成熟。作为压力容器设计团队的一员，曾鹏的桌子上有两个黑色鼠标，一个新的正在使用，另一个静静地待在桌上的角落里，已落上了薄薄的灰尘，依然可以明显看出，鼠标按键位置已被用得磨掉了涂层，露出了白色的塑料壳。对于这个旧鼠标，曾鹏的回答是：“这个鼠标见证了我们华龙一号首台反应堆压力容器结构设计的全过程，我舍不得扔掉它啊，它是见证历史的一分子！”

2009年伊始，华龙一号反应堆压力容器的设计工作正式吹响了集结号。

相比于之前的“二代 +”核电项目，华龙一号做出了巨大的改进与提升，这就使得反应堆压力容器的结构也要完全重新研究与设计。而这其中尤以反应堆压力容器顶盖的设计过程最为曲折。2012 年 3 月，反应堆压力容器科研设计阶段的图纸已基本成形，大家的心里也稍稍放松了一些。然而，为了进一步提升三代核电的安全性和可靠性，上级要求对反应堆压力容器进行更进一步的改进提升，并严格规定了工程节点。负责结构设计的技术人员立刻开始了改进工作。取消中子测量管座、顶盖的厚度增加、上封头腔室高度增加、顶盖法兰厚度增加……经过反复讨论、反复验证、反复变更，在 2012 年 3 月到 7 月的四个月里，反应堆压力容器顶盖图纸共计改版 11 次，终于正式完成了科研设计阶段的结构设计内容。在那四个月中，这个如今落满灰尘的鼠标被点击的次数应以 10 万计。而这仅仅是科研设计阶段的改版，之后在 2012 年 7 月到 2013 年 5 月间，由于堆芯测量管座等接口的改动，顶盖的图纸又经历了 10 余次的改版。2014 年 8 月，压力容器研发团队完成了施工设计阶段应堆压力容器顶盖的图纸编校工作，后由于顶盖上控制棒驱动机构的改型，顶盖图纸又进行了适应性修改，后又增加了一体化堆顶结构改进项，在短短的一个月内图纸连续更改了三版，最终才形成了现在的结构容貌，保证了合同的签订和锻件的投料。终于在 9 月的中旬，这个鼠标不堪重负，光荣下岗。这个鼠标见证了我们华龙一号反应堆压力容器从无到有，从有到优，从优到更优的历程。就单单顶盖而言，其图纸的改进版本就高达 30 余版。谈及往事，曾鹏深情地望着鼠标，轻轻地拭去了上面的灰尘说：“老伙计，你是退休了，我们核动力人还得继续向前呢！”

2017 年 3 月至 4 月，福清 5 号机组反应堆压力容器制造厂在对热处理曲线进行复查时发现，反应堆压力容器中间热处理、最终热处理、焊接见证件的最终热处理不符合设计方提出的技术要求，这瞬间牵动了设计团队的每一根神经。此时距离规定的反应堆压力容器出厂水压试验还有不到两个月的时间，如果不能按时进行出厂水压试验，必将影响 8 月的设备交付，必将影响华龙一号的整体工程进度。制造厂和核电业主接连向核动力院发函询问处理意见，都在焦急地等待着设计方的答复。此时所有的压力都落在了设计人员的身上，如若不能及时处理该问题，必将严重影响反应堆压力容器的交付和工程进度，而若不严谨审慎地处理，那么产品质量、核电运行安全也将无法保证。

初春的夜依旧有着丝丝的凉意，而压力容器组的办公室内正进行着热烈的讨论。时任压力容器组副组长的邱天召集大家开会商讨处理意见，从材料性能方面、焊接角度、标准规范等方面进行综合考量。翻阅标准、查看资料、影响分析……大家各司其职，各显身手。在与标准的对比中，设计人员发现传统核电强国法国和美国的标准要求并不一致。大家没有一味地迷信外国准则，而是通过比对分析并结合实际的工程经验，提出了自己的解决方案。第二天一早，顾不上昨夜的疲惫，迎着成都的朝阳，设计团队分头奔赴

福清 5 号机组核反应堆压力容器水压试验

福清现场及大连制造厂，及时就该问题与核电业主和制造厂技术人员进行沟通。通过长达数月的技术讨论、性能验证、标准分析比对、沟通协调，实现了制造厂技术服务人员、福清现场技术人员以及核动力院设计人员三方联动的局面。我方提出的处理意见终于得到了多方的认可，在确保反应堆压力容器质量的前提下，顺利保证了工程进度，为反应堆压力容器的顺利交付迈出了坚实的一步。

▍福清 5 号机组核反应堆压力容器起吊

此次解决热处理升降温速率的问题，是我国核电自主研发路上的一个缩影。曾经，我们在核电行业上是“跟跑者”，积极地向欧美核工业强国学习，将其标准规范奉为圭臬。如今，我们已经成为并跑者，对许多工程实际问题有了自己的思考。中国的工业基础、技术能力与欧美各国存在着差异，故虽共同追求核安全的信念，但是达到的途径和方法不尽相同。当然，对于欧美核电标准，我们仍须遵守、学习，但同时我们应更加自信、更加客观地去学习和研究，提升我们的核心设计能力。因为我们的心中始终怀揣着一个梦想，那便是做世界核工业的引领者，做核行业标准的制定者。

不忘初心，继续前进。2018 年 1 月 28 日东海之滨的福清，在华龙一号全球首堆福清 5 号机组的穹顶之下，核反应堆压力容器正在缓缓地吊入堆坑。从成都、齐齐哈尔、大连、福清，设计人员越过了山丘，跨过了大海，始终陪伴在它的身旁，默默地注视着这个一路呵护成长的“孩子”迈向属于它的“成年礼”。而这一天对于设计人员也有着些许的不同，这一天是曾鹏 36 周岁的生日。早在几天前儿子和妻子就开始张罗着准备给这个全家的

▍福清 5 号机组核反应堆压力容器吊装

顶梁柱过一个幸福的生日。他也答应儿子，生日这天一定放下手头的工作不再加班，按时下班回家。但一个传真到来，福清 5 号机组压力容器要在 1 月 28 日当天吊入堆坑，要求设计人员直接奔赴福清现场，呵护核反应堆压力容器顺利入堆。曾鹏的心里有过犹豫，但是行动上却一刻不停，马上收拾行囊奔赴现场。在福清现场，他的眼睛一刻不离地注视着反应堆压力容器缓缓下降，当反应堆压力容器成功落位时，他终于稍稍松了一口气，心中不禁想到在距离福清 2000 多公里外的家中，妻子准备好了生日蛋糕和鲜花，孩子准备好了对父亲真挚的祝福，年迈的父母准备好了一桌丰盛的家宴。但这一切都是值得的，他想再看看它，再送它这一程，它将在此坚守一甲子，与汹涌核变共舞，蓄势待发，奋力搏动，助力我国核电事业的腾飞。

福清 5 号机组核反应堆压力容器的顺利入堆，标志着核反应堆压力容器的旅程暂时告一段落。但是，设计人员的脚步却不敢有丝毫停歇，回到驻地，背起行囊，马上又将出发。从 2009 年起到 2018 年成功入堆，近十年的时间，设计人员见证了中国首台三代核电反应堆压力容器诞生的全过程，他们也与之一同成长。当年的它仅停留在大脑中，停留在图纸上，停留在他们的希冀中。当年的他们是青春年少，是满腔热血，是年少有为。回首来路，他们不负青春，不负初心，不负核动力人自主创新、勇攀高峰的使命。不忘初心，牢记使命，继续前进。前往福清，前往卡拉奇，前往漳州，前往海南，见证着中国核电事业一次又一次的腾飞！

第二节　安全壳内的“大白”

■“核电之肺”——蒸汽发生器

蒸汽发生器（Steam Generator，简称SG）是反应堆系统能量转换的枢纽，负责将堆芯热能转换成用于推动汽轮机发电的蒸汽能，是压水堆核电机组中的核心关键设备。当身处华龙一号的反应堆厂房内，放眼望去，三个最显眼的白色的“胖子”就是ZH-65型SG，所以他的技术研发人员给他起了一个亲切而可爱的昵称“大白”。

在核电站所有主设备中，蒸汽发生器个头最高、体积最大、造价也最高。因为结构复杂、技术集成度高，长期以来大型核电站蒸汽发生器的设计技术及知识产权都掌握在美国、法国等少数几家设计公司手中。直到2017年11月28日，由中国核动力研究设计院自主研发设计的首台ZH-65型蒸汽发生器在华龙一号全球首堆示范工程福清核电5号机组建设现场成功就位，才使得核电站蒸汽发生器在打破技术垄断方面完成漂亮的反击！

▍华龙一号全球首堆示范工程首台ZH-65型蒸汽发生器

ZH代表中国核电，65表示蒸汽发生器的总传热面积约为6500平方米，ZH-65型蒸汽发生器是我国具有完全知识产权的蒸汽发生器，它的诞生解决了华龙一号三代核电技术出口的瓶颈问题。

与国内现役二代改进型百万千瓦级压水堆核电站蒸汽发生器相比，ZH-65型蒸汽发生器采用最先进的设计标准进行设计，其功率体积比、在役可检测性、抗腐蚀性能、抗震性能等关键性能指标都有所提高，使用寿命也从40年提高到60年。这巨大辉煌的背后，却有着一段不为外人所知的辛酸。当然，这一切不得不从一个人说起——中国核动力研究设计院蒸汽发生器总设计师张富源，大家都亲切地称呼他为“张大爷”。

1955年9月，张富源出生在四川省夹江县的一个小山村里，凭借自己的努力，他作为“文革”后恢复高考的第一批考生，顺利考入了成都科学技术大学（现四川大学）。

“我们那个年代，每个孩子长大后的理想都是报效祖国和人民。”大学毕业后，张富源无条件服从组织上的安排，来到当时整体位于夹江九〇九基地的中国核动力研究设计院工作。这次重返家乡，张富源的身份不仅是“农民的儿子”“大学高材生”，更是一名“核电工程师”。到九〇九基地后，他画的第一张设计图纸就是蒸汽发生器人孔的密封垫片，这张图也开启了他蒸汽发生器的研究设计生涯。

1989年，为满足秦山二期核电站建设，中国核动力研究设计院首次尝试蒸汽发生器的整体设计工作。当时，国内还没有60万千瓦机组蒸汽发生器的设计经验，只能从国外寻求帮助。最初，核动力院与德国KWU公司达成合作意向，但因技术封锁等因素，不久合作便破裂了。张富源所在的设计团队只能通过参考已经得到的少许法玛通公司55/19B型蒸汽发生器设计资料（当时55/19B型蒸汽发生器是用于大亚湾核电站的），开始了秦山二期工程蒸汽发生器的自主设计。“可惜因为融资问题，自主设计的蒸汽发生器最终并未成型，也因为此次自主设计机会的丧失，使得国内掌握大、中型核电站蒸汽发生器的自主设计技术推迟了十多年。”谈及这段陈年往事，张富源遗憾地说。

2010年10月初，当大多数人还沉浸在国庆小长假后的欢乐气氛中时，核动力院华阳新基地一间不大的会议室里却挤满了人。会议室内的气氛十分火热，参与其中的人们说话声调都不由提高了几分。

这次会议是围绕蒸汽发生器设计研发的关键问题展开的，“如果华龙一号核电机组要走出国门，蒸汽发生器必须具有自主知识产权”，讨论现场张富源一语中的地指出蒸汽发生器自主研发的重要性，他言语间稍显激动，毕竟蒸汽发生器无法自主设计研发是他十几年的心结。

会议之前，张富源带领团队已完成蒸汽发生器自主研发前的调研和论证，论证结果表明，虽然极具挑战，但核动力院具备自主设计研发的能力，这块“硬骨头”是时候“啃啃”了。最终，会议通过了自筹经费研发三代核电蒸汽发生器的重要决定，吴琳副院长亲自挂帅，张富源被任命为攻关组组长。至此，为期四年的蒸汽发生器自主研发攻坚战拉开了序幕。

设计团队自主攻关的同时，另一侧的试验团队也早有准备。“蒸汽发生器相关配套试验早晚是要做的，我们一定要留足裕量，提前做好技术储备”，时任核动力院二所副所长、ACP1000 试验项目主管的李朋洲早期就敏锐地洞察到开展蒸汽发生器相关配套试验的必然性，便积极组织二所相关部门提前启动调研工作，并成立了蒸汽发生器试验攻关团队，为蒸汽发生器研发试验的后续开展奠定了扎实的基础。2011 年，当设计团队完成 ZH-65 型蒸汽发生器设计方案论证和方案设计时，李朋洲和他的团队仅用了短短两个月便提交了三个试验项目的可行性论证报告。

2012 年 3 月 5 日，在成都召开了“ACP1000 目标工程蒸汽发生器标准设计审查会”。经审查，以核电领域权威代表叶奇蓁院士为首的专家组一致认为，ZH-65 型蒸汽发生器的设计，充分借鉴了国内外同类型蒸汽发生器的工程设计与运行经验，技术成熟，技术性能满足华龙一号（此时仍叫 ACP1000）机组的有关要求，开展试验验证后可用于华龙一号。至此，ZH-65 型蒸汽发生器正式进入试验验证阶段。

蒸汽发生器的关键部件热工性能试验是在河南南阳一处十分偏远的油田之中开展的，李朋洲团队之所以要跑到这千里之外的荒野，也是被逼无奈。

蒸汽发生器研发试验涉及不同的试验类型，参数需求存在较大差异，试验所需的热源负荷极大，相当于一座小型的火力发电厂，一般的厂矿锅炉参数都无法满足试验要求，更不要说核动力院实验室的热源能力了。新建实验室热源是大家首先想到的办法，但这样做不仅经费需求大，而且试验周期会大大拉长。李朋洲经再三考虑，决定采取蒸汽热源外协的方式，与具有高品质蒸汽源及其他相关条件的单位合作。经多地进行实地调研，最终确定以河南南阳油田注汽锅炉为热源保障蒸汽发生器关键部件热工性能试验。

提及南阳油田那段试验经历，李朋洲激动得红了眼眶，“那段时间年轻同事太苦了，个个都是名牌大学的硕士、博士研究生，在工地上干活的时候，我都快认不出他们了”。

游梁式抽油机（俗称“磕头机”）不停地做着令人感到无聊的重复动作，不辞辛劳地从地底“吮吸”着黏稠的石油。南阳油田荒芜的土地上突然多了一群人，他们搭设简易的棚屋，修建一座由弯弯曲曲的管道所构成的一个“台子”。在这群人中，有一名叫文博的小伙子，他十分清瘦，当时不过20多岁的年纪。

2012年9月，文博和课题组相关技术人员进驻河南南阳油田W105注汽站，开始管子支承板热工水力特性试验装置的建设工作，此项试验是ZH－65型蒸汽发生器热工试验的排头兵。在紧张的施工完成后，为了尽快拿到第一手试验数据，文博和大家一鼓作气，顾不上休息又开始了正式试验。

这年的冬天来得比往年早了许多，气温也创下了五年以来的最低。大雪纷飞，寒风呼啸。这种极端的天气是课题组之前准备的脉冲管防冻措施也无法抵御的，脉冲管内的工质一夜间上了冻。为了防止冰冻对管道和设备产生损害，文博和课题组在大雪纷飞的午夜拎着热水壶定时对脉冲管进行浇热水防冻，同时从成都调运高功率伴热系统，对装置所有的易冻管线加装伴热。试验中，文博和课题组不分昼夜，最长的时候，以两班倒的方式24小时连轴转了整整7天。2013年1月初，管子支承板热工水力性能试验的所有内容完成，二所获得ZH－65型蒸汽发生器的第一批试验数据，为新型管子支承板的设计定型提供了最关键的数据支撑，保证了蒸汽发生器的研发进度。

“当时的场景真该用相机记录下来，在荒郊野外的采油现场，我们的课题组成员头戴雷锋帽、身披军大衣在雪地里来回忙碌。现场没有食堂，吃的饭都从几公里外的村子里用保温桶运来，大家就蹲在雪地里吃……”李朋洲动情地说。

管子支承板热工水力性能试验结束后，2013 年 3 月，一个叫李勇的小伙子接了文博的班，开始汽水分离装置性能试验。整个试验需要开展 4 次单项试验，每次都要在装置冷却后更换试验本体。正在大家商议如何提高工作效率之时，油田方突发公函，为了保产量，油田方将我们的供汽时间压缩到原来的 2/3，原本就不宽裕的时间，变得紧之又紧。

汽水分离试验装置建在油田锅炉旁边的露天空地上，按照油田安全管理规定，试验装置要用深色铁皮包裹。在烈日和锅炉散热的联合作用下，装置外部温度就会突破 40℃。为了争取时间，李勇当机立断，决定由他承担更换试验本体的任务，因为他是最熟悉试验本体结构的人。每次单项试验过后，需要等待 96 小时，装置温度才会从 285℃下降到 40℃，等不了了，装置刚降到 45℃李勇就立即进入容器内部解除连接装置开始更换本体。容器内的空间只容得下一个人活动，他必须站在容器内部的组合梯上完成多达十个连接装置的解除工作，而里面除了高温，还有残余的水蒸汽带来的极高湿度，那是一个“蒸笼”啊。操作过程中，为了保证安全，大家找来鼓风机连续不断地向压力容器里面送风，在如此湿热的环境下，李勇不得不每工作约 10 分钟就将头伸出来，在 40℃的外面“凉快”一下，然后再爬上组合梯接着干。据统计，每次更换本体，李勇就要在容器里面工作 80 多分钟。

2013 年 6 月，汽水分离装置性能试验顺利完成。验证试验结果表明，ZH-65 型蒸汽发生器的汽水分离器和干燥器设计先进，出口蒸汽湿度远低于 0.25% 的要求值，可保证蒸汽发生器优良的蒸汽品质。南阳油田试验的完成，标志着蒸汽发生器关键部件热工性能试验的圆满落幕。

蒸汽发生器传热管束的流致振动试验是与安全评审相关的重要试验之一，该试验也是中国核动力研究设计院首次开展气—水两相流流致振动试验研究，没有前人的经验可借鉴，一切需要从零开始。

气—水两相流流致振动试验回路是一条全新的回路，在建设之初，没有具体的工程背景，回路的主参数包括气回路和水回路的压力匹配，气回路流量、水回路流量等的确定关系到回路建成后的性能。由于缺乏气—水两相流回路的建设经验，上级对回路的规模论证极为重视，要求课题组对回路的需求、主参数确定的依据进行充分的论证。在调研了上百篇国内外文献，并结合国内核电工程的相关要求，课题组撰写了规模论证报告。论证报告被一次次打回重写，每次都促使课题组再进一步地学习研究，终于在第 9 次提交报告后，得到了上级的认可。过程虽然艰辛，但整个过程大大提高了课题组分析问题、解决问题的能力，也为后面承担 ZH−65 型蒸汽发生器传热管束流致振动试验研究打下了基础。

研究室经多方考虑将项目交给了高李霞。从调研做起，结合国内外的研究经验以及任务要求，高李霞课题组梳理了技术路线，确定了试验方案。由于这是国内第一次针对蒸汽发生器传热管束开展全面的流致振动试验研究，技术团队力争在工程验证性试验和机理性研究方面有机结合起来。蒸汽发生器传热管束流致振动试验是中国核动力研究设计院首次开展的，其间遇到了很多技术难题，如模型设计、传感器选型和安装、气水混合等，高李霞和谭添才、席志德、杨杰、喻丹萍、赖姜等技术人员面对工作中一项接一项的挑战开始一轮接一轮的学习，最终克服重重难关，完成了 ZH−65 型蒸汽发生器传热管束的流致振动试验。

随后，蒸汽发生器试验进入关键阶段——综合性能试验。在关键部件热工性能试验开展的同时，李朋洲已经开始和成都国电金堂电厂进行接洽协商，希望在金堂电厂开展蒸汽发生器综合性能试验。其实那时，核动力院对未来蒸汽发生器研发的野心就没有止步于 ZH−65 蒸汽发生器的试验验证，考虑到未来新型蒸汽发生器及相关核动力装置的研发需求，核动力院想基于金堂电厂的大功率蒸汽热源，建设具有国内领先和国际先进水平的蒸汽发生器研发中心。

赵二雷是蒸汽发生器综合性能试验研究项目课题负责人，文博和李勇还在南阳油田忙碌时，他便在成都做好了蒸汽发生器综合性能试验的准备工作。2013 年初，赵二雷就常驻金堂电厂。为了尽快熟悉电厂设备，赵二雷一头扎进主控室，对着主控室的流程图，逐个排查每根具有供热潜质的蒸汽管道的运行参数，每周 7 天、每天近 12 小时向电厂操作员学习电厂的热力系统，还经常爬上 6.9 米和 13.6 米平台，忍着高达 90 分贝的噪音，一一排查筛选出的蒸汽管道，摸清每根蒸汽管道的规格、材质、起始点、管道连接设备、阀门，他对现场的熟悉程度甚至超过了电厂的工作人员。见到他的这股钻研劲儿，电厂操作值班长开玩笑说："你留下来别走了，就当我们的编外吧。"一砖一瓦、一铆一钉，赵二雷和课题组成员用了两年时间在一块野草繁茂的空地上让国内最大的蒸汽发生器综合性能试验装置拔地而起。

2015 年 3 月，目前国内最大、功能最全的蒸汽发生器综合性能试验研究装置建设完成。整个试验装置占地 1000 多平方米，高达 30 米，系统设备 400 多台，自电厂引入的蒸汽管道长达 800 米，循环水管长达 1200 米。工程之浩大，堪比建设了一个小型电厂系统。半年后，课题组完成了所有系统

成都金堂电厂蒸汽发生器综合性能试验基地

联合调试，顺利通过了试验前的状态检查。同年 10 月，以叶奇蓁院士为组长的国内专家组和福清业主莅临试验现场，见证试验。叶院士对试验非常满意，高度评价了 ZH−65 型蒸汽发生器的试验工作。见证结束后，大家来不及庆祝，带着获得专家组认可的喜悦，继续开展剩余试验。12 月初，在合作方停汽前，课题组完成了综合性能的所有试验工况，获得了我国第三代核电蒸汽发生器的首批综合性能数据，验证了 ZH−65 型蒸汽发生器设计的合理性，在三代核电中为 ZH−65 型蒸汽发生器抢占了重要位置。

综合性能试验结束时，张富源拉着李朋洲激动地说：“有了你们的试验数据支撑，我们的 ZH−65 型蒸汽发生器腰板才硬，底气才足。”

（a）管子支承板水力特性试验台架

（b）汽水分离装置性能验证试验台架

（c）传热管束流致振动试验台架

（d）蒸汽发生器综合性能试验台架

▍蒸汽发生器试验装置

2017 年 9 月，华龙一号全球首堆首台 ZH−65 型蒸汽发生器在东方电气重型机器有限公司顺利通过出厂验收，这标志着我国自主研发的核电厂用大型 SG 设备正式从图纸变为现实。目前，华龙示范工程蒸汽发生器已全部制造完工，其中福清 5 号、6 号机组 6 台蒸汽发生器均已完成安装；巴基斯坦 K2、K3 共计 6 台 SG 全部安装完毕；漳州 1 号、2 号机组 6 台 SG、海南 3 号、4 号机组 6 台 SG 也正在制造中。ZH−65 型蒸汽发生器的研发成功，一方面增强了中国蒸汽发生器自主研发的能力，锻炼并形成了一支具有创新精神、创新能力的核电科研开发和设计队伍；另一方面也充分展示了核动力院在核电核心设备创新研发方面的技术水平，标志着中国核电设备的自主创新研发水平达到了新的高度。

曾经在九〇九基地画着蒸汽发生器密封垫片图纸的少年已青春不再，“华龙一号的桂冠上有一颗璀璨的明珠，它的名字叫 ZH-65 型蒸汽发生器”，而关于蒸汽发生器的一切已成为年过花甲的张富源永远放不下的牵绊。

华龙一号示范工程国内首台 ZH-65 型蒸汽发生器产品发运

华龙一号 ZH-65 型 SG 获央视新闻联播专题报道

■“盘古”支天——蒸汽发生器支承

“天地浑沌如鸡子，盘古生其中。万八千岁，天地开辟，阳清为天，阴浊为地。盘古在其中，一日九变，神于天，圣于地。”

古有盘古开天辟地、日复一日支天的神迹。现在，新生的华龙一号也需要一个兢兢业业的“盘古”来支承。由于华龙一号核电机组各个主设备皆为庞然大物，如反应堆压力容器重约 420 吨，高约 13 米，蒸汽发生器重约 440 吨，高约 20 米，因此如何保证主设备在正常运行或地震等各种工况下安全运行，就成为支承研发工作的核心。华龙一号机组作为我国自主研发的第三代核电机组，设计基准地震等级提升为 0.3g，这对主设备支承提出了更高的要求。

主设备中蒸汽发生器的支承既要允许设备在正常运行时的自由位移，又要在事故工况下牢牢护住蒸汽发生器。对其支承的要求可谓是“刚柔兼济”，如何实现这看似相互矛盾的功能，这也考验着设计者的智慧。在“二代 +”核电站中，蒸汽发生器采用的是带间隙的支承，而美国的 AP1000 等三代机组采用的是拉杆式的“零”间隙支承结构。那么，华龙一号机组的蒸汽发生器的支承是延续原有的成熟结构，还是设计新的结构？这是摆在蒸汽发生器总设计师张富源面前的一个难题。2012 年，华龙一号蒸汽发生器的设计已初步定型，若要设计新的支承结构，则必然影响设备本体，同时这也将对反应堆厂房的隔间结构产生影响，研发新的支承结构，牵一发而动全身。但若采用二代原有结构，支承设计恐有落后于人的风险，不利于整个华龙系列的发展。

2012 年 5 月，在张富源的办公室，他同设计团队开了一个小会。

“新的支承结构搞还是不搞？有没有把握？”张富源问道。

“有难度，但是外国人搞得出来，我们也能搞得出来！”

“好，那我们就设计新的支承结构！”

就这样，凭着一股执念，蒸汽发生器新支承结构的研发提上了日程。原有的“二代 +”蒸汽发生器支承结构分为上部水平支承、下部水平支承和垂直支承三个部分。通过对支承部分进行力学分析，发现上部水平支承对蒸汽发生器的抗震性能影响最大。本着“最优化”原则，设计团队将上部水平支承定为新支承结构研发的主攻方向。

原有上部支承结构为抱环结构，像一根腰带箍住蒸汽发生器。为适应设备的自由热位移，抱环结构与设备本体及墙体之间留有一定的间隙，但这也同时影响了抗震性能。为实现更高的抗震性能，必须放弃原有结构，为此，设计团队通过各个渠道，广泛调研了国内外蒸汽发生器的支承结构形式。在调研过程中，还发生了一个有意思的小插曲。为进一步了解杆式支承的结构，张富源带领设计团队到国内某电厂进行现场调研，由于现场查看得过于仔细，被工作人员当作可疑分子，还被带到了现场办公室解释一番。

最终，经过数周的实地调研与分析论证，确定了拉杆配合阻尼器的优化结构形式。

新型蒸汽发生器支承的方案有了，接下来就是将概念变为图纸。由于华龙一号的蒸汽发生器设计已基本定型，因此厂房结构基本确定。如何在变动最小的情况下，完成新的设计，便成了设计师们“戴着镣铐的舞蹈”。由于采用了拉杆式的支承结构，故与蒸汽发生器本体的连接方式也需要跟着改变。此时，张富源带领蒸汽发生器攻关团队展现出了巨大的魄力，硬生生地让蒸汽发生器的筒体上“长”出 6 组支板，解决了拉杆与设备本体连接这一难题。这 6 组支板，也成了该型蒸汽发生器区别与其他的显著特征。

新型支承与设备本体的连接难题解决了，更难的墙壁生根问题随之而来。为使新设计对厂房结构的影响降到最小，研发团队考虑了 4 种方案，逐一分析权衡利弊。在最优方案中，蒸汽发生器隔间的墙壁仍需小幅调整，即使是厘米级的调整，对于土建设计方仍是巨大的考验。研发团队与土建设计方进行高频互动，反复修改确认设计方案，最终以 1 厘米、1 厘米的“讨价还价”，双方意见达成统一。

由于隔间尺寸紧凑，留给安装的腾挪空间有限，如何解决安装路径问题，成了方案出炉的最后难关。设计方案评审会上，果然有评审专家提到：“隔间尺寸不大，你们考虑过现场安装如何实施的问题么？”

“没有问题，我们进行了三维设计，进行了安装路径模拟。是可以实施的！”设计团队回答道。

“要是安装不上，你们自己扛上去！”张富源对设计团队答辩人员开玩笑说道。

最终，新型的支承设计方案通过了专家评审。

新型的蒸汽发生器上部采用连接拉杆与液压阻尼器组合的水平支承结构。一直以来，核电站的大型液压阻尼器均依赖进口，价格昂贵，这影响着我国核电走出国门战略的实施。为实现核电站大型液压阻尼器的设计自主化、制造本地化和拥有完全自主知识产权，核动力院与常州格林电力机械制造有限公司强强联合，开展了“华龙一号核岛主设备用大型液压阻尼器研制”工作。

液压阻尼器作为安全级设备，需要原型鉴定试验，以确保设备的可靠性。核级阻尼器的鉴定试验，没有现成案例可以参考，国外的进口产品，早期已完成鉴定试验，且试验内容保密。设计团队就要从头开始，仔细研究国内外各类标准，包括美国的 ASME 标准、德国的 KTA 标准和国内的 NB 标准，同时大量参考相关文献资料。研发团队研制的规格书经过 3 次升版，逐渐确立了一套完整的核级阻尼器的鉴定试验流程。

在近一年时间内，团队完成了功能设计、主要性能参数指标研究、结构设计研究、制造检验技术要求研究、试验技术要求研究、制造工艺技术研究、样机制造和样机性能试验等众多的工作。就这样，阻尼器样机完成了功能参数试验、老化试验、环境试验、极限载荷试验四大项试验，共包含 19 个子项试验。团队研制出的阻尼器性能与国外产品相当，甚至某些方面优于国外产品。支承用阻尼器的成功研制，为核电设备国产化，迈出了坚实的一步。

在巴基斯坦卡拉奇核电项目 K2、K3 机组蒸汽发生器和主泵用液压阻尼器的采购招标过程中，团队研发的产品成功中标。

2017 年 5 月，在华龙一号蒸汽发生器支承紧张制造过程中，支承用铸件在机加工后，表面出现了缺陷。根据经验，将器件打磨修理即可。随后，制造厂按正常工作流程进行了打磨处理，但没想到的是，表面打磨之后又出现新的缺陷，而且大量铸件出现类似问题。

采购方和制造厂慌了。

华龙一号首台该型蒸汽发生器将于 4 个月后安装，而安装之前支承必须到位。这可是华龙一号机组主设备安装的一个大节点，这使得支承铸件问题一下子变成了机组风险管控 TOP3。

“支承铸件不符合项，必须又好又快地处理！”吴琳作出明确指示。

对于这类铸件，通常修磨并补焊完成即可，但蒸汽发生器支承铸件中均在最终机加工阶段出现了缺陷，此时补焊势必影响铸件结构尺寸，制造厂表示难度太大。

难题又踢给了设计方。

设计团队精细建模，深挖原因。这种大面积的表面缺陷处理，并无先例可循。可能的原因有很多，例如铸件本身的强度问题、装配问题和接触应力问题，必须一一分析论证。经过多次开会讨论，设计团队摸索出了一整套有效处理该类铸件不符合项的方法。

短短 3 个月时间内，整个设计团队处理了几十个铸件不符合项。

“这么多缺陷，我们同意用了，设备会不会出问题啊？”一次会议后，一位年轻设计人员问道。

“没有问题！要相信我们的设计和分析！”力学分析专家给出坚定的答复。

核电设备容不得半点马虎。

最终，蒸汽发生器支承铸件顺利交付。

华龙一号核电机组的主设备支承的研究工作历经艰辛，从国外垄断到实现完全自主知识产权。在研发团队的灌溉下，好似拔地而起的“龙腿”支起了华龙一号！

第三节　龙　骨

在核反应堆的所有设备中，堆内构件属于关键中的关键。别看它的名字平淡无奇，功能和作用可是无可替代的。如果把核岛中大大小小的设备比作华龙一号巨龙身体里的各个器官，那么堆内构件就是这条龙躯之中包络脏腑、支承龙腾的“龙骨”。

堆内构件位于反应堆一回路主设备压力容器之中。10 多米的高度和近 200 吨的重量，让这副“龙骨”无比刚强坚实。整个核电运行的核心、不竭动力的源泉——核燃料组件，就安装在“龙骨”堆内构件里。堆内构件小心翼翼地盛托起这颗“心脏”，并为“心脏”上延伸出来的各条“血管”提供精准的连接和定位。在“龙骨”优美匀称的外形作用下，流进压力容器内的冷却水流场得到均匀合理的分配，并在堆内构件的中部位置实现热能的充分交换。随后，被赋予极大能量的热流体沿着堆内构件提供的流道奔涌而出，进入到后续的工作单元。

▍华龙一号海外首堆——卡拉奇 2 号机组堆内构件入堆

作为“骨骼”，堆内构件不仅要支承住整颗“龙心”，还要为堆芯和压力容器提供重要的保护功能。从堆芯内迸发出来的中子和 γ 射线，被堆内构件有效地阻拦，从而减少了对压力容器的辐照损伤，大大延长了反应堆的工作寿命。同时，作为拥有第三代核电技术特征的典型设备，堆内构件还具备独特的二次支承功能：当遇到极端事故时，堆内构件能够有效地防止堆芯跌落，降低反应堆出现熔融、放射性物质从压力容器中泄漏的风险。在这副“龙骨”之上，还附着了许许多多的“筋脉”和“神经”。这就是堆内构件的另外一个重要作用：为反应堆内用于参数测量和数据监控的导线提供支承和导向作用。反应堆在发电运行过程中，时刻处于紧密封闭的状态。外界要想诊断“龙体”是否健康，就离不开对堆内的测量和监控。而正是因为有了堆内构件的存在，“筋脉”和“神经”才能附着在“骨骼”之上蜿蜒前行，繁而有序。复杂宏量的数据信息被精确无误地传输到反应堆外部的控制中枢，拥有极大能量的核裂变反应才能彻底控制于人类之手。

改革开放以后，我国决定在华东、广东等沿海地区建设压水堆核电站。但受客观条件的影响，这一时期上马的核电站工程数量较少，且均是从国外引进。引进就意味着堆内构件科研设计人员的研究成果不能和工程项目接轨，这使得国产堆内构件的研发很难取得突破性的成果。无法实操也不能坐以待毙，设计人员转变思路，便从消化吸收国外的成熟核电技术开展工作。于是在此后很长的一段时间里，堆内构件科研技术人员深入学习了国外 30 万千瓦级、60 万千瓦级和百万千瓦级压水堆核电技术，从中掌握了第二代和“二代 +”核电堆内构件的技术特点，这个过程也为国产堆内构件方案的正确性提供了理论上和技术上的佐证。

在设计所副所长曹锐的办公桌上，有一张他在担任堆内构件专业组组长期间，和组里同事何大明、李燕等人的合影。在曹锐的心里，创新研发国产百万千瓦级压水堆堆内构件的那些日子，是他人生中最为难忘的一段记忆。当时，我国在建的百万千瓦级压水堆核电站，多数都是从法国引进的 M310 堆型。该堆型有个典型的特征，就是堆芯部分排布有 157 组燃料组件。1996 年，国家计委提出了“以我为主，中外合作，引进技术，推进国产化”的核电发展方针。中核集团也随之启动了百万千瓦级压水堆核电厂（CNP1000）的概念设计。为了积极响应这一重要方针，实现百万千瓦级压水堆的国产化目标，在反应堆物理屏蔽、热工水力、力学等兄弟专业的共同努力下，曹锐、何大明、李燕等人提出了堆内构件创新设计方案。增添了 20 组燃料组件后，堆内构件无论是外形还是细节，都要进行全新的设计，真可谓是牵一发而动全身。在这些变动里，最大的挑战，当属新结构下堆内构件的材料和制造。核反应堆正常工作时，堆内构件要在高温高压的环境下，经受住冷却剂的不断冲刷。常言道，“水滴石穿”，更何况是反应堆内异常苛刻的工况条件。为了保证新堆内构件的安全可靠，团队的成员们立即展开了科研攻关，提出了多个新的结构设计方案。

进入 21 世纪以后，我国决定在秦山一期核电工程的基础上，扩建两台百万千瓦级压水堆机组，这就是著名的方家山核电项目。“为了圆梦遂愿，核动力院主动请缨，终于争取到了 CNP1000 堆型方案在方家山项目上的实践。借助项目背景，堆内构件科研团队在 2005 年前后陆续开展了水力模拟、驱动线冷热态及抗震试验、流致振动试验等多个验证性试验。CNP1000 堆内构件的可行性与安全性终于通过了实践检验。”李朋洲回忆道。

“好事多磨，虽然由于种种原因，方家山核电最后还是选取了法国 M310 堆型，但堆内构件科研团队的斗志并没有被消磨，反而更加昂扬。从 2007 年起，集团公司在前期研发工作基础上，陆续确定了以 177 堆芯为主的 22 项重大技术改进，我们相信国产百万千瓦级压水堆堆内构件终有问世的一天。”曹锐补充说。

如今，曹锐办公桌上合影中的李燕已经接过了设计所堆内构件专业组长的接力棒，并成为设计所技术专家。20 多年来，她送别过许多老前辈离开工作岗位，也见证了很多年轻人成长。而想起这些同事，她的心里就会多一份坚韧与信念。

胡朝威是李燕团队里的骨干，从踏上工作岗位伊始，他就一直负责堆内构件的力学分析。丰富的力学经验，让胡朝威的脑海中如同有一个海量的“力学典”，囊括了堆内构件每一个细节部位的强度参数。在他的努力下，堆内构件的关键性间隙计算和现场对中超差分析得以顺利完成，整个设备结构的精细化程度再次提高；“龙骨”的制造需要用到多种牌号、不同类别的金属材料。为了给这些庞大的材料数据定“规则”、立“规矩”，年轻的李宁大学毕业不久，就承担起专业组里堆内构件材料技术要求的编制工作。在她的辛劳下，每一份材料的力学要求、化学成分、金相检验等条目都变得有章可循；材料采购之后，在投料制造的工程实践中也遇到很多意想不到的技术问题。每当这时，都能看到蒋兴钧和王庆田奔波的身影。他俩一个是焊接及无损检测领域的专家，一个对标准规范和各类金属材料的性能了如指掌。在大家的通力配合下，各类棘手的材料、焊接等技术问题被迅速解决。“为完成好这项重任，团队成员很多都开启了‘5+2’工作模式，像李娜、饶琦琦、舒翔等人一周 7 天都扑在工作上，真的很感谢他们。”李燕说。

华龙一号采用的 ACP1000 反应堆在对原 CNP1000 反应堆结构有所继承的同时，形成了全新的设计和变动。当然，对于工程项目来说，无论设计理念如何先进，如果没有相关的验证，一切就都是空谈。流致振动试验是验证堆内构件安全性的关键试验，实验室所做的堆内构件流致振动模型试验是针对堆内构件“出生缺陷”的验证，堆内构件流致振动现场实测则是给核电站反应堆签发一张健康合格证。

堆内构件流致振动试验研究属大型试验研究项目，因为其庞大的工作量和复杂的技术难度，根据以往试验研究经验，一般都需要 4 年以上的工期才能完成全部试验研究工作。而研究在不同工况下堆内构件流致振动响应试验在整个试验研究中最重要，会遇到很多的技术难点，需要反复研究、仔细琢磨。然而，从 2011 年的 12 月项目启动，到 2013 年 7 月项目验收，二所流致振动研究团队仅历时一年半，就提前完成了各项工作，获得了国内最全面的流致振动试验数据资料，这是国内外从没有过的速度，简直是一个奇迹。奇迹的背后是二所人寻找属于自己流致振动试验之路的艰辛旅程。

2000 年，人们都还沉浸在欢送辉煌的 20 世纪，迎接新世纪的气氛中，二所流致振动研究团队的成员却像热锅上的蚂蚁，一刻也不得放松。此刻他们正肩负着秦山二期反应堆堆内构件高温高压现场实测的任务，根据任务要求，现场实测必须在 2001 年的 8 月底完成，此次现场实测关系到秦山二期核电站能否拿到国家核安全局的装料许可证。

秦山核电最初计划将堆内构件流致振动试验的现场实测工作交给法国的法玛通公司承担，得知情况后，核动力院作为秦山二期反应堆一回路系统的设计单位，积极协调各方面的力量，组织技术攻关组进行反复的技术论证，站在“全面实现核电国产化，培养一流实验队伍”的新高度上，与秦山二期业主反复沟通交流，最终争取到了秦山二期堆内构件流致振动现场实测任务。任务争取到极为不易，对外他们要面临国外技术团队的压力，法玛通公司已经做好了随时接替的准备，对内这是核动力院第一次承担如此重大的现场实测任务，能否圆满完成这次任务，直接影响着核动力院在核电行业的声誉。

“第一次总得要有人去尝试，自己的市场不能老让外国人占据着。自己的‘孩子’可以让人去评头论足，但不能总是由别人来决定它的命运，这次高温高压下的现场实测，就是对二所流致振动研究团队实力的检验。”谈及当时的情况，现任二所副总工程师马建中感慨地说。

反应堆堆内构件高温高压条件下的现场实测工作，关键是要将 12 只传感器和十多米长的导线牢固地固定在堆内构件上。反应堆内的工作环境十分恶劣，高温达到 300℃，堆内水的流量为每小时 5 万多吨，压力达 15.4 兆帕，流速之猛，压力之大，温度之高，外人很难想象。如何把 12 只传感器和十几米长的导线固定在堆内构件上，就成了必须攻克的技术难点。

2001 年 7 月 26 日至 8 月 13 日，秦山二期核电站反应堆开始加热升温，从常温 60℃升至高温 290.8℃，高压 15.4 兆帕，二所流致振动研究团队完成了 38 种工况的试验。“我们做到了，安装的传感器全部工作正常，顺利采集到所需的试验数据，当年法玛通公司的专家也不能保证传感器都能成功测到试验数据。”团队成员喻丹萍骄傲地说。8 月 24 日，240 小时的流致振动耐久考验试验顺利完成。紧接着，试验人员又加班加点地处理了大量的试验数据，及时给出了实测报告和综合评价报告，通过了核安全局的安全评审，核安全局给秦山二期核电站签发了装料许可证。

秦山二期堆内构件流致振动试验在试验技术和核电国产化方面都具有重大的工程意义。成果总体上达到了国内领先、国际先进水平，在2002年获得国防科工委科技进步奖二等奖。通过这次高温高压条件下的现场实测，锻炼了流致振动队伍，积累了宝贵的现场实测经验，为以后开展试验打下了坚实的基础。这也是二所流致振动研究团队能在华龙一号堆内构件流致振动的试验中创造奇迹的重要原因之一。

2012年，华龙一号终于被确定以福建福清核电厂5号、6号机组作为目标工程。李燕再次带领团队成员快马加鞭，经过10个月的艰苦奋斗，完成了初步安全分析报告（PSAR）及整套堆内构件施工设计图纸，并顺利通过了次年由中国核能行业协会组织召开的ACP1000初步设计评审。与会专家一致认为，ACP1000是具有中国人完全自主知识产权的三代压水堆核电技术。从此，福清5号、6号机组堆内构件的施工设计正式启动。

2015年，国家核安全局颁发了关于福清5号、6号机组建造许可证的通知，要求福清5号机组按照美国核管理委员会相关导则的原型设计标准对华龙一号开展堆内构件流致振动实测工作。二所义不容辞地主动承担了福清5号机组反应堆堆内构件现场试验任务，李朋洲担任项目负责人，马建中担任攻关组组长，喻丹萍担任课题负责人。相比于秦山二期实测安装的12只传感器，福清5号机组流致振动试验共安装固定的传感器数量达到了47只。“测点多不仅意味着我们能获得更为丰富的数据信息，能更全面地评价堆内构件的状态，同时也意味着增加了传感器失效和脱落的风险。如此多的测点在国内外完成的屈指可数的流致振动现场试验中都是极少见的。”喻丹萍解释说。

为了能够确保流致振动试验传感器顺利安装，需要在堆内构件制造期间同时增设大量的传感器保护及导向装置。这对第一台华龙一号堆内构件的设计与制造提出了更难的题目。为此，专业组成员赵伟、胡雪飞、王仲辉积极投入到流致振动传感器保护及导向装置的相关设计中去，并在制造厂内悉心指导每一处新增装置的安装。为了保障首个“龙骨”的按时交付，堆内构件设计团队向制造厂派驻现场服务人员的工作从未间断。王留兵、张翼、何培峰、李浩、王尚武、吴冰洁等其他专业组成员均为“龙骨”的铸就付出了辛勤的汗水。有关“龙骨”成长的第一手信息，每天都源源不断地从上海第一机床厂传回千里之外的成都，团队因此积攒了更加丰富的堆内构件设计和研发经验。到制造厂车间“蹲点”学习，也成为了每一位新成员刚加入团队后的必修课。眼瞅着堆内构件不断成型，大伙儿对这个“钢疙瘩”都产生了深厚的情谊。功夫不负有心人，在全体团队成员的共同努力和见证下，华龙一号全球首堆福清 5 号机组堆内构件终于可以亮相全球！

2018 年 3 月，华龙一号福清 5 号机组堆内构件验收暨交付大会在东海之滨隆重举行。福清 5 号机组堆内构件满足国内和国际最先进的核电法规标准，具备完整自主知识产权。“这是几代核动力院人长达数十年的智慧结晶，长期的积累使我们的团队积攒了丰富的堆内构件设计和研发经验，眼瞅着堆内构件不断成型，心中有着莫名的感动。”李燕动情地说。

堆内构件冷试试验前李朋洲、马建中、喻丹萍进行传感器检查

2019 年 4 月，华龙一号福清 5 号机组堆内构件冷试试验顺利完成，一年后，全部现场实测任务完美收官。流致振动研究团队从实验室研究到现场实测，每一步都走得那么夯实、那么笃定。试验进展过程中，李朋洲接受了央视记者的采访，他坚定地说：“从帮别人‘打工’，到全程自主化研究，今天核动力院人完全有能力为我们自己的华龙一号保驾护航。”

无论是设计还是试验，对于堆内构件研发团队来说，前进道路上取得的成就只是梦想道路上的一处风景。无需歇脚，他们已经向更先进、更复杂、更多样化的堆内构件技术发起冲击。在明天的赛场上，他们还将会继承和发扬长久以来的精神与自信，用大国匠心铸造出更加坚硬的“龙骨”，让中国核电这条巨龙腾空而起，舒爪飞翔，悠游苍穹！

第四节　安全守护神

你可曾思量，如果 30 年只做一件事，你会做什么？

核动力院华龙一号项目副总师李红鹰给出了他的答案：做我国自主研发设计的反应堆控制棒驱动机构。

从无到有，从有到强，从 ML-A 型到 ML-B 型，我国自主研发的控制棒驱动机构如今已经搭乘华龙一号，远洋出海，走向世界。

控制棒驱动机构是反应堆中唯一的运动部件，承担着反应堆的启动、功率调节、保持功率、正常停堆和事故停堆等功能，其设备性能直接关系到反应堆运行的安全性和可靠性，是反应堆的主设备之一，是保证反应堆安全运行的“守护神”。

核动力院控制棒驱动机构研发之路，是一条勇于自主创新、实现知识产权完全自主化的道路，是一条从依赖进口到完全国产，最终扬帆出海，沿着伟大的“一带一路”走向国际化的道路。这条路上，他们胼手胝足，潜心耕耘三十载。

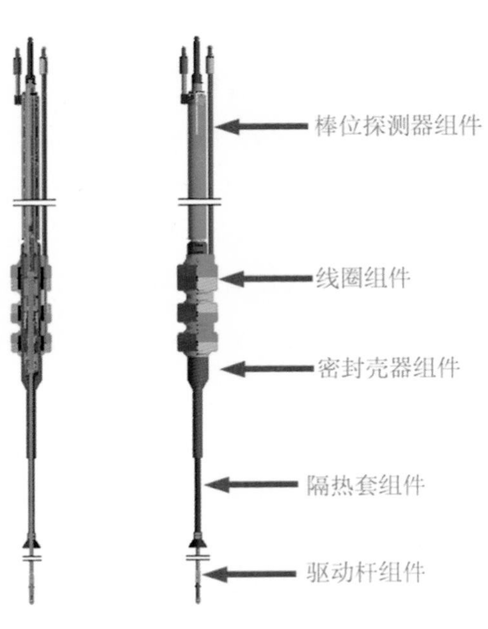

控制棒驱动机构结构示意图

20 世纪 90 年代，控制棒驱动机

构由于其运行工况的恶劣性、机械配合运行的精密性和机电配合的复杂性，国际上仅有美国西屋和法国阿海珐两家核电巨头掌握了设计与制造的关键技术，就连世界公认的制造强国日本也只能获得西屋的授权生产。在技术方面，两大巨头对我国进行了严密的技术封锁，希望我国只进口设备而不掌握关键技术。

“八五”期间，核动力院艰难地开启了反应堆控制棒驱动机构的自主研发之路。彼时，21 岁的李红鹰以优异的成绩从华东化工学院化工机械专业毕业，来到核动力院设计所二室从事各类控制棒驱动机构的设计和研制工作。

刚工作，李红鹰就参与了 60 万千瓦核电站秦山二期核电站控制棒驱动机构的设计和研制，在课题负责人李金贤的带领下，通过 6 年攻坚，先后完成了控制棒驱动机构电磁验证样机和原理样机的设计和研制。1997 年，ML－A 型控制棒驱动机构原理样机完成设计要求的 280 万步热态寿命考验试验。1998 年，在控制棒驱动机构原理样机完成试验后，李金贤因病住院，不能正常上班，课题负责人的工作便一下子压到了李红鹰的头上。

“ML－A 型驱动机构是我们第一次自主研发的控制棒驱动机构，当时在工艺和材料上，还存在很多不足，虽然完成了热态寿命试验，但是我们还有很多后续工作要做，原理样机失效分析、秦山二期的施工设计、产品样机的研制等，都是急需解决的问题。李老师这一病倒，课题负责人的担子全都压到我身上，很多技术问题需要我来决策，而我当时的知识储备尚不足以担此重任，当时心理压力无比的大，只能拼命学习，从疲于应对开始，不停地充实自己，感觉都快要被逼疯了。”对临危受命的李红鹰来说，1997 年是他人生的一个转折点。

主持控制棒驱动机构研发工作，说得轻巧，做起来却是困难重重。对刚工作几年的李红鹰来说，更是一次巨大的挑战。有一次，李红鹰去跟一个厂家进行技术交底，结果厂家提出的一些技术问题，他答不上来。“会前准备时，只是搞清楚了技术条件的具体要求，哪知道别人会问你为什么提出这些要求，实现不了怎么办，结果被问得哑口无言，当场脸都红了。”回忆起那次经历，李红鹰说，他回去以后下定决心要把控制棒驱动机构的设计生产各个环节都摸透。

不懂的问题，怎么办？首先是向前辈请教，李红鹰每次去看望病中的李金贤老师，谈得最多的总是工作上的事；其次是自己查资料，不断积累；然后是下工厂，去厂里跟技术人员和加工师傅现场请教学习。刚刚主持研发工作的那两年，李红鹰每年几乎有一半的时间泡在工厂里，去学习相关的制造工艺。因为经常往工厂跑，李红鹰跟厂里的技术人员、电工、焊工、钳工等关系都非常好。李红鹰深有体会，感慨地说："作为一个课题负责人，当然不能只懂设计，生产的各个环节都必须要懂，这样才能发现设计中存在的问题，改进设计，解决问题，统筹全局。"

1999 年 3 月，ML–A 型控制棒驱动机构产品样机完成了 300 余万步的寿命考验试验，通过了中国核工业总公司组织的验收鉴定，标志着我国自主设计研制的秦山二期核电工程控制棒驱动系统取得了成功，实现了大型核电站控制棒驱动机构的国产化，并且在技术上达到了国外同类产品的先进水平，为我国大型核电站成套设备国产化作出了重大贡献。2000 年 7 月，秦山核电二期工程 1 号机组控制棒驱动机构产品顺利出厂。2000 年 11 月，该项目因在核电国产化进程中的卓越贡献获得国防科学技术奖一等奖，2004 年 1 月，该项目获得国家科学技术进步奖二等奖。目前，ML–A 型控制棒驱动机构已经广泛应用于我国自主设计的"二代 +"核电站。

"国外的技术很成熟了，我们可以直接引进，没必要花那么多人力、物力来做自主研发。"20 世纪八九十年代，我国制造业水平不高，核电设备很多都要依赖外国进口，当时许多人并不看好自主研发。

但控制棒驱动机构课题组的科研人员并不这么想，他们认为我国核电产业要发展，实现自主化是必由之路，不能永远受制于人："自主研发控制棒驱动机构，很难，但是也必须干，而且必须干成。"

经过秦山核电二期工程两个机组多年的实际运行，证明了我国自行研制的控制棒驱动系统的各项性能完全满足设计要求。但是，ML–A 型控制棒驱动机构的成功，并没有让李红鹰满足。“当时做ML-A型的时候，虽然设计实现了自主，但是几个关键材料和零件还是需要从国外进口，这样我们还是要受制于人，而且随着核电的发展，对控制棒驱动机构的性能要求也越来越高，研发更先进的控制棒驱动机构，是必然选择。”李红鹰说，针对三代核电站对驱动机构提出的更长设计寿命（设计寿命由40年提高到60年）、更高抗震等级（由0.15g提高到0.3g）、更高可靠性（减少事故发生和焊缝泄漏的概率）等设计指标，核动力院又开始了适用于三代核电站的ML-B型驱动机构的研发工作。

但是要研发更高性能的驱动机构，并实现完全国产化，并不是那么简单的事，其中充满曲折和辛酸。

在设计上，与ML-A型相比，ML-B型驱动机构研发有太多的变化。ML-B型驱动机构的研制不仅仅是在ML-A型驱动机构基础上设计指标的翻番，整体式驱动杆行程套管、一体化密封壳和双齿钩爪等新型设计理念也都站在了当今世界驱动机构设计的最前沿；设计采用ANSOFT软件进行精确电磁分析、LMS Virtual Lab软件进行三维运动仿真分析和干涉分析这些亦代表了当今世界驱动机构最先进手段。从2005年课题立项，到2008年完成ML-B型驱动机构原理样机，李红鹰和他的团队，奋战上千个日夜，经过上百次的试验验证，才有了这些难得的变化。

实现完全国产化，更是难上加难。做ML-A型驱动机构时，因当时国内工艺水平不达标，钩爪、驱动杆原材料、可拆接头原材料等关键零件、材料需要从国外进口。进口材料的价格非常昂贵，一套钩爪就需要1万多美元。“当时我们每台驱动机构才70多万元，进口这几个零件和材料就要花近20万元，大部分的利润让外国赚走了。”李红鹰说，大家辛辛苦苦研制的驱动机构，不仅让外国把钱赚走了，还要受制于人，这种感觉很不好受。

为了解决这些难题，李红鹰亲自参与调研，宁江机床厂、资阳车辆厂、五粮液普仕集团、东风电机厂、一重、上海宝钢、中科院金属所等众多单位都留下了他的足迹。每到一个地方，他都深入车间，看设备，查工艺，了解技术实力，与协作单位专家进行技术研讨并洽谈合作意向，身兼数职，既是技术专家，同时也是商业谈判能手。通过几年的努力，与国内研发机构合作，攻克了驱动杆原材料、可拆接头原材料生产难关；与工厂合作，改进了焊接技术，突破了钩爪堆焊的技术难关，实现了钩爪制造的国产化。至此，最终实现了 ML-B 型驱动机构 100% 的国产化设计和制造。

2005 年，ML-B 型驱动机构课题立项后，李红鹰一头扎进了技术创新里，但是在攻克技术难关的同时，他又开始思考，为什么核动力院不能把驱动机构的设计和制造结合起来呢？这样不是更能促进科研成果转化吗？他提出了一个大胆的想法，将科研课题与设备制造厂的产品研发结合起来，以 CNP1000 控制棒驱动机构样机为契机，争取自主制造，实现科研成果产品化。刚开始，很多人都不理解，认为这样做一是风险太大，二是无疑会给自己增添很多工作量，太不值得。面对众多怀疑的目光，面对摆在面前的诸多困难和压力，他没有退缩，更没有放弃，毅然决然地踏上了探索之路。为了更好地实现这个想法，李红鹰多次打报告，征求院所领导的意见，并与老科协的专家共同探讨论证。“那时候还年轻，在会上讨论的时候，还跟人吵起来了。”李红鹰笑着说，在这个过程中，他的想法也逐步完善，日趋成熟，最终得到了院所领导的认同和大力支持，为控制棒驱动机构的科研与产品一体化开辟了一条新路子。

2012 年，核动力院以技术入股的方式，联合四川华都核设备有限公司开始 ML-B 型机构产品样机研制，并逐步实现产业化。

对于三代核电站，其抗震等级提高到 0.3g，因此必须在真实驱动线上对已完成热态寿命实验、磨损严重的 ML-B 型驱动机构进行 0.3g 抗震实验，以验证驱动机构在寿期末是否仍具备在最恶劣的极端工况下按照指令准确、迅速落棒停堆、保护反应堆安全的功能。根据世界核行业现行标准，这是对驱动机构最严酷的考验。

对于核电，普通民众大多并不理解，甚至持反对的态度。民众对核电的恐惧主要源于历史上三次大的核事故，从三厘岛到切尔诺贝利，再到最近的福岛，残酷的后果时刻警醒着人类关于核安全的重要性，安全始终是悬在人类头上的达摩克利斯之剑。中国的核电建设热潮也在福岛事故警钟敲响后迅速降温，国家对核电安全提出了更高的要求，在任何时候、任何情况下都要将安全放在第一位。

要想重塑民众对核电安全的信心，必须拥有技术指标先进、安全性能极高的核电技术，能够抵御各种类型的极端事故工况，从而避免严重核事故的发生。纵观各种极端事故，地震给反应堆带来的危害性巨大，反应堆必须要在任何地震载荷的作用下迅速停堆，以此保证整个核电站的安全。控制棒驱动机构作为反应堆停堆以及功率调节的关键能动部件，其抗震能力决定着反应堆的安全停堆能力，CRDL 被认为是反应堆安全开关的“钥匙”。尤其是日本福岛“3·11”地震后，关于“钥匙”本身的抗震性能成为核安全监管机构以及设计研发单位关注的重点问题之一。

ML-B 型控制棒驱动机构的设计充分考虑了福岛核事故后最新的经验反馈，通过多种技术创新不断提高控制棒驱动机构的运行可靠性和抗震性能。ML-B 型控制棒驱动机构最初的研发目标定位为三代技术，但自从福岛事故后，吴琳敏锐地意识到，必须再次提高驱动机构的设计性能指标，尤其是在抗震性能方面，因为福岛事故的发生必将提升公众和核安全监管机构对抗震性能的关注度。为此，设计所方面组织精干力量对驱动机构的设计方案进行多次优化和论证，最终优选出了满足多种苛刻要求的设计方案。事实证明，再次提高驱动机构的设计性能指标符合当前核电发展的大环境，因为 ML-B 型控制棒驱动机构将会面临中国最为严酷的抗震试验“考试”，先进的设计方案是通过抗震试验“考试”的必备条件。正是因为有了对抗震试验未雨绸缪的考虑，才有了日后抗震试验的骄人成绩。

核动力院反应堆工程研究所于 2011 年就正式启动了 ML-B 型控制棒驱动机构抗震实验项目，因为其实验目的是为了检验当时的 ACP1000（即后来的华龙一号）控制棒驱动机构的抗震性能，故其立项的名称为 ACP1000 控制棒驱动线抗震实验。按照进度计划，二所必须要在 2013 年前完成实验，这给反应堆结构力学研究室（简称“七室”）带来了巨大的进度压力，因为2013年七室需要同时完成三项控制棒驱动线抗震实验，而实验装置却只有一套。每项控制棒驱动线抗震实验都很重要，都有刚性的任务节点，尤其是ACP1000的抗震实验，关系到中核集团的战略布局，如果不对任务进行合理安排、科学管理，那么所有任务都将不可能完成。李朋洲为推进实验顺利按节点完成，科学协调各种人力物力资源，终于解决了各项实验的进度问题。

二所七室作为国内驱动线抗震实验鉴定的权威机构，拥有国内唯一的竖井多点激励地震实验装置，先后顺利完成了多个反应堆驱动线足尺样机的抗震鉴定实验。近年来，随着国家对核能发展的大力支持，驱动线抗震鉴定实验业务呈井喷之势。面对众多的实验任务，把驱动线抗震鉴定实验当作单纯的工程任务、按节点完成任务成了主流思想。李朋洲意识到，不能因为时间紧、任务重就放松了对科研方面的要求，一定要借助这几次宝贵的实验机会和实验数据大力提升核动力院的科研力量，加深对驱动线抗震实验技术的认识。

ACP1000 控制棒驱动线抗震实验

在此思想指导下，七室从提升科研能力入手，李天勇等技术骨干紧紧围绕驱动线抗震实验开展一系列的研究工作，包括实验技术研究、装置设计研究、虚拟驱动线抗震实验研究等。科研与工程实验的紧密结合不仅提高了实验成功的概率，更为指导设计、提高可靠性提供了重要的技术支撑。

反应堆控制棒驱动线多点激励实验装置由竖井、液压激振器和控制系统等组成。竖井为深 15 米的八角形钢筋混凝土结构。在其四个对称壁面上有激振器安装孔，以便于激振器安装和实验本体对中及运动导向铰杆的安装，激振器的安装位置沿井壁垂向可连续调节，可在高度 15 米范围内，对结构或系统进行双向多点（竖向单点 + 水平向六点）激振实验。

实验设备的能力有极限，但人的创新能力无极限。ACP1000 控制棒驱动机构抗震实验要再上一个台阶，就需以最苛刻、最严酷的方式来检验其抗震能力。如何为 ACP1000 控制棒驱动机构的抗震“考试”出难题？如果难度系数太大，实验不成功怎么办？带着一连串的问号，课题组开始了一系列准备工作，首要问题就是确定实验载荷。

与二代核电站相比，三代核电站的抗震等级大为提高，厂址设计基准地震加速度由 0.2g 提高到 0.3g，ACP1000 的设计也不例外。根据国内有关法规中相关的参数规定，研发团队进行了建模计算，计算结果表明：ACP1000 控制棒驱动机构在基准地震载荷下的响应非常大，其加速度幅值已经超过了以往控制棒驱动机构抗震实验的 SSE 地震加速度幅值，安全停堆地震响应更是达到了前所未有的 11 度地震烈度水平。

考虑到控制棒驱动机构在安装或使用过程中可能会出现结构件不对中的情况，课题组又为抗震实验增加了一道难题——在控制棒驱动机构的安装过程中人为设置 2.6 毫米的错对中，以此来模拟控制棒驱动机构实际可能存在的安装条件。控制棒驱动机构各部件的对中状况是影响控制棒落棒性能的重要因素，对中状况越好，控制棒的落棒行为也就越顺畅，人为制造错对中的安装条件对抗震实验的难度而言无疑是“雪上加霜”。

最大的地震载荷、最严酷的考核要求、最不利的安装条件，所有不利因素加在一起形成了世界上最难通过的驱动线抗震实验“考试”。这既是对ACP1000控制棒驱动机构的考验，也是对抗震实验课题组的考验。更大的地震载荷意味着需要竖井多点激励抗震实验装置具备更强的能力、更精准的控制方法，同时也给实验筒体的设计带来更大的挑战，这一切都是急需解决、关系试验成败的关键问题。

利用现有的控制系统成功完成了两次驱动线抗震实验，课题负责人杜建勇对这种驱动线抗震实验控制方法已了然于胸，然而对于ACP1000的抗震实验，以往掌握的控制方法还远远不够，ACP1000控制棒驱动机构的抗震实验是复杂的耦合控制，由于地震载荷的加大，各个作动器之间会呈现更加强烈的耦合关系，当耦合度达到一定程度时，就会严重影响到实验效果，因此必须要将这种耦合行为尽最大可能降低到可接受的程度。如果此次实验继续利用原有控制系统的控制参数，对地震载荷的模拟效果肯定会不尽人意。

为此，杜建勇在前两次驱动线抗震实验经验的基础上，对控制系统的控制参数进行优化设置，并通过多次调试来选择最优参数。事实证明，优化设置的控制参数对于高加速度、强耦合效应的地震实验具有良好的控制效果。此次CRDL抗震实验的最大加速度远高于以往的实验载荷，实验载荷的加大也给实验筒体的设计带来了非常大的挑战。借鉴以往的做法，实验筒体的设计通常要采用优化设计方法，优化各关键设计参数，然而由于此次实验载荷的进一步加大，优化仿真设计人员很难设计出满足实验要求的实验筒体。为此，设计人员充分挖掘实验筒体的承载能力，最终设计出了满足实验要求的支承筒体。

如今，以虚拟仿真技术为基础的虚拟实验验证已成为复杂产品研制的核心技术，可大大缩短产品研发周期，控制研发风险。借助多次驱动线抗震实验所获得经验和相关数据，在相关项目的资助下，七室科研人员开始了CRDL多点地震激励虚拟仿真实验平台的搭建工作。CRDL多点地震激励虚拟仿真实验平台的实质是利用多学科协同仿真技术，模拟真实的地震激励，并模拟控制棒驱动线在地震激励下的响应行为。平台的搭建涉及控制、液压、机械、动力学分析、流体力学分析等多个学科的仿真技术，其技术难度非常大，在科研人员的努力下，目前已取得了很大的进展。科研与工程的紧密结合，是核动力院核心竞争力的重要体现，极大地提高了反应堆研发的技术水平。

2013 年 11 月 3 日，在核动力院专家组的见证下，课题组成功完成了 OBE 载荷的预实验。此时，已经连续几天没有回过家的杜建勇松了一口气，但没来得及回家看一眼刚刚出院的爱人，就立即投入到更加紧张的数据分析和正式实验准备工作中。正是有了认真负责的工作态度和敬业精神，课题组所有成员才能克服重重困难、实现技术上的一系列突破。

2013 年 11 月 5 日上午，中国核动力院反应堆结构力学实验室大厅一片繁忙。在竖井抗震实验装置工作区，穿戴整齐的实验人员正围着 ACP1000 控制棒驱动线（简称 CRDL）有条不紊地进行着最后的测试，工作区以外，来自核安全局、中核集团、核动力院的数十位领导专家小声地谈论着关于 CRDL 抗震实验的情况。与紧张而焦虑的人们恰然相反的是十多米高的 ACP1000 CRDL，作为本次实验的主角，CRDL 全身绑满了各种传感器，安静地矗立在抗震竖井里面，仿佛在为即将到来的地震考验闭目养神。

10 点整，各项工作准备就绪，现场总指挥马建中准点下达实验指令：“第一次 OBE（运行基准地震）实验正式开始！”

由于本次实验是国内首次针对自主研发的三代核电站控制棒驱动线进行抗震实验，而且地震载荷烈度达到 11 度——11 度会产生巨大的破坏效果，能导致房屋大量倒塌，路基堤岸大段崩毁，地表产生很大变化，因此实验的意义十分重大。实验开始后，大功率作动器以超乎人们想象的能量猛烈地摇晃着 CRDL，同时发出阵阵刺耳尖锐的撞击声。漫长的 20 多秒终于过去，经历了惊心动魄的强烈地震后，CRDL 逐渐安静下来，现场越来越静、越来越静，人们只听得见自己的心脏在怦怦跳动，大家都在焦急期待另一个声音的出现。

“哒、哒、哒、哒、哒……”一种类似心跳的声音越来越响、越来越响，没错！就是它！清晰有力的“哒哒”声正是控制棒驱动线正常提棒的旋律！此

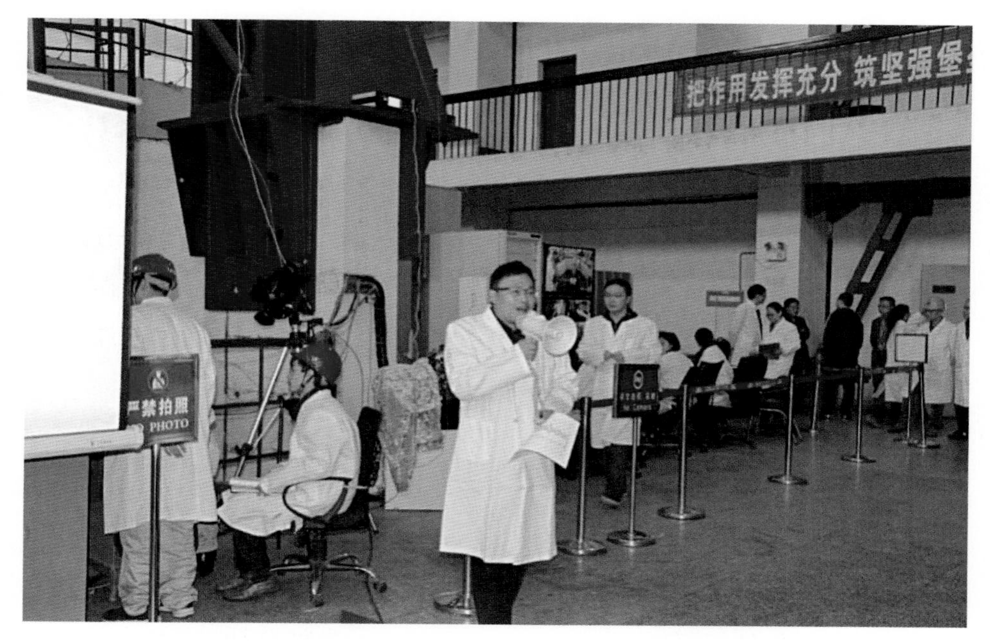

▍OBE（运行基准地震）实验开始

时，伴随着如释重负的呼气，人群中爆发出震耳欲聋的掌声，ACP1000 CRDL成功通过了抗震“考试”中的关键性的第一关，这一刻值得庆祝和铭记！

在接下来的4次OBE地震和1次SSE（安全停堆地震）考验中，ACP1000 CRDL均以优异的表现完美地通过了抗震“考试”，此次“考试”证明了ACP1000 CRDL具有抵抗11度地震烈度载荷的能力。至此，在国内众多专家的见证下，ACP1000控制棒驱动机构完美地通过了抗震“考试”。实验结束后，实验现场爆发出热烈的掌声，驱动机构研发人员笑得像孩子一样，多年的心血终获得认可，孕育多年的孩子终于呱呱坠地了，他们终于可以昂着头，对世界宣布中国自主研制的、具有完全知识产权的驱动机构已通过所有最严酷考验，屹立于世界核电之林，并且成为技术上新的标杆了！

人群中的杜建勇更是欢喜无比，长时间的付出终于如期收获了回报。为了这一天，他付出的实在是太多了。在一线从事科研生产的人都知道，只要接手一个课题，加班加点必是常事，但人都有家，每一个专注于科研的人，背后定有另一个人替他扛起了本该两个人共同经营的家。那一年，杜建勇的孩子刚刚 4 岁，为保证杜建勇心无旁骛攻坚克难，爱人当仁不让地担起了家里一切大事小情。可正当 OBE 载荷预实验运行在即、杜建勇和伙伴们全力以赴之时，他爱人却病倒了。家里老人可以帮忙接送孩子，但住院的爱人却没人照料。在最困难的时候，杜建勇的牵挂也分成了两段，白天属于工作，夜里侍候爱人。仗着一股子科研至上的精气神，同样也是仗着年轻，这种白天黑夜连轴转的日子并没有影响到杜建勇的脑力与体力，更没影响到实验的正常进行。

再次提起这段往事，杜建勇沉默了一下，然后用略带沙哑的嗓音说了一句“再难，也都过去了”。

此后，二所三室（全称“反应堆动力设备研究室”）余庆林、王源、钟艳敏、胡继红团队又完成了 ML−B 型控制棒驱动机构产品样机热态极限寿命实验，最终累计行程达到 1512 万步，创造了控制棒驱动机构实验运行的世界纪录。因其超高的性能和安全性，我国完全自主知识产权的第三代核电福清 5 号、6 号（华龙一号）核电机组决定采用 ML−B 型驱动机构。2014 年底，福清 5 号、6 号（华龙一号）核电机组、巴基斯坦卡拉奇 K2、K3 核电机组控制棒驱动机构制造合同签订，均采用 ML−B 型控制棒驱动机构，标志着我国完全自主研发的控制棒驱动机构正式走向世界舞台。

2018 年 3 月 22 日，华龙一号全球示范工程（福清 5 号机组）ML−B 型控制棒驱动机构正式通过出厂验收。

在华龙一号示范工程经验反馈的基础上，李红鹰和他的团队结合国内外控制棒驱动机构领域前沿技术，不断开展技术创新，研制出 ML−C 新型控制棒驱动机构。ML−C 型机构设计上采用了 440 级耐高温线圈、耐磨损钩爪以及一体化全镍基密封壳等关键技术，大幅提升了其耐温性能和运行寿命，整体技术处于世界领先水平。2020 年 4 月 30 日，ML−C 型控制棒驱动机构在完成 1200 万步热态寿命考验实验的基础上，顺利通过了 0.3g 抗震实验，这标志着该型驱动机构正式研制成功。“ML−C 型驱动机构顺利完成了

1200万步热态寿命实验和抗震实验，我们还将继续进行热态寿命实验，目标是完成1800万步的寿命指标，让驱动机构寿命更长，安全性更高。”李红鹰说，ML-C型驱动机构计划用于华龙一号改进堆型。

当问到未来的工作计划时，李红鹰笑着说：“现在第三代控制棒驱动机构也做完了，下一步只能朝着四代奋进了，做更先进的驱动机构。”满怀着激情，李红鹰又踏上了新的征程。

第五节　稳如泰山

在压水堆核电站一回路主设备中有“四大金刚”——压力容器、蒸汽发生器、主泵和稳压器。稳压器就是“四大金刚”之一，作为反应堆冷却剂系统的重要主设备，担负着稳定回路压力、补充系统水容积、保证系统平稳和安全运行的重要使命。

在华龙一号研发以前，中国的百万千瓦级核电机组用稳压器基本靠翻版法国的设计方案，未实现自主知识产权，同时也缺乏关键元件生产工艺。稳压器作为核电厂一回路的关键主设备，其设计技术的国产化以及知识产权的自主化，是实现中国核电“走出去”战略所必须攻克的“卡脖子”问题。

华龙一号稳压器的诞生，最早还要追溯到2000年。那时，核动力院首次开展了国产60万千瓦堆型的秦山二期核电工程稳压器设计，后续在岭澳二期核电工程中与法玛通公司（今AREVA）联合进行详细设计及相关技术服务工作，到红沿河核电一期工程，开始自主百万千瓦级机组稳压器的设计工作。2005年，核动力院开始了方家山核电站（CNP1000堆型）的自主设计，同时也提前开始了核电三代新型稳压器的预研工作。2012年初，ACP1000堆型的福清5号、6号核电工程立项，当年年底，核动力院就完成了配套稳压器的初步设计，并在 2014 年完成了福清 5 号机组首堆的稳压器施工设计工作。

华龙一号核电机组用稳压器设备的设计及研发历程充满艰辛和挑战，该项艰巨的任务，就落在了核动力院设计所三室设备组一群平均年龄不足 35 岁的年轻人身上。在长达五年的时间中，这一批人为了早日让中国真正自己的稳压器设备问世，凭借常人所不能及的定力及意志，刻苦钻研，终获硕果。

身为稳压器设备专业技术骨干、高级工程师的邓丰，那时还正处在初为人父的喜悦及懵懂中，却为了大型稳压器设备国产化目标，将更多的时间和精力投入到设备的研发攻关中。邓丰每日早出晚归，连周末都在办公室度过，每天出门时孩子还未睡醒，回到家女儿却已经睡下，女儿从刚出生不久一直到两三岁对父亲都很生疏。被问及这段过往时，一直以阳光般笑容著称的邓丰也难掩愧疚，不好意思地擦干泪水，他再一次露出招牌笑容，这笑容中满是欣慰和自豪。他说：“为了成就我们自己的稳压器，一切都是值得的……不后悔！”

华龙一号稳压器研发另一个不得不提的干将，就是高级工程师李焕鸣。为了争分夺秒加快研发进度，他将床都支到了办公室，储物柜里常备了所有生活用品。别人加班到深夜准备回家的时候，总能发现李焕鸣仍然在电脑前激情似火地工作着。当其他同事出于关心，劝他不要这么拼的时候，他总是回答：“院里决心这么大，到了我们这一级岂能懈怠……这是我的责任，就算不吃不睡也要先保证任务完成！”

除了邓丰、李焕鸣，为国产稳压器拼搏奋进的还大有人在，如处于哺乳期背奶加班的年轻妈妈黄燕，如恋爱都顾不上谈的年轻人鲁佳，如忍着病痛返聘回到岗位的老专家詹可纯。他们都为华龙一号稳压器的诞生注入了自己宝贵的心血，谱写着可歌可泣的奋斗之歌！

为了满足三代核电技术的安全指标和技术性能要求，同时实现完全自主可控，华龙一号稳压器设计团队基于国内二代及“二代 +”反应堆的工程实践经验和三代核电的先进理念与先进评价指标，对现有稳压器设计方案进行了多项重大改进，包括主要零部件材料优化、焊接制造检验设计、安装设计等各个方面。减少了设计和制造风险的同时，提高了设备的固有可靠性。

2011 年春，在设计团队完成华龙一号前序项目稳压器的设计并提交设计文件后，采购单位在招标过程中觉得稳压器的报价相对于前期项目的稳压器增加过多，认为是由于稳压器由板焊结构改为锻焊结构所致，要求我方对稳压器使用板焊结构的可行性进行论证。

做设计的人都知道，相对于板材，锻件的各向同性更好，合格锻件的性能不会低于同样厚度的板材，但是性能差距到底有多少？如何量化对稳压器寿命和强度的影响？对于新设计的稳压器来说，国内厂家的工艺水平是否能达到设计团队的要求？这都是摆在设计团队面前的问题，不回答这些问题，就无法说服采购单位采用新的结构。

又是一个月的分头调研走访与夜以继日的对比论证。在这一个月里，邓丰回家看到的都是熟睡的妻子和女儿，而李焕鸣在办公室的牙膏又换了一盒。综合多方的调研，设计团队终于得出了结论。

在三室当时本项目主管副主任何劲松的办公室里，邓丰与李焕鸣拿着一本厚厚的调研报告逐项汇报，从制造、工艺、材料多方面深入对比了锻焊结构与板焊结构的差异，逐项论证说明锻焊结构的性能和安全优势。同时还站在电厂业主的角度，对设备在全生命周期内的综合成本进行了评估。在讨论结束之时，何主任给了设计团队一颗“定心丸”：“我们的方案是经得起推敲的，要有这个自信！三代设计要体现出技术先进性，推动这个事我们设计方义不容辞！”而后，在稳压器设计方案评审会上，设计团队有理有据的汇报受到了与会评审专家的一致认可，最终，三代稳压器自此均为全锻焊结构，此方案不仅提高了设备安全性，也减少了设备在电厂的运维成本，提高了设备的经济性。

然而，设计方案有了，后续施工制造及安装却并不是一朝一夕之功。面对大量的制造及材料难题，设计团队引领各相关材料、制造、实验单位

“见山挖山，遇水搭桥”，攻克多项关键工艺难题，通过了各项实验验证，实现了诸多关键材料及部件的首次国产化，打破多项国外垄断。如成功实现了电加热元件、喷雾头自主研发，解决了该部件出口受限问题；采用一体化低合金钢锻件承压设计，进一步提升了国内重型装备原材料厂家的制造能力。

在华龙一号立项至 2018 年的 7 年时间中，核动力院设计团队对设计、安装方案不断论证、改进，不间断派驻现场服务人员协助制造工作，终于见证了华龙一号稳压器的诞生。

2018 年 4 月 28 日，由核动力院自主设计的华龙一号示范工程首台稳压器（PRZ）通过出厂验收并发运。

2018 年 5 月 8 日，福清 5 号机组动工 3 周年之际，华龙一号全球首堆

华龙一号稳压器吊装及出厂验收发运（上：全球首堆；下：海外首堆）

福清 5 号核电机组稳压器顺利安装就位于核岛厂房。

2019 年 1 月 10 日，华龙一号海外首堆——位于巴基斯坦的卡拉奇核电工程 2 号机组稳压器成功吊装就位。

2019 年 5 月 7 日，由核动力院设计、哈电集团（秦皇岛）重型装备有限公司承制的华龙一号巴基斯坦卡拉奇 3 号机组稳压器设备正式完成验收，并运往现场安装。

稳压器是核电站一回路中最后安装的重型主设备，其安装是核电站建设过程的重要节点。稳压器的顺利就位，保障了华龙一号工程建设的顺利进行，并为后续华龙一号稳压器工程设计积累了宝贵经验。现在，华龙一号的血压稳定器——稳压器，将开始自己的使命，成为华龙一号核岛中的巨人，为华龙一号的运行一路护航。

第六节　最强主动脉

主管道是核电站反应堆冷却剂系统的主要承压设备之一，主管道连接反应堆压力容器、蒸汽发生器和反应堆冷却剂泵，为反应堆冷却剂提供循环通道。主管道是一回路反应堆冷却剂系统压力边界的重要组成部分，由三个环路组成，每个环路由热段、冷段及过渡段组成，运行时长期承受反应堆冷却剂的高温、高压，是压水堆核电站的核安全一级设备，被称为核电站的“主动脉”。

2011 年 3 月 11 日日本福岛核事故后，中国核安全局对核电提出了更高安全要求的三代核电标准，使得华龙一号主管道的设计寿命需要从二代改进型的 40 年提高到 60 年，同时需要将铸造主管道改为性能更为优良的锻造主管道。为了实现这一目标，核动力院于 2011 年 8 月正式向中核集团申报并承担了华龙一号重大科研专项子课题：主管道 60 年寿命设计及试验研究，明确提出了主管道采用锻件的科研项目。此课题由从事主管道设计研究近30年的专家蒲小芬组建设计攻关团队，成员包括曹锐、刘昌文、曾忠秀、任云、孙英学等十几位有关专业的专家。

团队成员都是国内开展主管道设备及力学研究的中坚力量，在设计及力学计算等方面具有丰富的经验，人员专业涉及设备设计分析、系统设计分析、计算分析研究、材料及焊接工艺设计等多个方面。从确定主管道材料、标准、结构、接口等设计方案，到主管道设计方案的确定与系统布置、力学分析，再到最后的主管道评定件的制造、检验和各项性能试验，项目成员在时间要求紧、任务重、人力资源紧张的情况下，通过不断努力和创新，最终圆满完成了华龙一号主管道的研制。

作为主管道研发人员之一的刘向红，巾帼不让须眉，冲锋在最前面，奋斗在第一线，是研发组内加班最多的人，每日上下班只能见得晨曦与皎月。到了主管道的关键节点，在身体不适的情况下，依然白天坚持工作，晚上去医院输液。7月的山东突发暴雨，她却坚持赶往制造现场，进行关键节点的现场见证和技术支持，保证了主管道的顺利研制。当问及这段往事时，她的语气平静而温柔：“华龙一号是整个核动力院人的心血，作为核动力院的一员，我倾注的所有都在这主管道上了。”

华龙一号主管道、波动管设备RCC-M X2CrNi18-12控氮材质，采用“接管嘴一体化锻造、整体弯制成形”的技术，可以达到三代核电设计寿命60年的要求。采用LBB（Leak-Before-Break）技术，确保了紧急情况下，可以有充裕时间实现安全停堆，对泄漏管道进行修补或更换处理，从而保证反应堆运行的可靠性。

设计攻关团队先后完成了华龙一号锻造主管道的初步设计和详细设计，包括结构设计、强度计算、应力分析、疲劳分析等，共申请了7项专利。在后续的研制过程中，设计单位与制造单位不分昼夜地讨论制造方案，解决制造难题，攻克了一系列关键制造技术，自主开发了华龙一号主管道的制造工艺，确保了管材满足研制技术要求，有效控制了管材的表面质量、尺寸精度并通过开发加工新技术，大大提高了加工效率和材料利用率。最后，对主管道评定件的性能试验结果表明：常规性能和耐腐蚀性能良好，各项技术指标满足研制技术规格书和相关标准规范的要求。

2014 年福清 5 号、6 号项目的锻造主管道正式开工制造，是华龙一号锻造主管道的国产化的标志，为国家核电能源建设全面国产化及国家能源战略安全作出重要贡献；同时对我国核电走出国门，打造中国核电自主品牌意义重大。

2015 年 5 月 7 日，我国自主三代核电技术华龙一号首堆示范工程——中核集团福清核电站 5 号机组正式开工建设，其主管道和波动管设备于 2017 年 6 月 28 日通过了由核动力院和福清核电联合进行的验收，该设备制造历时 16 个月，在烟台台海玛努尔核电设备有限公司员工共同努力下，顺利完成设备制造并通过出厂验收。这意味着我国自主设计制造的首台三代核电主管道和波动管即将发运至福清现场安装，也标志着我国完全具备自主设计制造三代核电装备的能力，为打造华龙一号亮丽名片奠定了坚实基础。

福清 5 号机组主管道、波动管设备出厂验收会

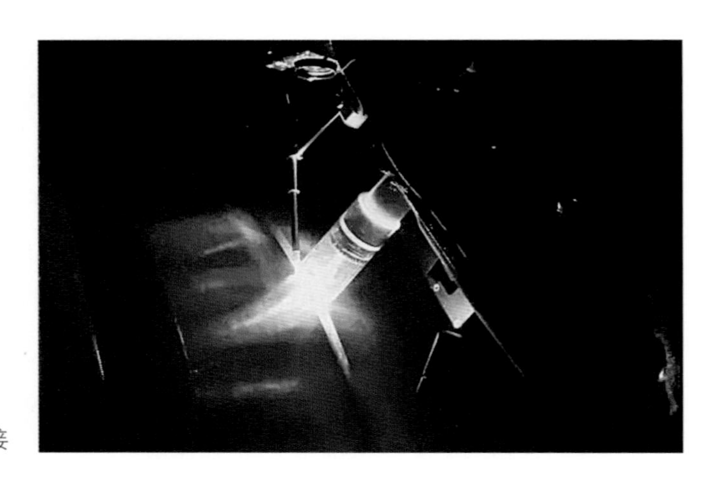

主管道焊口焊接

华龙一号核电项目不仅是为了满足我国自身发展的需要，更肩负着中国核电“走出去”的发展战略使命，华龙一号在中国良好发展是实现其“走出去”的重要保障，华龙一号海外项目的顺利建设，对中国核电打开国际市场具有重要作用。华龙一号国内批量化建设和“走出去”是我国由核大国走向核强国的重要支撑之一。

2017 年 6 月 29 日，华龙一号海外首堆——卡拉奇 K2 机组主管道第一批产品在烟台台海玛努尔核电设备有限公司成功发运，这是卡拉奇核电 2 号机组首台验收合格并发运的核岛主设备。K2 机组主管道由核动力院自主设计，中原对外工程有限公司负责采购管理、烟台台海玛努尔核电设备有限公司生产制造。各单位紧密协作，圆满解决了 K2 项目制造过程中的一系列管理、技术、制造难题，先后顺利完成主管道热段三个组件和过渡段 40 度弯头三个组件的冶炼、锻造、机加工、弯制、无损检测、水压试验等。

2019 年 6 月 24 日，福清核电 6 号机组主管道最后一道焊口焊接工作顺利完成，工期 162 天，比福清 5 号机组缩短 41 天，创造了福清核电 6 个机组的最短施工纪录，为后续华龙一号核电厂主管道制造工作建立了标杆。

华龙一号核电项目主管道研发团队始终坚持“自主创新、勇攀高峰”的核动力优良传统，打造一流核电设备研发能力，以实际行动积极响应习近平总书记、李克强总理关于“一带一路”背景下实行中国核电“走出去”国家战略，为国家核电能源建设、全面国产化及国家能源战略安全作出了重要贡献。

第七节　龙　首

2018 年 4 月 25 日，在来自中国核动力研究设计院、中国核电工程有限公司、福建福清核电有限公司等多家单位的核电人员们集体瞩目下，华龙一号全球首堆一体化堆顶结构在青衣江畔的中国核动力研究设计院设备制造厂顺利通过验收。在这蝶舞莺啼、群芳争妍的仲春时节，有“龙首”美誉的一体化堆顶结构被核电人添上了最精美鲜艳的点睛之笔，抬起了它傲人自豪的挺拔脖颈，向全世界再一次展示了中国核电人的无穷智慧和工业奇迹。

全球首台第三代核电华龙一号一体化堆顶是由中国核动力研究设计院自主设计、自主制造、自主供货的国产三代核电关键设备，也是国内首台自主研发的第三代反应堆一体化堆顶结构，满足国内和国际最先进的核电法规标准，具备中国人完整自主知识产权。它的正式验收，标志着我国华龙一号全球首堆项目进度再次取得突破性进展，为 62 个工期奠定了更加坚实的基础。可在这份荣誉之下，又有多少人知道，“龙首”的问世到底经过了怎样一个坎坷而又精彩的历程？

核电反应堆是人类工业文明里集研发、设计、制造、操作、维护等多方面最具先进性和复杂性的工业艺术品。因为它的复杂，常常也会伴生出令人头疼棘手的问题：

每当反应堆需要进行安装、换料和检修时，重达近百吨的反应堆压力容器顶盖就需要被平稳地打开并起吊，途中不能有丝毫的倾斜，其平稳程度的要求好比是一潭春水容不得吹起半点涟漪。

安装一体化堆顶

控制反应堆内能量释放的重要元件——控制棒驱动机构在工作时随时会散发惊人的热量，必须借助科学有效的散热措施将热量带走，让机构随时处于低温冷却的状态；同时，还要在地震、海啸等极端工况下保护驱动结构不发生显著变形和倾倒，确保其能顺利下插落棒，保障堆内的核能量安全可控。

各类“诊断”反应堆内工作状态的仪表导线、电缆多如牛毛，需要通过一个科学合理的导向支承装置，让各类电线的排布做到繁而有序、整齐划一。

巧合的是，上述的问题基本上都集中在反应堆压力容器顶部的功能区附近。为了解决这些问题，全世界的核电工作者们在过去的半个世纪里提出了许多种应对手段和措施。但这些方案多是“头痛医头，脚痛医脚”，并不能在功能应用中同时兼顾解决其他问题。一张张“药方”的开出，不仅没有减少堆顶的麻烦，还使反应堆压力容器顶部区域平添了多个臃肿烦琐的设备，拔出萝卜带出泥般地牵扯出更多棘手的问题。

到底能不能用一个简约化集成式的方法，把反应堆压力容器顶部的问题一揽子彻底解决？这成了一个困扰全世界核电堆型的共同难题。但就在人们对它束手无策的时候，具有伟大创造精神的中国人创新性地闪耀出智慧的光芒——在祖国西南腹地的蜀山之麓，中国核动力研究设计院的科研工作者开拓性地提出了一体化堆顶结构的创新方案。

时值20世纪90年代，在国家计委提出的“以我为主，中外合作，引进技术，推进国产化”的核电发展方针下，我国迎来了民用核电建设的春天。作为具有丰富核能核动力研发设计经验的顶尖团队，核动力院反应堆总体结构及堆内构件专业组总结国内外科研和制造先进经验，着手开创中国人自己的百万千瓦级压水堆核电站品牌。当注意到国外各压水堆型受到堆顶问题的桎梏之后，团队核心成员曹锐、何大明、沈学著、李燕等开始了共同探讨：能不能引入一体化的概念从反应堆总体结构入手对堆顶进行优化。

在丰富的设计经验和深厚的技术底蕴下，曹锐团队凭借着对国内外各类堆型的理解和掌握，很快就提出了一体化堆顶的初步设想：“把堆顶区域的功能设备全部集成进一个体积尽可能小的围筒结构里。通过合理的空间布置，让每一个功能模块严格地‘站好’自己的‘岗位’；像剪枝一样剔除掉冗余重复的结构，让每一个部件能够尽可能承担更多的功能；零部件与零部件之间相辅相成，做到经济成本上的最大节约。”

在这样的设想指引下，团队成员们通过智慧的思考和精巧的双手，让一体化堆顶的雏形跃然于设计图纸之上。乍一看，仿佛就是反应堆压力容器这个庞然大物的顶上抬起了一颗挺拔卓立的“龙首”。

但问题也随之而来，这样的方案到底可不可行？

要知道，在当时的国际民用核能领域，中国人是没有太多发言权的。美国、法国、苏联等西方国家推广核能发电已经有了数十年的历史。在他们的眼里，中国核电不过是刚刚起步的一个孩童，所谓创新和突破不过是异想天开。同时，核电设备在图纸上是一回事，在制造车间里又是另一回事。没有先进的重型装备制造能力和经验，新型核电设备要想顺利问世难如登天。所以，很多核电领域的专家刚刚听到“一体化堆顶”的名字，就在固有思维的影响下不由自主地摇起了脑袋。在他们的思维里，与其去评价中国核电人的创新想法，还不如引进和推广国外成熟的堆顶方案。

在这样的背景下，“龙首”要想得到领域内的肯定，便需要走过一条异常漫长的道路。同时，我国自20世纪90年代起，大量引进法国的

M310“二代+”堆型。该堆型的堆顶结构因技术成熟应用广泛，但仍然存在外接设备烦琐、整体刚度低、对操作人员缺乏辐照屏蔽的保护等缺点。只不过因其与反应堆总体结构配合上的炉火纯青，这些缺点才并未受到技术人员的过多重视。随着我国国内多个M310堆型的上马，核动力院研发设计团队成员们的主要精力受工作的影响都转向了工程建设中，一体化堆顶的概念被暂时搁放在了办公案上。

尽管“龙首”的方案被搁置，但团队成员们并没有彻底放弃对它的梦想，大家不断调研和学习国内外堆顶设备领域及核电装备制造等方面的新技术新进展，对一体化堆顶的方案进行了一遍又一遍的论证和完善。

20世纪90年代末，中国核动力研究设计院在着手进行秦山二期核电扩建项目的同时，响应集团公司的号召，进行国产自主化60万千瓦中型压水堆堆型AC600项目的概念设计。在曹锐、沈学著等人的争取下，AC600堆型采用了“龙首”一体化堆顶的方案。AC600堆型方案一经提出，很快就引起了国外知名核电企业的关注。尤其是美国的西屋电气公司，对AC600堆型中一体化堆顶等先进核电设备概念产生了浓厚的兴趣，甚至伸出了橄榄枝，希望和中国就该堆型的研制达成多方面的合作。

然而，因为历史原因，AC600最终没能顺利进行。但挫折并没有击倒堆顶研发团队，相反，大伙儿对一体化堆顶的方案树立了更加坚定的信心。从此后一直到跨入新千年，团队发扬“十年磨一剑”的精神，借助大量核电工程建设的有利条件，积累了丰富的堆顶结构相关设计经验。

机会总是留给有准备的人。到了2010年，中核集团决定正式启动ACP1000重点科技专项研发，即华龙一号。在这次专项研发中，积极引入了第三代核电“非能动”的相关概念，重点关注了在事故工况下反应堆的安全性能。此次新堆型的一大重点改进，就是将原先位于压力容器底部的堆芯测量系统移到了压力容器顶部。这一变动可谓牵一发而动全身，从反应堆全局的角度对堆顶结构提出了前所未有的苛刻要求，传统的堆顶结构已经不再适用。

2011 年年中，在华龙一号反应堆堆顶结构方案确立技术讨论会上，当被领导和专家问及采用何种堆顶结构方案时，已经成为核动力院设计所电站办主任的曹锐和反应堆结构设计研究室（二室）副主任何大明瞬间牢牢抓住了机会，异口同声地说出了“一体化堆顶结构”的名字。也正是从那时起，一体化堆顶结构课题攻关小组在上级领导的重点关注和支持下成立了。

十多年的等待，让很多技术骨干从朝气蓬勃的青年变成了颇经沧桑的中年。虽然年华渐去、白发渐生，但苦苦坚守的梦想终于迎来了实现的曙光，堆顶研发团队的每一位成员都迸发出了无比激扬的活力。在设计所二室主任罗英的带领和激励下，大家满怀着激动与热情，迅速投入到了一体化堆顶的科研攻关中。

时任科室内华龙一号主管主任何大明亲自参与具体结构的设计研究，细致深入地讨论每一个结构细节，组织压力容器、驱动机构等各个相关专业多次进行接口讨论确认。由于此前的经验积累和技术储备已经非常充分，一体化堆顶的总体技术方案很快就完成了编写。2012 年 6 月，一体化堆顶总体技术方案正式递交中国核工业集团公司，通过了集团公司的课题中期评审，赢得了评审专家的一致肯定。

接下来，在堆顶方案的实践细节上，团队成员们基于冷却风道的设置，衍生出了两种不同的技术路线：一种是参考美国第三代压水堆 AP1000 堆型的风道设计；另一种是由专业组青年骨干何培峰提出的全新自主化风道设计。选择哪一种路线，不仅关系着堆顶结构的样式，更关乎着和其他兄弟科室的技术接口。专业团队通过反复推敲、仔细论证和综合考量，最终选择了何培峰的技术路线，在中国人完全自主知识产权的道路上迈出了更加坚实的步伐。

方向明确后，也恰逢室内人事变动，从北京航空航天大学毕业的余志伟博士担任二室副主任，承担起华龙一号第三代核电反应堆总体结构的科研任务。在余志伟夙兴夜寐地全力指挥和协调下，研发团队带着更加昂扬的激情投入到了一体化堆顶的研发当中。

除了传统的力学强度外，对控制棒驱动机构热量的通风散热能力是一体化堆顶的重要性能指标。在还没有进行实体试验前，技术人员们只能通过计算机仿真模拟的手段考察堆顶结构的通风能力。毕业于浙江大学化工过程机械专业的何培峰，在硕士期间的科研课题并没有涉足流体力学。可由于工作任务的需要，何培峰从头学起了流体力学仿真模拟，并带着刚刚毕业参加工作的师弟李浩共同开展了流场模型的建立工作。在他俩人不分昼夜的奋斗下，精细的堆顶流场模型得以建立，并在半年多的时间里完成了海量的仿真计算，从理论上进一步验证了一体化堆顶的可行性。

2014 年 10 月，为了深入确保一体化堆顶的通风方案万无一失，在专业组组长李燕的带领和支持下，何培峰又着手主持开展一体化堆顶的通风试验工作。由于一体化堆顶的研发和其他核岛主设备同期进行，堆顶的通风试验只能尽可能地去模拟核岛内的环境条件。为了让试验数据准确可信，设备制造厂按照设计图纸的要求制作了 1∶1 大小的通风试验模型。试验中，大到风机的功率性能、小到每一个传感器的参数型号和测量位置，都经过了反复斟酌和细致衡量。在那段时间里，何培峰每天辛苦地往返于设备制造厂和仪器采购厂，鲜有和自己才一岁多的女儿相处的时间。以至于女儿每天睡醒和睡前都在呢喃呼唤着爸爸。最终，皇天不负有心人，历经了六百多天的奋斗，“龙首”一体化堆顶顺利通过通风试验，从功能上验证了它的科学性和可行性。

随后，一体化堆顶结构产品的施工设计紧锣密鼓地全面铺开。团队成员张翼、赵伟、王尚武等人细致地完成了上百张堆顶图纸的设计。作为核电反应堆结构的资深专家，院华龙一号项目的副总师钟元章不辞辛劳，对每一张设计图纸和文件都进行了仔细的审查和校阅，确保了图纸无谬误、文件无差错。

在堆顶的制造阶段，多次出现过危急的难关，如何化险为夷、有惊无险地度过，离不开全体专业组团队的共同努力。堆顶关键组件处的某条焊缝反复出现性能不达标的现象，团队中专门负责焊接和无损检测的骨干成员王庆田和蒋兴钧积极投入到技术服务工作中，协助制造厂成功提高了焊缝质量；堆顶重要部位的某个螺栓件，相较于传统结构需要承担更加严苛的力学载荷，很可能出现断裂的危险，团队中专门负责力学、材料安全的胡朝威和李宁展开多次积极讨论，提出了更加合理的优化方案，节约了可观的材料成本。

堆顶设计的最后一大难关就是堆顶上的电缆敷设。200多根如同婴儿手臂粗细的电缆，需要在狭长的空间内做到井然有序的排列，还要隔离相互之间电磁信号的干扰，做到与外界接口的一一对应。用一个形象的比喻，就像是天上的织女要密密缝制出一匹精细的布帛，只是那一根根丝线最重竟达近30公斤。为了完成这一重任，何培峰带着新来的青年同事王仲辉再一次投入到任务当中，花了近三个月的时间成功完成了这一如同工艺制品的工作。

2018年3月7日，“龙首”一体化堆顶迎来了它问世前的最后一道考验——载荷试验。在实际应用中，堆顶作为重要设备，要实现压力容器顶盖等相关设备零部件总共200多吨重量的起吊任务。为了验证堆顶的骨架到底牢固不牢固、结实不结实，就需要在它出厂前再做一次严格的载荷试验。经过团队的技术把关、反复论证推演，制定了详细的试验方案和应急处理措施。随着载荷试验“开始”命令的下达，重型吊车将承载了200多吨配重物的一体化堆顶结构缓缓升起，动载荷及静载荷后通过检测，确认载荷试验顺利完成，一体化堆顶结构能够满足起吊设计要求。

终于，“龙首”一体化堆顶踏出了它近二十年圆梦旅程中的最后一步。

“龙首”和华龙一号，仿佛是冥冥之中的天作之合：

远远望去，堆顶高耸的围筒，就好像是“龙首”上修长的面庞；上面开着的通风口和观察窗，似乎就是龙锐利的眼睛和耳朵；承担控制棒驱动结构抗震功能的组件，就好像是结实硬朗的颈骨；还有那竖起的电缆桥，分明就是头顶上帅气的龙角……“华龙”需要安装、换料或者检修时，一体化堆顶承重而起，“龙首”挺拔傲立、英姿勃发；“华龙”需要正常运行发电时，一体化堆顶严丝合扣，“龙首”蜷收待发、岿然不动。

一体化堆顶的顺利验收，标志着中国核动力研究设计院在创新设计、装备制造和自主供货等领域取得了重大的成果，并成功填补了全球核电领域中的技术空白，开辟了民用核电核岛主设备发展的新方向，向全世界核能利用的竞争赛场贡献了最具智慧的中国方案。验收完成后不久，一体化堆顶将会被运往福建福清——国产第三代核电华龙一号全球首堆示范工程的项目现场，在那里实现它继续领航龙腾、泽被民生的重要使命。

第六章 见微

见
微

巍峨壮观的核岛之上，除却目之所及令人赞叹不已，动辄百吨起步的“大国工程”，细微之处遍布着支撑整个核电运行，犹如“脉络”与“根系”一般的细小装置，它们中有些毫不起眼甚至仅存在于虚拟空间，却掌控着整个反应堆的“中枢神经”，还有些专门为反应堆建设、运行和检修单独研发的“黑科技”。见微知著，相较于反应堆的外部“躯干”，它们存在的意义同等重要。

第一节　核心“安全卫士”

有这么一根管，细小却不平凡，无声守卫着核电设备的可靠、安全，它便是辐照监督管。

作为一回路中的重要组件，辐照监督管是核反应堆寿期内针对反应堆压力容器进行材料辐射效应监测的重要部件。因为反应堆压力容器的不可替换性，通过辐照监督管对其安全可靠性的定期核查是保证核电厂安全运行的重要安保工序。

辐照监督管主要由顶塞、底塞、半槽壳、高精度温度探测器和计量探测

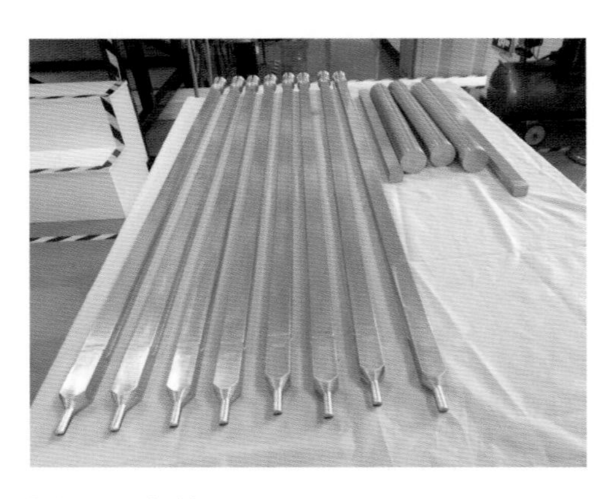

▍辐照监督管

器、各类力学性能试样、填隙块及定距块等组成，定期从堆内抽出辐照监督管试样，检测其中焊缝材料试样在辐射条件下的损伤程度，对于获取反应堆压力容器辐照环境数据、材料辐照脆化程度及发展趋势；评价反应堆压力容器完整性；修订反应堆运行参数；以及最终保证反应堆的安全运行，具有极其重要的意义。因此辐照监督管也被称为反应堆的核心“安全卫士”。

自 20 世纪 80 年代起，我国不断引进、吸收国外技术，通过坚持不懈的研究创新，逐步实现了自主设计、自主制造、自主建设、自主运营，并最终跨入自主创造，获得了具备完全自主知识产权的三代核电技术。辐照监督管的研发历程，不仅是我国自主核电技术发展的一段剪影，也是我国科研人员不懈进取的创新之路上一次胜利的战役。

2011 年日本福岛核事故发生后，国际社会、中国政府和社会公众都对核电安全提出了更高的要求和期望。在此背景下，中国核动力研究设计院初步萌生了自主研发辐照监督管的想法，但囿于相关技术瓶颈和所需人员设备的限制，辐照监督管的研究工作推进得十分缓慢，成果并不尽如人意，仍需系统性的规划和推进落实。

时间转瞬来到了 2013 年。在中央的积极推动下，发展自主核电技术、核电出海正式上升为国家战略。与此同时，长期外派在核电工程建筑安装一线的监造人员刘国辉传来消息，国内核电机组的辐照监督管产品供应被法国公司完全垄断，严重制约了三代核电的出海计划。为助力“华龙出海”，积极响应国家的发展号召，核动力院组建了以四所六室为核心的技术团队，委任王泽明作为研发攻关技术负责人，带领团队投入辐照监督管产品的研发工作中。在两项院市场开发基金的支撑下，产品自主研发课题顺利批复，研发组人员设备逐步到位，相关的技术攻关全面启动。

从无到有的第一步总是最难的。焊接专业出身的王泽明此前并没有系统了解过辐照监督管的相关知识，经过系统调研论证，选定了当时世界最先进的第三代核电技术 AP1000 作为技术指标参考，经过与课题组反复探讨沟通，针对性地梳理出了辐照监督管研发亟待攻关的 14 项研制技术，逐项落实到人头，并逐个攻破。

前期的基础项技术攻关推动得很快，2014 年初，项目进入核心难点的攻关阶段。半槽壳作为辐照监督管的关键零部件，通过传统成型工艺生产每次只能成型一条边，所需成型次数多，效率低下，并且难以保证成型后的半槽壳的对称性及各边之间的垂直度。依照最新发布的 AP1000 的技术指标要求，对于半槽壳内外 R 角的要求极为苛刻，即便是外国厂商的产品，成品率也不足 10%。

为解决这一难题，王泽明带领的研究小组经过多方调研和学习交流，创新性地引入了数字模拟工艺，对每一批次半槽壳样品进行全尺寸测试，所积累的数据通过整理，再反馈到下一批次的优化制作中。在此过程中，最日常的工作便是针对繁复冗赘的数据和已完成的设计方案进行规律性的归纳整理，从未达标的试验中总结反推经验教训，进而改进工艺调整试验参数，优化产品的质量。整页细密如蝌蚪的数字让看得人头昏脑涨，但没有一个人抱怨懈怠，只是站起来伸伸腰，冲杯浓茶洗把脸，又坐回电脑前继续未完成的工作。为了精调各零部件间的连接角度等细节，使成品达到最优，子课题负责人陶海燕带领团队不断进行零件尺寸微调，匹配不同的冲压条件，实验不合格品堆满了车间的各个角落。

历经半年多的反复尝试，课题组终于成功开发出一套完善的冲压工艺，并在此基础上对基础模具进行了三次大的优化改造，最终攻克了半槽壳的自主生产工艺，生产出的工件在壳体各边的垂直精度、平面度和内小圆角上均具有明显优势，并且该工艺能够大幅减少冲压次数，显著提高生产效率。

探测器的制造技术则是监督管攻关项目的另一关键工艺。由于技术指标的变更，原先33毫米的探测器长度缩减到20毫米，攻关小组需要在短短5毫米间距内，实现外侧玻璃管壁达到1000多摄氏度的温度融化同时内侧低熔点探测金属丝表面不出现氧化损伤。在如此短的间隙内1000多摄氏度的精准温控，以往用传统的工艺根本无法实现。课题组围绕热源问题，展开了深入的挖掘探索，他们实时关注国内外最前沿的技术动态、收集整理各种热源工艺，每次的成果讨论会上，虽然大家经常争得面红耳赤，却也在交流中集思广益、博采众长，不断获得启发、拓宽思路，继而朝着目标开始新一轮探索尝试。为了验证不同热源工艺下的参数可行性，课题组采购了总长超过300米的工艺玻璃管进行工艺摸索，数万次的实验尝试，一排排封装失败的玻璃管摆满了工作台面，封接长度向着20毫米的目标一点点靠近，成功的曙光仿佛近在眼前。然而，当封接长度达到25毫米时却难以再有突破。

那段时间，王泽明办公室的灯常常是整栋楼最后一个熄灭的。在进行完一天的实验工作，和课题组同事道别后，他还会独自回到办公室，对当天的所有数据做一遍总结归纳和梳理，安排好第二天的实验方案计划，往往离开单位时已是凌晨一两点钟。回忆起那段经历，王泽明愧疚一笑：“那会儿我爱人刚怀孕，为了方便照顾她，我们搬到了单位附近住，没想到最后却是方便了我加班……”

长时间高强度的实验安排却并没有收获与之相匹配的实验进展，一次又一次的尝试失败极大挫伤了团队的积极性，有人开始提出质疑：“以国内现有的技术设备条件，不可能研制出我们期待的高质量产品，何不放宽一点考核指标，现有的技术工艺虽略逊于国外，但也能满足国内部分核电站的使用需求。”降低指标投产应用的呼声随着时间的推移越来越高，可即便如此，王泽明却仍不愿轻言放弃，他不断以“既然做了，就做到最好”为理念来激励自己和团队，坚持追求产品质量要达到国际一流水准。两种观念争执不下，研发进程一度停滞，而这时发生的一件事，却一举平息了这场风波，并再一次坚定了课题组不达国际一流水准绝不放弃的决心。

2015年4月，核动力院派出一支专家团去往法国进行福清4号机组的辐照监督管采购验收，包括王泽明在内的研发团队核心成员随行前往，怀着一颗虚怀若谷的心，希望在验收过程中针对当前的技术瓶颈和对方进交流和学习。然而，在产品验收当天，法方技术人员仅仅向每位专家提供了一份完工手册，其中丝毫没有涉及任何关于辐照监督管产品的基础技术说明和生产流程介绍，甚至在核验过程中发现报告中提到的一部分原材料已经超出了其质保有效期。在专家团试图与法方技术人员进行交涉并要求其提供更详细的关于辐照监督管探测器的原理介绍和生产工艺技术汇报时，法方表示“这是本公司机密信息，我们无可奉告”；而面对专家组关于报告中不合规材料质量的质询，法方又含糊其词，敷衍搪塞道：“我们的贮存和使用控制都非常严格，应该没有问题”，却提供不出任何可视化的参数进行佐证。最令人无法接受的是，在没有任何技术说明和零部件核查的基础上，法方拒绝了专家团验收其辐照监督管成品的要求，试图在不进行现场核查规程的情况下草草结束此次产品验收工作。对于法方从始至终的冷眼相待，专家团既感到不可理喻，义愤填膺，却又无可奈何，只能眼看着法方用傲慢的姿态强行结束先期的验收谈判。经过核动力院验收组成员的不懈努力和严正协商，法方最终同意了对于辐照监督管成品的验收，但关于核动力院对于相关技术和产品质量的质询，法方却始终消极诡辩，虚与委蛇。对于核动力院专家关于法方报告中显而易见的不合规项目的询问，法方依然三缄其口，概不回应。

这次刻骨铭心的验收经历，深深刺痛了王泽明强烈的自尊心，自法国之行后，原本就不服输的他更是暗暗憋了口气，“无论辐照监督管的自主研发如何艰辛，都要迎难而上，打破技术垄断，让我国的核电机组用上拥有我们完全自主知识产权的辐照监督管”。

之后的研发工作虽然更加艰辛，但王泽明的工作激情和坚定的信念感染了团队的每一个人。在他的带动下，整个团队更加凝心聚力，斗志昂扬地投入到研发工作中。由于实验设备分布在成都与夹江，研发人员常常需要两地奔波，两个多小时的车程，经常每天就要往返一两次，常常披星而出，戴月而归；而且实验仪器在运行时需有专人值守，为保证设备安全运行，课题组成员有时需要连续几十个小时轮班监守在实验室里；再加上研发过程的多学科交叉性，要求研发团队针对相关专业具备广泛的理论基础，甚至由于彼时国内进行辐照监督管研发的单位仅有核动力院一家，很多必要的性能评估国内并不具备成熟设备条件，很多时候，研发团队不仅要专注于辐照监督管的产品研制，还要一并设计制造产品样件的测试设备，这一切对于一个以焊接、材料为主要专业背景的团队来说，无疑是巨大的挑战，在这样巨大的压力下，课题组成员自发地放弃休息时间，分秒必争地学习钻研相关理论知识，迎难直上，推进试验的进行。

2016 年 9 月，王泽明带领的团队经过三年半的攻坚克难，攻克了一系列技术瓶颈，终于成功研制出我国第一根具有完全自主知识产权的辐照监督管。截至目前，辐照监督管已形成 6 项专利保护，获得了四川省重大技术装备国内首台套品证书，中国核能行业协会科技成果奖等系列殊荣。此外，作为三代核电华龙一号的关键部件，辐照监督管首台套于 2018 年成功落地巴基斯坦，成为国家“一带一路，核电出海”的重要助力。

2018 年 1 月 23 日，身为辐照监督管自主研发项目技术负责人的王泽明荣获首届“彭士禄核动力创新青年人才奖”，回顾辐照监督管的研发之路，从辐照监督管的采购方，长期遭受市场垄断，发展受制于人；到完全自主研发，成功攻克技术难关，作为供货方向国际市场不断迈进。透过一根管，看到的是核电人不甘人后的探索精神和自主研发的创新精神；穿越两座城，写下的是万千核电人甘于忍受寂寞献身科研的恒心，面对难题坚持不懈的决心，不忘使命勇攀高峰的雄心。

在那样两座城，生活着一群兢兢业业的科研人，锲而不舍，在一次次尝试与失败中吸取经验，厚积薄发，打破他国的技术垄断；正是靠着这般韧劲，才使得今天华龙一号得以昂首阔步走出国门，使三代核电成为崭新的“国家名片”。

第二节　“心脏”监测

反应堆堆芯是华龙一号的心脏，时刻监测堆芯运行状态是确保华龙一号安全、经济运行的前提，而堆芯在线监测系统，就能够及时准确监控华龙一号堆芯的状态。

堆芯装载着核燃料，运行过程中辐射强度极高，堆芯结构也异常复杂，不可能通过直接观测或者摄像设备跟踪堆芯运行状态参数，比如最为重要的中子通量密度分布、功率分布等物理场分布。二代和“二代+”核电站通过离线的堆内探测器和布置在堆芯外部的探测器，获取中子通量信息，再通过复杂的算法反推堆芯内部的物理场分布。然而，通过有限的测量信息得知堆内情况，这样的检测，难以确保给堆芯内部运行状态画出一道道准确的运行状态线。开发第三代堆芯在线监测系统，立足于堆芯内部固定的探测器测量信息重构堆芯内部物理场分布，实时在线监测堆芯运行状态，确保华龙一号安全、经济运行，是华龙一号项目重要的内容之一。

软件自主化中，在线监测软件系统的研发在国内没有基础。然而，在线监测系统已成为三代堆芯的标志系统。俄罗斯 VVER、美国 AP1000 和欧洲 EPR 三代堆芯均已实现功率分布在线监测。华龙一号作为国产三代堆芯，要想具有国际竞争力，也必须实现功率分布在线监测。面对着国际国内核电发展的新状况，核动力院设计所一室确立了进行在线监测系统软件研发的研究课题。

在线监测的软件系统如何构架？物理模型如何建立？探测器如何选型？信号延迟如何处理？探测器怎么布置？功率如何拓展？一个个问题摆在研发团队面前，每往前走一步，都倍感艰辛。面对着拦路石，研发团队没有气馁，从零开始，一步一个脚印，凭借自己的智慧硬是从无到有完成了系统构架、模型建立和软件系统的开发。通过试验验证表明，该系统的测量精度已经达到了与国际同类型软件相同的水准。

华龙一号选取的堆芯探测器，是在综合研究了国际主流的三代核电站的探测器使用情况后，并结合华龙一号自身设计特点，选取的一款最适合的探测器——铑自给能中子探测器。但该探测器最大的问题是信号较反应堆实时中子通量情况有延迟，如果不消除信号的延迟，很难确保监测系统的实时性。研究人员为了突破延迟消除技术，经过了数年的集智攻关，甚至冒着被辐射的风险，进行了长达数百小时的堆上实验。最后，研究人员突破了探测器延迟消除系列关键技术，性能指标与国外技术达到同一水准，解决了在线监测系统堆芯内部信号实时性的问题。

值得一提的是，探测器延迟消除技术，国外奠基于几代人的研发积累和几百堆·年的运行经验。而达到同类技术指标，核动力研究人员在毫无经验积累的情况下，自主创新，从研发到测试再到应用，仅用了五年时间。用如此之短的时间，走过别人几十年的路，其中的艰难可想而知。

五年，堆芯在线监测团队在艰难中前行，挺过压力，历练蜕变；五年，对中国核电来说是短暂的，对堆芯在线监测团队的成员而言则是他们的青春岁月；五年，团队成员从单身变成了为人父母，而堆芯在线监测系统也就像他们的孩子，既带着他们青春的烙印，更满载着他们对未来的期许。

五年铸剑，成为抹不去的青春记忆。中国核电直挂云帆，华龙一号乘风破浪，那是核动力院堆芯在线监测团队成员心灵深处最大的欣慰。

如果把核电站比作人，那么用于为核电站运行提供监测和控制手段的堆芯测量系统可谓核电站的神经系统。与人不同的是，核电站神经系统信号的获取需要从反应堆的外部引入探测器组件。这种引导看上去像在椰子壳上插根吸管，听起来是找根吸管、打个孔，就万事大吉，但实际情况却复杂得多。打孔必需的，还要保证开孔之后里面的椰汁不能喷出来，而且吸管也不是随便放入就行，还得找到精准位置。因为椰子壳里除了椰汁，还有类似人体五脏六腑的器官，以及弯弯曲曲的各种血管，我们的吸管必须避开这些器官和血管，像做手术般精准地插入到有椰汁的地方。想想是不是就觉得很不简单？更困难的是这些吸管有四五十根。一方面要考虑椰子壳上开了这多的孔，怎么能可靠地密封住；另一方面则是要考虑这些吸管怎么避开障碍，弯弯曲曲地到达指定的位置，同时吸管还不能因为弯曲造成损坏。回到核电站，这就意味着必须合理进行堆内测量机械结构的设计，确保探测器组件穿过压力容器顶盖后能正确、顺利到达所需的测点位置，且能确保探测器组件与压力容器之间的密封。

与成熟的法国 M310 堆型不同，华龙一号三代核电站的探测器组件将测量温度和测量中子注量率的探测器合二为一，外形尺寸大了，进入压力容器后通过弯曲到达反应堆中心区域测点位置的难度也增加了，加之整体从顶盖引入探测器组件数量增加近 1/3，更是为探测器组件插入时的导向带来了极大的困难，这是对堆内测量机械结构的新要求和大挑战。为此，设计所反应堆结构设计研究室的创新设计团队，自 2012 年先进堆芯测量系统立项起，立即开展了堆内测量导向结构与密封结构的科研工作，旨在将引入堆内的数量众多的探测器组件穿过结构复杂的堆内构件，到达堆芯区域测量位置，同时实现其与压力容器密封。

为了服务好探测器组件，首先得了解这些探测器组件。这种新的探测器组件国内仅在 VVER 堆型有类似的应用，而对于设计人员来说，对其机械性能的了解完全是一张白纸。他们通过与田湾核电站运行人员逐次深入的询问与交流，对比两个电站的反应堆结构和堆芯测量系统的异同，取其精华，并结合 M310 堆型热电偶柱组件结构的运行经验和教训，确定华龙一号堆内测量导向结构的总体技术方案，对导向管在上腔室优化布置及可靠固定等关键技术进行研究。同时，对于自压力容器顶盖引入的探测器组件必须面临的在每次换料时的拆装问题，设定简化拆装操作、提高效率、减少操作时间、降低辐照剂量的目标，拟研发出新型的密封结构及其密封元件。研发人员对石油化工行业多家企业开展了调研，分析后确定将柔性石墨填料环应用于密封结构的设计中，并对石墨环的结构参数及整体拆装等关键技术进行了研究。

导向管优化布置中最核心的是导向管在有限空间内的三维设计，即便采用市面上先进的工业设计辅助软件，实际操作起来仍然费时费力。设计之初，不到半个月的时间，不同分组、不同中心距、不同分布圆、不同弯曲半径和夹角，设计人员林林总总提出了十几种不同的设计方案。之后又从功能角度梳理了权重不同的评价标准，最终筛选确定了导向管布置的基本参数，对于无法用分析充分评价的管径等参数，研究后采用了 1∶1 抽插试验的方式，通过对比探测器组件的实际插拔力进行最终的对比分析。大胆假设、发散思维、小心求证、逐步排查，保证了导向结构良好的功能实现。然而，三维设计不能只是纸上谈兵，良好的设计必须要在实际加工制造中得以实施。于是他们又开启了新的一轮全国调研，找同学、找老乡、问制造、问材料，不放过任何一个可能有用的信息，只为找到一家合适的管材制造厂，找到一个切实可行的检验方案。那段时间，设计团队成员也集体由衷地感谢手机即时通信工具的便利，很多技术信息的沟通交流都有赖于手上这部小小的机器。大家都打趣说，等试验成功了，一定换个最新款的手机，让通话更流畅，调研效率更高！

如果说手机调研的便利是导向结构研制中意外发现的话，那么密封结构研制中最大的惊喜绝对是设计人员自己。为了充分验证密封结构和石墨密封垫的可靠性，密封性能试验包括了冷热态的升降温瞬态试验和寿命试验，最高温度 350 摄氏度，最大压强 16 兆帕，设计人员全程日夜不休跟踪近 200 小时的高温高压连续循环试验。这对设计人员的体力和意志力是极大的挑战，不坚持都不知道瘦弱的自己，竟然真的可以有如此的体力和耐力。特别是在热态试验期间，突发的电加热棒爆炸，也没有吓到近在咫尺的饶琦琦。一心完全扑在试验上的他，冒着试验装置泄压阀随时可能喷出高温气体导致严重烫伤的危险，毅然爬上试验装置近距离观察密封结构，第一时间观察试验进展，掌握试验状态，确保了试验真实性和有效性。那些曾以为仅在电视里才能看到的为事业献身的革命精神，在研发人员身上显现得淋漓尽致，为了心爱的核动力事业，他们真的拼了。

2012 年先进堆芯测量系统项目立项，2013 年开展导向及密封的鉴定试验，2014 年完成科研工作，转入施工设计阶段，2015 年堆内测量机械结构开始制造，2018 年华龙一号堆内测量机械结构在福清 5 号机组、巴基斯坦卡拉奇 K2 机组上开始安装，一步步的历程有条不紊，过程却也错综复杂。设计人员们的心态曾有过波动，意志也曾有过消沉，但不服输的韧劲支撑着他们，平稳了情绪，理顺了思路，把复杂问题简单化，一条具有反应堆结构室特色的自主化设计之路便走了出来。面对核电厂里完成的堆内测量机械结构，他们没有感到满足，而是把注意力始终放在设备身上，结构上有没有可以再优化的空间？安装上有没有可简化的步骤？运行上有没有更为安全的措施？对于他们而言，一个终点即是另一个起点！

华龙一号堆型采用了新型反应堆先进测量系统，可实现对堆内中子、温度持续的、在线的测量，为反应堆的安全运行提供了强有力的保障。与以往的法国 M310 堆型中堆芯测量系统从反应堆底部引入不同，华龙一号的堆芯测量系统从顶部引入。更不同的地方在于 M310 堆型的探测器一般不需要更换，而华龙一号的堆芯测量系统使用的中子—温度探测器组件和水位探测器组件需要在两个换料周期后全部拆除并更换。

探测器组件拆除装置在燃料组件中拆除寿命到期的探测器组件就好比是火中取栗。探测器组件在工作时其测量端插入燃料组件内部的导向管内，因此寿期末探测器组件下部具有很高的放射性，而堆芯探测器组件拆除装置的作用，就是在这高放射性核辐射之“火”中，拆除寿命到期的探测器组件。“火”，是放射性核辐射之火，而“栗”则是具有高放射性的反应堆中子—温度探测器组件。

探测器组件拆除装置是三代堆型中全新的设备，国内尚无先例或装置可供参考。俄罗斯有类似装置，但其工况与华龙一号有较大不同且自动化程度低、效率低，不能满足华龙一号堆芯探测器组件拆除需求。此外，若由俄方提供拆除装置，则一来周期长、费用高，二来核动力院需提供大量的华龙一号技术资料作为设计接口，后者将可能导致华龙一号技术资料外泄，且不利于华龙一号的出口。在此背景下，核动力院决定自行研发适用于华龙一号新型反应堆先进测量系统的堆型探测器组件拆除装置。

研制探测器拆除装置面临诸多挑战。

“急”——华龙一号首堆将在第一个换料周期时使用，同时为了保证设备可靠性，业主要求在福清 6 号机组设备安装期间进行现场调试，留给设备的设计与制造时间不足 48 个月。

“难”——作为新增设备，拆除装置的设计几乎无设计参考。设备分级、设备代码、设备设计方案甚至采购模式等均经历多方反复商讨后才确定。甚至华龙一号反应堆初步设计时，也并没有考虑这一新增设备的使用和接口情况，因此接受拆除装置设计任务并展开工作之时，只能依据现有的土建以及和其他设备的接口进行相应设计和适应性修改。该装置复杂程度比肩核电站装卸料系统，被列为中核集团福清 5 号、6 号核电工程设计领域设计难度排名第二项目。

“险”——拆除装置工作在高放射性环境下进行，人员难以靠近，加上拆除工作本身的实施时机、地点以及操作时间等条件的限制，增加了操作时的不确定因素，如果发生意外将可能造成重大安全事故。

“重”——探测器组件的拆除关乎华龙一号能否继续正常运行，其重要性不言而喻。

在这紧要关头，设计所二室临危受命，勇挑重任，接受了这一重要而又艰巨的任务。鉴于设备的重要性和工程的紧迫性，院、所、室均针对本设备的研制成立了专门的管理小组和攻坚组。

以设计所二室 202 组和 204 组成员为班底，成立了“迎刃而解”青年突击队攻关组。突击队成员既有全国三八红旗手兼四川省学科及技术带头人罗英，毕业于北京航空航天大学的研究员级高级工程师余志伟博士，专业技术组长瓮松峰、杨其辉等一批资深技术专家，又有安彦波、李娜、湛卉、熊思勇、张翼、王尚武、张安锐等一批充满活力及干劲的青年中坚力量。

“迎刃而解”是该团队的战斗符号，也是团队的攻关宣言：

迎，是态度，是不畏艰难，迎难而上；

刃，是利器，是装置设计首要解决的关键技术；

而，是过程，虽有曲折和困难，但终将峰回路转，取得胜利；

解，是目标，是在攻关中勇于创新，为完成设备功能提出的一整套的全新技术方案。

在充分考虑项目技术难度及工程实际进度的基础上，攻关组确立了设计原理样机进行试验完成关键技术攻关，再进行产品施工设计两步走的技术方案。

探测器组件拆除装置由大小车组件、缩容装置、高放存储容器及其存放架等设备组成，其中，缩容装置为拆除装置的重要核心部分，可在程序控制下完成待拆除探测器组件的抓具、剪切、卷绕等一系列连贯动作，整个过程无须人员参与。因此，在进行拆除装置研制中将此部分作为原理样机试验的试验对象。

根据项目的进度和重难点，突击队的攻坚目标确定为：在 2017 年 12 月底前完成拆除装置缩容部分的样机试验和优化设计，验证拆除装置设计的合理性。

原理样机的验证试验，时间紧迫、人员紧张、牵涉大量人力物力，而且无任何试验参考，是整个装置极其关键的部分。因此，确定合理、充分、可操作的试验大纲，全方面模拟覆盖试验产品中的各种可行的工况就尤为重要。

青年突击队成立之初，就以完成抓具和剪切缩容部分的性能试验为首要任务，积极进行试验的准备工作。为了提高工作效率，突击队采用双线并行的工作方式，将成员分为两组：一组负责抓具的性能试验，另一组负责剪切缩容部分的性能试验。队长总体负责两个试验的组织和协调。

为了实时跟进试验进展，突击队成员与制造厂始终保持密切交流，通过电话、微信工作群等方式，24 小时不间断更新试验现场的各种情况，试验过程中的每一个小的问题都会通过突击队成员集体讨论后给出解决方案，保证了试验的顺利进行。

2017 年 10 月中旬，在经历了多次软硬件调试后，抓具的各项功能包括

▎抓具试验

抓取、释放、上下行以及同步性等，均达到预期效果，达到了设计目标。于是，抓具试验便紧锣密鼓地拉开了序幕。抓具试验主要包括抓取试验、同步试验、行程试验、负载试验和安全试验。抓取试验历经数十次的模拟探测器组件抓取，完成对模拟探测器组件的抓取和释放功能的验证；同步试验和行程试验同时进行，用以验证现有行程是否可覆盖实际使用行程以及钢丝绳和气管的同步性，获得电机运动参数；负载试验验证抓具在500公斤负载下能否完成预定工作；安全试验用以验证在有负载的情况下，如气路意外中断，负载仍然不会脱落，保证抓具的安全性。通过各项试验，抓具的各项功能得到了全面验证，达到了预期的设计目标。

▎剪切试验

2017年11月，开始进行剪切、卷绕试验。通过试验，该刀具可完成对辐照过后的探测器组件进行上千次剪切，完全满足设计需求。

2017年12月，在进行卷绕试验过程中，暴露了诸多问题：模拟探测器组件折断、卷绕尺寸超标、卷绕脱钩困难等。面对这些问题，突击队成员日夜不懈地驻厂试验，根据试验结果不断地优化剪切缩容装置的结构和工作参数。经历了无数次的试验—分析—调试—再试验的循环后，终于在2018年

3月顺利完成了卷绕试验。经过四个月的奋斗，突击队员团结一致，克服重重困难，完成了原理样机试验。

试验现场

研制过程中，突击队所有成员各司其职、加班加点。成员湛卉为尽早完成抓具的设计，连续一个月周末无休。成员安彦波、李娜、杨其辉、熊思勇在剪切卷绕试验过程中连续两个月奔赴车间进行试验。时值寒冬，各成员废寝忘食，多次试验进行到凌晨。

经过一年多的不舍昼夜研发攻关，最终获得了丰硕的研究成果，顺利完成了样机研制。

2018年4月，福清核电、中原公司、工程公司以及田湾核电专家前往设备制造厂参观了探测器组件拆除装置原理样机功能试验，此次试验顺利完

试验完成的探测器卷绕

成对探测器组件高放段的剪切和卷绕操作，得到一组间隙紧凑、形状规整的探测器卷绕。福清核电、中原公司、工程公司以及田湾核电专家对原理样机的试验过程及结果表示了认可，他们都说与俄罗斯现有的拆除装置相比，核动力院的装置卷绕体积更小、形状更加规整，整套装置的自动化水平及效率也更高。同时对突击队的工作能力表示了赞赏，试验的成功标志着探测器组件的拆除工作向全自动化迈出了标志性的一步。

在紧锣密鼓地完成原理样机研制后，攻关组又加班加点开展了拆除装置的施工设计。2018 年 7 月，历时三个月，施工图纸（约 900 张）及文件（约 100 份）全部按时完成。

2019 年 7 月，探测器组件拆除装置进入试验阶段。在试验过程中出现小车编码器齿轮齿条传动误差较大、左右侧支架部件刚度较差，导致模拟探测器组件剪不断、卷绕无法顺利从卷绕主轴上脱落等问题。时值酷暑，攻关组成员安彦波、张安锐牺牲多个周末时间，连续数月奔赴多个车间解决试验过程中出现的问题，大胆猜想问题症结所在，抽丝剥茧分析原因，谨慎建模及试验求证，最终一一化解了试验中的问题，为探测器组件拆除装置的按期

大小车单机调试成功

交货提供了强有力的保障。

2019 年 9 月底，探测器组件拆除装置联调试验圆满成功，顺利通过出厂验收并发至福清现场。至此，拆除装置正式“服役”，开启它的“火中取栗”任务，为华龙一号反应堆的安全运行保驾护航。

第三节　龙　鳞

2018 年 12 月 6 日，中国核动力研究设计院在四川成都西部博览城组织召开了“龙鳞”系统产品发布会。该发布会的隆重盛况荣登中核集团 2018 年度十大新闻。

“龙鳞”产品（英文名：NASPIC-Nuclear Advanced Safety Platform of I & C），是中国核动力研究设计院在国家“中国制造 2025”政策背景下，依托中核集团“龙腾 2020”战略计划，组织立项自主研制开发的一套具有完全自主知识产权的核电厂安全级 DCS（数字化控制系统）平台。安全级 DCS 是核反应堆的中枢神经系统，是反应堆安全运行和维护过程中的关键系统，对核安全有重大意义，一直以来深受有关部门和监管当局的关注。而之所以为它取了“龙鳞”这个名字，是因为核动力院人 DCS 团队曾经写下了一首诗：“重剑出锋牢鞘保，蛟龙入海坚鳞护”，寄托了核动力院人以“龙鳞”保护“华龙”的美好愿景。

安全级 DCS 产品“龙鳞”平台，具备高安全性、高可靠性等特点。在研制过程中，经过了漫长的孕育过程。既有核动力院各管理部门积极协调策划、克服重重困难，更有“龙鳞”团队坚定初心信念、坚持自主创新。“龙鳞”平台成功发布，意味着核动力院在核电仪控领域的研制方面迈上了一个新台阶，同时也迈上了一个新起点。

在华龙一号核电技术问世之前，我国在役核电站使用的数字化安全级

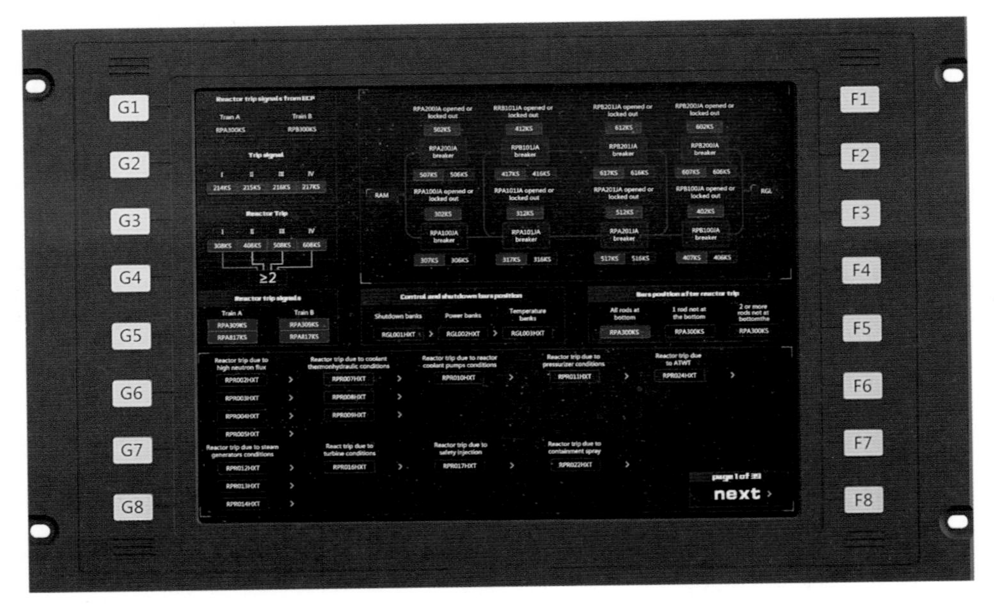

▍“龙鳞”系统显示面板

DCS 大部分由国外的公司供货。例如，法国 AREVA 公司的 TXS 平台应用在了秦山、田湾、福清、岭澳等核电项目；日本 Mitsubishi 公司的 MELTAC 平台应用在了红沿河、宁德、阳江等核电项目；美国西屋公司的 COMMONQ 平台应用在了三门、海阳等 AP1000 核电项目。由于安全级 DCS 平台的关键核心技术只掌握在少数外国公司手中，国内核电领域全厂 DCS 系统长期面临严重依赖进口且外方不转让平台和设计技术的局面。核动力院仪控工程中心副主任马权说：“核电工程现场的变更是不可避免的，但因为长期受制于国外，哪怕是一点小小的变动，都需要先付出巨额的经济代价。DCS 的底层代码根本不可能告诉中国人，这让我们都成了‘黑瞎子’。”马权一直不能忘记，他刚参加工作时，身上背着数十公斤重的仪控设备，却不是中国人自己产的。那时他就暗下决心，一定要做出中国人自己的 DCS 产品。

随着“一带一路”建设的推进，中国核电逐渐成为继高铁之后走向世界的又一张国家名片。核电厂安全级 DCS 技术国产化势在必行。为此，核动力院在前期的核电站控制研发的基础上，决心开启新的突破，于 2013 年 12

月成立了 DCS 项目部。

DCS 项目团队包括仪控工程中心主任吴志强、副主任马权以及王远兵、刘明星、韩文兴等人。项目部成立之初，人员急缺，场地有限，几个人暂借在一间小小的办公室里。为了迅速建立一支高水平的 DCS 研发团队，项目部立即启动了人才引进和招聘工作，同时积极协调各方资源，解决场地、设备等问题。通过项目部的不断努力，问题一个个的解决，困难一个个的攻克，“龙鳞”团队也成长为一支研发和生产流程体系完善、组织机构完整的队伍，办公环境明亮宽敞、生产环境安全整洁。

“核心技术靠‘化缘’是要不来的。只有自力更生。”这是吴志强主任办公桌手边黑色笔记本扉页上写下的一句话。笔记本旁边还放着一个茶杯大小的蓝色卡通布偶，这是他们过去几年科研工作结晶的吉祥物，叫“龙鳞宝宝”。

每每回想起“龙鳞”的诞生，吴志强总会说：“我们核工业人骨子里就是透着一股不服输的劲儿。”从 2013 年到 2018 年，整整五年的时间里所有人没有一天放松过紧绷的弦。还记得，2018 年 8 月的一天晚上 9 点多，即团队取得国家核安全局民用核安全设备制造许可证前的关键时期，办公大楼的一处车间里依然灯火通明。吴志强交代完工作后坐在电脑前，随手拿起一瓶红牛喝了一大口，他笑着对新来的年轻同事说：“精力跟不上了我就喝这个。”同时，车间里还有好几个年轻人也在机柜旁边忙碌着。这种加班景象在过去的几年里早已经成为常态。仪控工程中心按“三班倒”的制度排班，每位同事都要和下一班同事做好交接之后才能休息。

办公桌上的“龙鳞宝宝”

在不断成长的过程中，“龙鳞”团队不论任务多艰难多繁重，也不论办公条件多艰苦，始终保持刻苦攻关、坚持不懈的工作作风，始终坚信“梅花香自苦寒来”，一直以“自主创新，勇攀高峰”的优良传统为指引，以“专注、专一、专业”的工匠精神为基石，不断在核电厂安全级DCS技术的国产化之路上奋进。

守护核安全，是“龙鳞”团队坚持的信念；做一流的核安全级DCS仪控产品，打破国外的技术垄断，是“龙鳞”团队不懈奋斗的目标。心中有坚定的信念，行动中才会有坚定的毅力。团队凭借着坚定信念和满腔热血砺“龙鳞”产品之剑。

2014年2月14日，DCS项目部顺利完成项目第一阶段任务，成功打造出原理机。首战告捷，“龙鳞”团队并未有丝毫放松，反而携手向更艰巨的新任务继续前行，2015年10月，DCS平台原型样机通过地震试验，发布了平台1.0版本。

2015年12月，全球领先的第三方检测认证机构TUV南德意志集团SUD团队来到核动力院完成了第一阶段审查，对“龙鳞”安全级DCS的技术安全进行了权威的分析、审查和鉴定，也为“龙鳞”取得全球认可的SIL3安全等级认证证书奠定了基础。

2016年2月1日，安全级DCS平台命名揭晓仪式召开，“龙鳞”这个名字由核动力院正式赋予安全级DCS平台产品。

2016年4月，以完全自主知识产权、核心技术竞争能力为亮点的“龙鳞”系统原型样机亮相国际核工业展，获得业界关注和好评。

2017年4月，龙鳞系统技术成熟度经过中核集团专家组评审达到TRL7级；2017年8月1日，为完成华龙一号安全级DCS系统1∶1工程样机搭建，由仪控工程中心主任、党支部书记吴志强带头成立了党员突击队，并得到核动力院设计所党委书记彭航同志的亲自授旗。在接下来一个月的时间里，突击队成员们发挥党员先锋带头模范作用，用一个月的时间完成了1∶1工程样机搭建，彰显了共产党员的本色。

“大江歌罢掉头东，邃密群科济世穷。面壁十年图破壁，难酬蹈海亦英雄。”不同的时代有不一样的主题，不一样的主题造就不一样的英雄。2017

年 11 月 30 日，“龙鳞”DCS 取得国家国防科工局颁发的设备制造许可证，“龙鳞”获得了首个制造供货的资质。

2018 年 6 月 21 日，核安全局监管的民用核安全设备制造许可证取证模拟件成功通过抗震试验，并经过国家核安全局严格审评，于 11 月，核动力院取得了民用核安全设备制造许可证。

经过四年多的沉淀和积累，“龙鳞”产品在自主研发和突破关键技术方面取得了一系列成果，以主控制器（MPU）、核安全级操作系统（NASBAY）、安全通信协议（NASBUS）等为代表的一系列专利技术，推动了国产核电厂安全级 DCS 技术的发展，打破了国外的垄断。

在能力建设方面，“龙鳞”也取得了很大的进步，全面具备了机柜抗震分析、热性能分析、软硬件可靠性分析等能力，为产品性能提供了有力的理论保证。在体系建设方面，核动力院更是经过不断摸索和改进，完全建立起一整套“龙鳞”安全级 DCS 从项目管理、平台研发、工程设计到验证和确认（V&V）、生产制造、质量监督等环节的完整体系。

“龙鳞”系统采用当前最严格的法规标准，能够在核电厂、研究堆、小型堆、模块化小堆、浮动核电站等多种领域中应用。除此之外，“龙鳞”系统还具有软硬件深度在线自诊断功能，覆盖平台级、模块级、通道级、器件级自诊断，核心模块诊断覆盖率超过 99%，为操作人员和维护人员提供全面的自诊断信息。

在前面取得这些成绩的基础上，核动力院人也深深察觉到自己的不足之处。由于核动力院进入核电仪控产品行业时间较短，相比业内其他单位和厂家的成熟的产品体系、健全的组织架构、市场化的运营方式、协调化的资源配置等多个市场化进程方面都存在一些差距。而核电仪控产品市场化之路是中国核电发展必须“要走”和“走稳”、“走远”的一条道路。

当前国家对核电行业发展大力支持，习近平主席、李克强总理等党和国家领导人提出“国产化”、“走出去”发展战略，核电行业仪控设备的全自主化设计，国产化制造需求日益增大。这给核动力院“龙鳞”团队的发展提供了非常好的发展机遇，期望“龙鳞”团队能够乘着时代之风，扬起使命之帆，继续打造一流的核仪控产品！

第四节 “血管”监护

对于核工业来说，安全就是生命线。反应堆及一回路系统中布置有大量的管道，如同人体内的一根根“血管”。核电厂运行时，高温、高压力的冷却剂在这些封闭的“血管”内快速奔涌流动，“血管”成了包裹压力的压力边界。一旦“血管”的封闭性受到破坏，高温、高压力的冷却剂将会快速泄漏，受冷却剂动能量的影响，泄漏处微小的裂纹将会快速扩展为很大的破口，导致放射性物质喷涌而出，酿成极为危险的后果。

为了确保这些“血管”的安全，第三代核电系统针对此问题采用了先进的 LBB（Leak-Before-Break，先漏后破）设计技术。该技术是保证核反应堆及一回路系统结构安全和可靠的一种重要方法。基于 LBB 技术设计的管道，不仅能提高反应堆运行的安全性和可靠性，还可以降低核电厂设计、建造及维护的复杂性，提升核电厂的经济性。而要实现这一技术，就需要在“血管”上布置泄漏定位和定量监测系统，即 LBB 泄漏监测系统，以随时监测和诊断“血管”是否健康运行。诊断越及时，不良后果就越能得到尽早的遏制。因此，LBB 泄漏监测系统的成功研制是实现 LBB 技术应用可行性的关键。

早在 2000 年左右，核动力院反应堆故障诊断学科带头人刘才学研究员就带领团队针对国内外核电站压力边界密封泄漏监测技术开展了大量调研工作。依据调研结果，判断出加强压力边界泄漏监测技术的系统化研究及其工程产品的开发，将具有非常广泛的应用前景和良好的经济效益。为了争取主动，获取发展先机，2006 年，由刘才学带领的故障诊断团队申报了两个关于管道泄漏监测技术研究的项目，从此踏上了针对反应堆压力边界的泄漏监测与诊断技术的研究之路。

在此以前，针对压力边界的泄漏监测仅停留在以辐射监测为手段的定性监测上。当探测到压力边界外出现高剂量辐射，即判断出现了泄漏。但管道上的裂纹可能极其细微，因此基本无法实现泄漏部位的定位，更无法定量地判断裂纹的发展趋势。通过五年的锤炼，刘才学团队开发出了国内首个反应堆压力边界泄漏监测试验样机，实现了泄漏定位和定量分析的功能。该项成果填补了国内研究的空白，并获得了当年的国家国防科工局科学技术进步奖二等奖。五年的洗礼与成果，充分锻炼出了一支技术过硬的队伍，为今后的LBB泄漏监测系统产品转化积累了丰富而又宝贵的技术经验。

当我国开始着手计划引进三代核电技术的时候，俄罗斯的VVER和法国的EPR三代核电主管道都已经应用了LBB概念设计。而我国自主研发的华龙一号主管道和波动管之所以确定应用LBB技术，是刘才学团队提前谋划、把握机会的结果。这也正印证了那句名言："机会往往是留给有准备的人的。"最终，华龙一号福清5号、6号机组和巴基斯坦K2、K3号机组都确定将设置主管道和波动管LBB泄漏监测系统。核动力院随即启动了中核集团专项研制工作。

专项成立之初，核动力院便与中原公司签下了巴基斯坦K项机组的LBB泄漏监测系统的第一单合同。随后，华龙一号示范工程福清5号、6号机组也和核动力院签下了供货合同。两单合同的签订，大大激励了项目团队成员完成专项研制工作的信心，这个结果，是长期对科研保持的不变痴心，是在艰苦条件下的默默等待，是青丝变成华发时的岁月坚守，初心与坚守共同催放出一朵属于反应堆故障诊断团队的科研之花。

依照前期基础研究的技术经验，胜利似乎在向团队成员们招手，仿佛离成功只差半步之遥。真实情况真的如此吗？俗话说：行百里者半九十。在现实中，基础研究广泛使用的手段方式，在工程应用中存在着费效比的矛盾关系。基础研究是以实现目标为导向，而工程应用则需要考虑效能和经济性。所以，在基础研究中许多简单化的问题，在工程应用中会变得十分复杂。要想调和这一对矛盾，实现 LBB 泄漏监测系统的工程化，项目组还有很长的路要走。

在化解矛盾的过程中，项目组首先面临的问题就是接口布置时科研和施工两条工作线上的不匹配。为此，在核动力院供货管理部的协调下，核动力院二所和设计院联手合作，共同制定了技术规格书，统一技术规格，解决了接口不协调导致的诸多问题，提高了工作效率。随后，第二个问题也浮出了水面：国内外现有的能采购到的传感器根本满足不了设备使用要求。这再一次说明，关键技术是买不来的，必须掌握在自己手里。通过多方调研，核动力院作出了一个突破性的决定——自行研制声发射传感器！

2016 年 9 月，由核动力院牵头研制的核电站耐辐照声发射传感器经验证满足华龙一号的全部要求，指标达到并且部分优于俄罗斯的同类产品。这项成果对于本项目来说是个里程碑式的跨越！凭借创新的工作方法、自主研发的突破精神以及谋求合作的谦虚姿态，棘手的问题被一件件顺利解决。

设计工作结束后，为确保 LBB 泄漏监测系统在两年工期内向福清华龙一号示范工程按期供货，项目组又快步转入 LBB 泄漏试验阶段。二所所长李朋洲亲自挂帅，严抓产品质量、严控生产进度，要求项目组成员要将研制任务当成“一号”任务来对待。

LBB 泄漏试验是整个科研项目的重点和难点，试验需在二所三室的动力设备综合试验装置环路上的高温高压环境下开展。就在大家着手开展试验前的准备工作时，项目组突然接到通知，有个更加紧急的项目也需要使用该试验回路，LBB 泄漏试验必须要为该项目让路。虽然“天”字号工程任务紧迫，但 LBB 泄漏监测系统研制的节点时间一样耽搁不起！当此紧要关头，李朋洲当机立断，立即协调所里涉及该试验的所有部门，决定对动力综合试验装备上另外一条小环路进行改造，以满足 LBB 泄漏试验的要求。这条小回路已经运行了 22 年，其间也经历了数次改造，每一次改造，都会使环路上出现全新的管道布置和接口，到如今已经面目全非。这给小环路的再一次改造带来了巨大的挑战。由于小环路处于高温高压的特殊环境中，操作稍有不当就会引起无法估量的危险。面对困难，回路改造负责人王运生斟酌再三，衡量利弊，最终采取一个都不放过的“笨办法”，对每一台设备、每一条管路、每一个测点、每一套规程进行了仔细的研究和梳理，在最短的时间内以最快的速度完成了试验回路的改造。

回路改造好了，新的问题再次降临：试验需要使用存在裂纹的管段样件，由于裂纹产生的力学机理，需要对完好的管段进行疲劳加载的方式获取裂纹。裂纹何时出现，这是个永远无法预测的时间点。可能今天出现，也可能下周出现，更可能半年后出现。为及时地确认裂纹产生，吴云刚、张泓渤等试验人员几乎是用放大镜一整天一整天地紧盯加工管件，全神贯注、丝毫不敢错过管道可能开裂的每一瞬间。终于，在疲劳加载了 65 万次以后，第一个试验管段成功出现了裂纹。当获得全部 4 根裂纹长度不同的管件时，疲劳加载累计达 300 多万次！

克服了试验准备前的重重困难，终于迎来了正式的 LBB 泄漏试验。到此时，最终的大考才刚刚开始。每次泄漏试验前，回路须首先完成持续长达 8 小时的升温升压，将回路工况运行到额定工况，方可进行下一步操作。一旦达到额定工况后，一直在试验回路旁值守待命的项目组成员立刻冲上岗位：有人负责计时和记录试验数据，有人负责采集试验数据，有人准备收集

LBB 泄漏试验控制室

泄漏介质，还有人则负责操控试验装置与开关阀门；在远处的主控室里，还有试验人员严谨细致地操控着回路，为了保证回路的运行工况，他们手指不抖、心思不乱。整个过程对团队的合理分工和个人的严谨细致提出了非常高的要求。

“主控、主控，冷凝器已打开，收集工作准备完毕，可以开始试验！”主控室和试验回路的人员无法当面沟通，只能通过话筒保持着联络。

“背力已稳定，可以开始试验！”在听到主控室发出的命令后，试验人员按下了手中的秒表，并开始收集泄漏的介质，另一名试验人员则紧紧地盯着显示器上的数据，一边采集一边分析。酷热的夏天，没有空调的试验大厅像蒸笼一样发烫，回路旁的温度计清楚地显示 42℃，试验团队成员的衣服被汗浸湿了又干，干了又湿。试验的场地有限，他们经常只能站着采集数据，蹲着收集泄漏介质，这样一蹲就是四五个小时。测完了泄漏信号，试验仍没有结束，回路工作人员要继续对回路进行降温降压，以保证回路安全、顺利地回到常压状态。等降温降压工作完成，试验已经经历了 16 个小时，

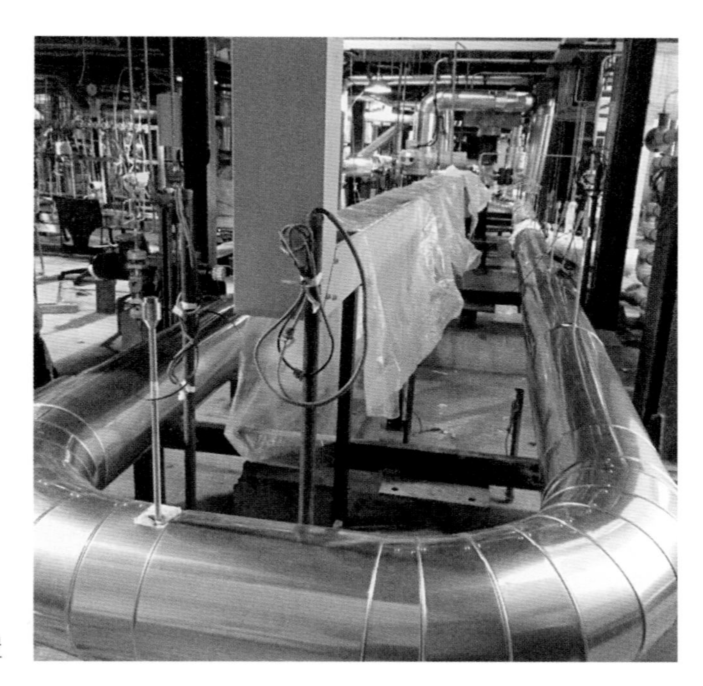

管道泄漏模拟装置

试验人员回到家已是凌晨两三点钟。

但仅仅几个小时后，当东方跳出一轮红日，LBB 项目团队又开始了新一轮严格的管道 LBB 泄漏试验。尽管条件艰苦，每一个参加试验的人员没有一声抱怨，依旧在试验室里尽心尽力地工作。就是在这样每次泄漏试验必熬更守夜的情况下，课题组人员不畏艰辛，克服困难，总共完成了 16 次泄漏试验，获得了大量宝贵的第一手试验数据！

在试验的过程中，经常出现不可预知的事件，每一次未知都是对团队凝聚力和战斗力的考验。试验中还出现过设备因老化而失效的问题，管理部门立刻组织协调，及时联系设备厂提前备货、发货，保障了试验进度。正是由于多方面的通力配合，试验工作才得以顺利完成。不仅管理部门和相关厂家主动作为，项目组每个成员都能做到随传随到，绝不会因为个人原因耽误试验进度。试验人员工作严细认真，坚持现场作业，对每一个传感器的安装进行了仔细确认，确保按照技术要求进行施工。无数人在为此项试验默默地工作着，尽管他们寂寂无名，但是通过他们的奉献，“急、难、险、重、新”在 LBB 泄漏试验中得到了充分的体现。

辛勤的努力必然获得丰厚的回报。最终，课题组成员共计完成了 60 多个工况下的 700 余次泄漏率测量，完成了 2 万多组数据采集与分析工作。整个试验过程较为漫长，从春到夏，从夏到秋。春华秋实，春天的理想播种，夏天的不懈耕耘，终在这个秋天收获了累累硕果。饱含辛劳汗水的试验结果得到了各界专家的认可，项目顺利通过核动力院的验收，同时也为华龙一号首推 LBB 泄漏监测系统供货提供了有力的保障！

第五节　贯穿始终

2017 年 11 月的一天，一群专家与科研人员围坐在一起合影留念，笑容堆满了他们稍显沧桑的面孔，人群后面，写着“全球华龙一号首堆电气贯穿件首批设备”的条幅格外醒目。

电气贯穿件是安装在核反应堆安全壳上用于电缆穿越安全壳的核电专用电气设备，可以在正常情况下以及包括地震和失水等事故条件下，维持反应堆安全壳的完整性和电气连续性，防止放射性物质外泄，是核反应堆安全稳定运行的重要保障设备，其重要性不言而喻。但是多年前，如此重要的设备却全是由国外提供，并且价格极其高昂。科研人员总是满脸愁色地说：“一根小小的管子怎么就这么贵？”

大家也只能发发牢骚，因为它体积虽然不大，结构却十分复杂，彼时国内还没有厂家具备生产能力，故而，即便心中愤懑，却只能一次次就范。那时，大家心中便已生出自力更生研制生产国产化核电电气贯穿件的念头。最后，来自核动力院的科研人员将这一想法付诸实现。

全球华龙一号首堆电气贯穿件首批设备

故事还得从多年前的盛夏说起。

电气贯穿件

2002年7月，核动力院二所技术开发主管偶然得知，国内正在向国外采购核装置电气贯穿件。一打听，原来这种作为核装置安全电气的1E级设备，国内尚处于空白，只能向国外采购。同时，作为核电站安全稳定运行重要保障的必备设备，长期以来一直被国外企业所垄断，价格也十分昂贵，为此不得不在每次采购中耗费大量资金。

捕捉到这一信息后，凭着对核动力院研发能力的自信，时任二所副所长的赵海江当即暗自立下“军令状”：“电气贯穿件，我们核动力院就能做！”

这是需要魄力的，彼时的核动力院从未开展过电气贯穿件的相关研制工作，甚至还没真正见识过一台电气贯穿件设备实物。有的仅仅是关于电气贯穿件的概念而已。

核技术应用开发工作所要做的，正是这种从无到有的创新工作。言出即行，二所马上组织技术人员紧锣密鼓地开展调研工作：从法国考察带回来的照片上，他们第一次揭开了电气贯穿件的神秘面纱；2003年“非典”肆虐期间，他们奔赴523厂、秦山核电厂、田湾核电厂等实地，一睹电气贯穿件实物的真容，调研过程中，他们想方设法查询搜罗到相关资料。在堆积如山的资料面前，技术人员犹如桑叶丛中的春蚕，头也不回地深耕其中，啃食、吸收、消化、琢磨、借鉴、改进、创新……从抽象到具体，从结构到细节，从选材到工艺，随着调研的深入，研制思路开始逐渐清晰、成形。

蚕桑满腹才有丝，披尽黄沙始见金。

一年后的金秋十月，中国核动力院二所向中国工程物理研究院投递了某研究堆电气贯穿件的承制标书，直言不讳地指出了原结构设计存在的缺陷，并提出采用连续导体实现电气连通的结构这一新设计。方案一出即受到专家们的一致肯定，他们以技术标第一的势头，在5家单位中脱颖而出，成功中标。

2005年底，经过样机研制、样机试验鉴定、工艺总结固化、产品制造、产品试验等一系列严格细致的过程，核动力院成功实现了研究堆电气贯穿件的供货。

几年前那铿锵有力的豪言壮志，在自主创新科研精神映照下瓜熟蒂落，国产化核电电气贯穿件的研制也由此迈出了坚实的第一步。

研究堆电气贯穿件的成功研制，并不代表完全掌握了核电电气贯穿件的研制技术，后者的工作环境条件要苛刻得多、复杂得多，性能指标要高得多，标准规范要严格得多……

严峻的事实是，作为商业技术的秘密，国外企业一直对核电电气贯穿件研制技术秘而不宣，正所谓“核心技术是买不来的”，“我们研制核电电气贯穿件”毋宁说是“研制我们的核电电气贯穿件”。

自古华山一条路，除了自主创新，别无他法。

经过堆电气贯穿件的成功研制，研制组对于国产化百万千瓦级核电电气贯穿件的创新与研制，不但具备了勇气，更有了底气，充满了信心。

研制组一方面大量消化、吸收、借鉴现有成熟技术，成功实现了模块化设计方法、关键密封结构和国内外知名公司生产的关键附件等通用成熟技术在研制中的应用；另一方面，作为核电电气贯穿件的核心技术，确保核电电气贯穿件电气和物理性能、实现电气在安全壳内外贯穿连接功能的关键部件，导体组件也成了创新攻关的重点。如绝缘电阻、介电强度、动热稳定、温升、防火极限、抗辐射能力、电气完整等。为此，需着力解决导体组件的绝缘、密封和成型工艺。

经过大量的资料比对分析后，研制组认为核电电气贯穿件要实现高起点上的创新，只有解决PEEK（聚醚醚酮，一种特种高分子材料，具有耐高温、耐化学药品腐蚀等物理化学性能）材料作为绝缘和密封材料在所有类别导体组件上的这一技术难题，才能引领技术发展趋势，真正形成自己的品牌。

发现令人振奋，实现却步履维艰。

研制组先后尝试了薄膜绕包高温烧结、喷涂烧结和挤压成型三种工艺方法去解决 PEEK 材料作为绝缘层在 5 个规格线径导体上的包敷问题。经过无数次反复试验、鉴定、比对，前两种思路均难以解决工艺不稳定、成品率低的问题，难以实现量产，经济性差，不得不暂时终止。技术人员又提出了挤压成型工艺思路，利用 PEEK 材料的熔体流动性和熔体黏度等特性进行挤出包敷。但是，没有设备又到哪里去做试验呢？

技术人员带着问题到处寻找合适的设备，几经周折，终于在一家工厂发现了较为符合各方面工艺要求的成型机。经过一番耐心说服，厂家答应在不影响正常生产的情况下予以配合试验。为了抓住这难得的机会，研制组专门请来了 PEEK 材料供应商代表一起参与试验，就 PEEK 材料各方面的特性、参数作更详细的把握。连续两个多月时间里，技术人员往返奔波，抓住厂家机器空闲的间隙，反复比对各种参数配比，终于成功地研制出 6 根大线径大面积 PEEK 材料包敷的导体成品，质量稳定可靠，经严格的鉴定试验验证考验，可连续经受 150 次 3 伏特 / 米介电强度不击穿，击穿电压值高达 28 千伏，高于 20 千伏的绝缘设计耐压等级要求。

研制组终于解决了 PEEK 材料大线径大截面导体包敷这一技术难题！

应用 PEEK 材料制成密封模块、绝缘包敷导体后，还必须与导体保护导管一并进行组装、成型，形成一个致密结构，构成导体组件。这才是导体组件创新攻关的关键所在，也是影响贯穿件功能实现的关键所在。

法国解决导体组件组装成型的工艺叫作“旋锻法”，他们曾不可一世地狂言，全世界能做这种导体组件工艺的机器有且只有两台。

一切都还要靠实践来证明，靠坚定的信心来创新。

技术人员经过艰苦思索反复分析琢磨，不但摸索出了这种“旋锻法”工艺，而且经过反复试验，发现这种工艺制成的样品不但表面质量较差，而且破坏性较大，废品率高，生产效率低，并不是一种较为理想的工艺。

就在试验过程中，车间的另外一台设备引起了技术人员的兴趣，另外一种导体组件成型的工艺方法如电光火石般在脑海里闪现。

通过与专业生产厂家的技术交流，确定了在标准设备基础上改制专用设备的技术方案。又是一番反复试验摸索。功夫不负有心人，研制组用这种工艺法终于实现了整个导体组件的密封性组装成型，并成功而稳定地制成了全系列 30 多根导体组件。经检测，成型后的组件的介电强度、绝缘电阻和密封性能均达到指标要求，不但表面质量好，而且废品率低，生产效率高，更适合批量化生产。

与此同时，研制组在刚性同轴导体成型工艺、中压导体热缩成型工艺、中压陶瓷绝缘套管封接工艺等关键技术工艺攻关也连战连捷。HG—I 型 1E 级电气贯穿件成功研制是团队创新的成果。

这一切都和研制团队的锐意进取和严谨实干密不可分。研制之初，研制组就把目光瞄准在替代并超越国外同类产品上，不但要研制出“我们的核电电气贯穿件”，而且要研制出“我们的性能更好的核电电气贯穿件”，不但严格遵循 RCC-M、RCC-E、RCC-P 标准对机械安全 2 级和电气安全 1E 级设备的相关要求，同时也兼顾 IEEE 317 标准对产品的特殊要求。“尊重权威，但不能迷信权威，专注成就专业，细节决定品质，我们要够专业”，是研制团队成员铭记于心并贯穿研制工作始终的箴言。工作间的书案上，时常放着一本《野心与愿景——市场后入者的成功策略》的书，这是一本描述和总结创新现象及规律的书。

“纸上得来终觉浅，绝知此事要躬行。”创新不能只停留在书本上、头脑中，一定要去实践和尝试。在攻克 PEEK 材料大线径大截面导体挤出包敷工艺的试验中，所用厂家的机器仍在进行正常生产，只能利用其停机生产的间隙进行试验，研制组就等，做好所有准备等，整日联系打听，一有机会便立即行动，经常是夜间出发，挑灯夜战至黎明。为了排除原有生产可能产生的所有隐患以至干扰试验影响判断，每次试验前又不得不率先清洗机器，十分烦琐，但科研的严谨要求不得不这样。团队成员就一齐上阵，用砂纸在不锈钢体上用力擦拭，手破皮，身有乏，劲头却丝毫不减，接下来又是在各种参数之间的反复比对，思考、分析、摸索……即使各种参数配合已经成功了，但在工艺固化定型之前，也要在同等条件下反复重现多次，力求把更多的问题暴露在萌芽状态一并解决。科研不相信运气，技术更是要精益求精一丝不苟的细致。光是在导体组件组装成型工艺试制中，就先后重复试验了上千次，才最终确定下各种类型导体组件之间的结构尺寸配比。

然而，失败往往在所难免，甚至成了家常便饭。在失败面前，这支团队锲而不舍，“如果研制好比长征，那么一定会有无数艰难险阻；如果研制好比西天取经，那么就一定会经历九九八十一难。不怕失败，怕的是不能从失败中获取有益的经验。经历一次失败，就说明我们离成功又近了一步”。大家都如此乐观地看待研制中的各种曲折。技术路线的艰难选择、一张张图纸的细致描绘、一次次工艺难关的摸索攻克、一个个零部件的打磨加工……无不屡经失败的挫折。同时，困难也不仅仅来自技术或工艺上的难度，更有名利的诱惑和压力的存在所带来内心的煎熬，毕竟团队成员几年来从事的是还尚未产出效益的研制工作，而从事其他项目工作可能有更多的收益。

不经风雨难见彩虹。2007 年 8 月，在那个挥汗如雨、历史罕见的盛夏，团队成员放弃高温假，一鼓作气连续奋战 10 余天，终于组装出第一台核电电气贯穿件样机。看着摆放在面前的如同怀胎十月一朝分娩的“新生儿”，大家都露出了欣慰的笑容，满足与成就感在心中洋溢着。

更为可贵的是，研制组为了确保后续量化生产中的产品质量，还把所有经摸索成功的工艺参数、制造生产操作工序、检测方法等都固化下来，形成了详细规范的技术文件、图册 150 余套，为后续批量生产环节的实施和质量控制打下坚实的基础。

2007 年底，以六大自主创新技术为支撑、有机结合通用成熟技术应用的国产化核电电气贯穿件样机研制完成，产品覆盖了核电站用电气贯穿件的全系列，包括中压动力型和低压控制型、仪表型、热电偶型和同轴型的电气贯穿件以及人员气闸门电气贯穿件，实现了产品系列化，相继进入鉴定试验阶段。

2008 年 7 月 25 日，成都。

中核集团核电部组织来自国家环保总局、中核集团、中广核集团、四川大学、西南交通大学等单位的专家对核动力院历时 5 年自主研发的核电站安全壳关键设备——HG—I 型 1E 级电气贯穿件进行现场产品技术鉴定。

中国工程院院士叶奇蓁、孙玉发以及参与鉴定的其他专家，在听取了研制工作总结汇报，审查了相关技术资料、工艺文件和鉴定试验报告，参观了鉴定试验后的电气贯穿件实物，并考察了生产现场后，给予立足自主创新的 HG—I 型 1E 级电气贯穿件研制高度评价。与会专家一致认为：HG—I 型 1E 级电气贯穿件具有完全自主知识产权，产品类型和规格齐全，产品的设计、制造和试验符合国际标准，综合技术性能指标已经达到并部分超过了同类产品的国际先进水平，完全满足国产化百万千瓦级压水堆核电机组的使用要求，并具备了高效、低成本的批量化生产能力。

其中，专家们特别指出，产品研制采用了成熟技术与专有技术有机结合的技术路线，实现了产品性能和可靠性指标的兼顾提高；在模块化设计、电气绝缘材料、密封材料和导体组件成型等技术和工艺方面形成了多项专有技术，并获得了多项国家专利授权，具有自主知识产权；密封材料及全规格线径导体绝缘材料均采用聚醚醚酮（PEEK）具有首创性。

鉴定会后，多家国家与地方权威媒体第一时间发布了这一振奋人心的重大消息，诸多省市报刊、电视台和网站也分别进行了转载。

11 月 8 日，HG—I 型 1E 级气闸门电气贯穿件在福清核电工程和方家山核电工程中中标。并在 11 月 25 日，中国核动力院与中国核电工程公司在北京草签了福清、方家山两个核电项目的电气贯穿件及人员气闸门电气贯穿件供货合同，达成 HG—I 型 1E 级电气贯穿件迈入核电市场的第一单。

2009 年 3 月 12 日，红沿河核电站电气贯穿件供货合同在成都签订，为逐渐增大国内核电市场占有率奠定了基础。

HG—I 型 1E 级电气贯穿件的成功研制，不仅打破了国外垄断，实现了国产化，为核电自主化发展提供了重要硬件支撑；更重要的是，它是高新技术领域又一自主创新重大技术成果，全面展示了核动力院在核电技术领域的自主创新能力。

自 2003 年至 2008 年的 5 年时间内，中国核动力院依靠自身实力锐意创新，不但实现了核电关键设备电气贯穿件国产化的从无到有，而且实现了赶超式跨越发展，为我国核电自主化发展提供了有力的硬件支撑。先后申报了专利 10 余项，获专利授权 8 项。法国专家在参与技术交流后，对核动力院自主研发的电气贯穿件竖起了大拇指，说："看到如今的你们，我们再也没有更多更好的建议可供提出参考了。"

日本福岛核事故后，国内核电发展进入了一个调整期，未来再建核电厂将以 ACP1000、AP1000 等三代核电机组为主要发展方向。

而核动力院现有电气贯穿件产品已无法满足 ACP1000 双层安全壳结构的接口条件以及更严酷事故环境条件下的安全运行要求。因此，核动力院认为适时开展 ACP1000 电气贯穿件产品的研制工作对稳定核动力院电气贯穿件产品生产线以及扩大国际市场占有率均具有重大的现实意义；同时也有助于中国核电"走出去"战略的顺利实施，对中国实现从核电大国到核电强国的跨越必将产生深远的意义。

2011 年 9 月，核动力院申报的 ACP1000 电气贯穿件研制项目作为中核集团重大专项子课题获批立项。该项目研制目标是：在核动力院现有成熟的、能够满足二代及二代改进型压水堆核电站要求的电气贯穿件产品基础上，针对 ACP1000 核电厂双安全壳结构、总体性能要求、严重事故工况等条件对线缆贯穿的具体要求，进行电气贯穿件产品的结构改进、工程样机制造及鉴定，完成各种类型和规格的电气贯穿件设计和制造工艺的定型，形成适用于 ACP1000 电气贯穿件的专有设计和制造技术，为我国 ACP1000 的自主化打下坚实的基础。

项目批准立项的初期，由于 ACP1000 的系统设计深度不够，该项目设计规格书的很多参数一直没有最终确定，项目一度处于停滞状态。设计组为了尽早启动贯穿件的研发工作，在当时仅有少量设计输入参数条件下，由课题负责人王广金及团队成员周天、陈青等带领，设计人员查阅了大量的包括EPR、AP1000核电厂在内的具有三代特征的核电厂用电气贯穿件的设计输入资料，由于这些资料非常零散，且均是英文文献，项目组立即组织专人利用晚上和周末的时间对零散的文献资料进行翻译整理。在众多的文献资料当中寻找需要的参数，犹如大海捞针一般。即使这样，科技工作者也丝毫不愿放弃，每天工作到晚上10点多，就是为了不遗漏任何一个有价值的信息和参数，影响今后的产品设计及试验鉴定。最后，在上百份文献资料当中，他们收集到了非常重要的可供参考的电气贯穿件设计技术参数和鉴定试验要求，为后来确定ACP1000电气贯穿件技术规格书奠定了基础，为项目研发扫清了障碍。

然而，后续的研发也并非一帆风顺，特别是光纤电气贯穿件的研发更是波折不断。光纤电气贯穿件作为ACP1000电气贯穿件所必需的一种新型电气贯穿件类型，在国内外的研究中还处于空白。在一次深圳召开的光博会上，一位享受国务院津贴的光电通信领域的资深专家表示，要实现核电厂工况下光纤对气体的自密封性能，需要开展专项的科研攻关，所需经费将不少于500万元，由此可见，光纤电气贯穿件的研制难度不小。

光纤电气贯穿件完全不同于以往所研制的电导体电气贯穿件，它依据光纤通信原理，采用自密封技术实现光纤导体组件的结构设计及制造工艺定型。这就要求从事该项技术攻关的科技工作者掌握光纤通信、光纤光缆等相关的专业知识。有着“梦之队”名号的电气贯穿件设计组，不畏艰难困苦，在短时间内消化了光纤通信、光纤光缆、光纤传感原理等领域的专业知识，结合核动力院现有成型设备，制订了一套研制方案。从最开始的原理探索到部件的结构设计，再到随后的成型工艺优化，无不体现着科研工作者的执着与创新精神。

由于光纤的特性，在原理摸索过程中，总是发生光纤脆断，原因分析也比较困难。同时，由于当时的测试设备和手段非常有限，测试需要光纤器件厂家的外协，科研工作者几十次将试验件带到成都的各类光纤器件生产厂家进行测试分析，查找脆断的部位和原因。经过这个阶段，科研工作者积累了宝贵的光纤光缆相关的专业技术经验，为后续光纤电气贯穿件的成功研制奠定了基础。

后来，研发人员在连续均衡挤压成型工艺的基础上实现了光纤电气贯穿件的自密封技术，由于当时该项技术还没有经过试验的验证，技术成熟度较低，为了控制项目风险，项目组决定并行开展不同于上述技术的第二种结构形式的光纤导体组件的研制。任务确定了，可是接连好几个月都没有想出解决该任务的技术方案。直到有一天，年轻的科技工作者陈青在紧张工作后的睡梦中突然联想到铠装热电偶的封装工艺及光纤连接器制作过程中采用的固化工艺，并据此想到了一种光纤在毛细管中的封装方案，后来经过多次工艺试验验证，证明该方案的可行性。该方案也成了核动力院 ACP1000 核光纤电气贯穿件的另外一种结构形式的产品。

光纤对核辐射极其敏感，在不同辐照剂量率及总剂量条件下，光纤光学损耗的表现也极其复杂。研发人员为了摸索光纤损耗和辐照剂量的关系，冒着自身被辐照的危险，在核动力院一所辐照大厅采用在线测试的方式通宵工作，连续记录下了光纤在不同辐照剂量下的光学性能检测数据，为制定 ACP1000 电气贯穿件鉴定试验大纲及光纤电气贯穿件的材料筛选方案提供了宝贵的试验数据，为后续项目的成功研制奠定了坚实的基础。

研发团队并没有停下脚步，在满足新堆型各类动力信号传输需求、更高安全可靠性的运行要求和更严苛复杂的环境条件后，团队突破新型导体组件、关键核心部件、隔热及生物屏蔽要求的技术壁垒，陆续完成了三代、四代核电厂、工程试验堆及退役核设施用全系列化电气贯穿件产品的研制，尤其是率先成功研制出具有完全自主知识产权的华龙一号和“山东石岛湾核电厂高温气冷堆核电站示范工程”的核电厂电气贯穿件产品，为国内外首创，填补了国内外多项技术空白。

华龙一号电气贯穿件成功研制、产业化推广应用及首批次交货，突破了国内外在该领域中关键结构、关键材料及制造工艺等方面的技术瓶颈，填补了国内自主三代核电厂电气贯穿件研究领域的空白，依托核电“走出去”战略为我国多机型、全方位参与国际核电市场的竞争奠定了坚实基础，提升了我国装备制造业在国际上的影响力，具有巨大的社会效益和经济效益。

研发团队在自主创新的道路上奋进了十八载，从对贯穿件的了解只停留在概念的理解上，到彻底掌握三代甚至是四代堆型的电气贯穿件研发制造技术。那些当年意气风发的科研人员，如今已两鬓斑白，那之后，有些人离开了科研岗位，有些则成了行业内的翘楚，回顾这十八年艰辛的研发路程，带不走的是他们曾激扬闪耀的风采。

第六节　龙　弋

潜龙在渊，一飞冲天。

华龙得以在广袤的海天之间游弋，离不开可靠的专业仪控系统，即全称三代核电棒控棒位系统的龙弋系统。

它主要用于实现控制棒在反应堆中的提升、插入和保持，同时测量控制棒束在堆芯中的实际位置，其之于核电站的安全、经济和可靠运行而言重要性不言而喻。

若将华龙一号视作一个强健有力的成年人，棒控棒位系统就是他心脏上的一枚开关，新研发的龙弋系统旨在利用更智能、更高效、更方便的技术保证华龙心脏的高可靠运行，助力华龙更高更远地腾飞。历经一年半的科研攻关，龙弋在国际上首次实现了全数字化、全范围自动故障诊断和参数智能整定，为华龙一号核电厂的安全可靠运行提供了有力支持，同时也为国家“一带一路”建设重点打造项目的海外推广应用、提升华龙一号的经济性作出了积极贡献，具有显著的社会效益。

龙弋的面世经历了漫长的孕育历史。20 世纪 90 年代初，核动力院依托于秦山核电二期工程，通过 4 年多科研攻关，打破了国外企业 60 万千瓦级核电站棒控棒位系统设备的技术封锁，实现了自主设计；2006 年在 60 万千瓦级核电站设备研发的基础之上，研发团队进一步攻坚克难，研制出了适用于百万千瓦级核电站的棒控棒位系统设备，达到了国际同等技术水平。

进入 21 世纪，在“积极发展核电”方针指引下，中国核电进入第三轮发展。然而现在市面上的所有棒控棒位系统设备均是按照二代核电进行设计的，最新的产品距今也有 10 余年的时间了。随着核电仪控技术的不断发展，适用于棒控棒位系统设备的新器件、新技术不断出现、发展和成熟。如不及时对设备进行换代升级，棒控棒位系统设备将成为华龙一号核电运行的一块短板。为此，核动力院制定了“研制具有国际先进水平的三代核电棒控棒位系统设备”的目标，以满足三代核电——华龙一号工程的建设需求。为了满足这个目标，2016 年，作为参与并领导了国产一、二代棒控棒位系统设备科研的领军人物黄可东，主动申请挑大梁，成立了新的研发团队，带头突击系统新技术新产品。

黄可东作为三代核电棒控棒位系统设备科研工作者的“领头羊”，在项目初始启动阶段，就对国内外棒控棒位系统设备的技术、方案和运行经验反馈进行了广泛的对比和调研。在充分了解内外部情况后，黄可东总结出：系统参数易漂移、电流可控精度低、采集数据干扰大以及工厂调试参数与现场严重不匹配，是棒控棒位系统研发前进路上的四大“拦路虎”。以参数易漂移为例，现有的核电站中不论是国外设备还是国产设备均无法很好地解决该问题。由于参数容易随着设备老化、温度压力等变化而变动，为了满足系统运行要求，核电站均需要在每次大修时花大量的人力和物力来手动调整测量参数。但是这些参数却并不能轻易调试出合适的值，每调试一次，就需要将控制棒束从堆底到堆顶进行一次全行程动棒运行，甚至每一根控制棒束都可能对应着不同的参数，如此往复，调试一次需耗费大量的时间。最严重的情况是在福清 3 号机组的一次大修中，仅棒位参数调试这一项任务就占用了主线时间 15 个昼夜，严重影响了核电厂的经济效益。

将国内外棒控棒位系统设备共有的技术的缺陷和短板摸清后，黄可东和团队成员立刻开展了多项关键技术的攻关工作。没有参考、没有借鉴是项目科技攻关工作中的“盲点”，为了实现技术的突破，黄可东只能带领着团队成员们摸着先进仪控技术发展脉络这个“石头”过河。这条河一摸就是一整年，在这一年里，团队成员们每日在办公室、会议室中梳理控制策略，剖析测量原理，碰撞各种思路，解决了成功路上的一个个“拦路虎”。科研攻关期间，“白加黑”、“5 加 2”是黄可东的工作常态，办公桌上堆积如山的公式推演稿纸，会议室黑板上密密麻麻的计算过程均承载了他们那段日子里的汗水与拼搏。

终于，通过一次次的计算、分析、仿真与试验，团队成功完成了三代核电棒控棒位系统设备科研。其中以棒位参数智能调节技术为例，仅利用控制棒束的一个动棒行程，便能够实现参数的自整定。这一发现大大激励了大家的攻关热情，该方法经过在龙弋系统设备上不断的调试，终于在 2017 年的夏天具备了上台架试验验证的条件。

为了验证该方法的可行性，龙弋系统设备需要配合驱动机构分别进行冷态和热态动棒试验。由于棒位参数整定算法是一个全新的方法，在过去从未

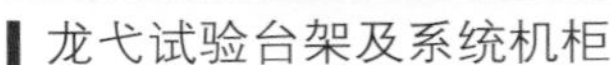
龙弋试验台架及系统机柜

有过，所以在这次试验中能不能一次验证通过，大家心里都很忐忑。夏天的台架炎热闷湿，为了进行长期的验证试验，团队里每个成员都经历了通宵达旦的煎熬，披星戴月的工作成了常态。终于，功夫不负有心人，冷态试验验证通过了！热态试验验证通过了！ 1500 步极限动棒试验也通过了！大家一年来的辛勤付出终于收获了令人欣喜的反馈！新的方法能够实现参数智能整定，使得核电站调试时间从 15 天缩短至 2 天以内!!

除了参数漂移的问题，龙弋科研团队还在多个维度开展技术攻关：研发了多模式自适应电流控制技术，使电流精度提高了 75%；研制了数字化动态补偿技术，使测量精度提高了 25%；研发了超低电压激励技术，使激励电压降低了 88%，设备温升降低了 15℃，可靠性提高一倍。

2018 年 4 月 12 日，由中国工程院院士叶奇蓁和孙玉发等核工业领头专家组成的鉴定委员会，批准了龙弋系统的成果鉴定。与会专家和核电投资方一致认为，该系统设备整体技术目前已处于国际领先水平，具备完全的自主知识产权。

从一开始打破国外企业的技术垄断，到与其分庭抗礼，再到如今的全面赶超，这背后汇聚了兢兢业业科研人的默默耕耘。他们用汗水与激情、勤劳与智慧铸就了今天的辉煌，以不忘初心的使命感为华龙一号的腾飞奋勇拼搏、砥砺奋进，为“中国梦”、“核电梦”的实现焚膏继晷。

回首龙弋研发路途的前世今生，一代又一代的棒控棒位系统研发团体用汗水和泪水铸就了我们今天的辉煌与光荣，用拼搏和奋斗托起了华龙的腾飞之路，用智慧和毅力为华龙一号走出国门，走向世界保驾护航。

第七节　搞定乏燃料

核燃料循环是安全健康发展核电不可忽视的一个环节。

▍华龙一号专用硼铝格架

随着我国核电的不断发展，高放射性乏燃料产生量日益增加，目前秦山核电、田湾核电以及岭澳核电在堆贮存的乏燃料水池已经接近满容而乏燃料的产生量和累计量还将继续呈现快速上涨的趋势，根据国家核电的发展规划，到2020年核电的总装机容量将达到5800万千瓦，这意味着2020年以后每年将卸出逾千吨的乏燃料。预计2025年乏燃料累计总量将达1.4万余吨。因此，大力发展乏燃料后处理产业，积极建设乏燃料中间的存储能力，解决乏燃料离堆和贮存问题，已经迫在眉睫。

自20世纪60年代以来，碳化硼铝材料在美国等国超过百余座的压水堆和沸水堆的乏燃料贮运系统中得到广泛应用。长期的应用经验表明碳化硼铝复合材料的使用性能良好且稳定、可靠，美国西屋公司也将碳化硼铝中子吸收材料选作AP1000的乏燃料贮存水池的中子吸收材料。基于此，国内新建电站大部分也都选用这种材料作为中子吸收材料，但苦于我国没有先进中子吸收材料的制造技术，加之国际贸易中存在的不平等条款，即便是具有乏燃料贮存格架和运输容器的制造技术，我国目前大量的乏燃料密集贮运系统仍然采用全套进口模式。

随着三代技术的引进，乏燃料贮运系统的设计技术迅速发展，但关键的中子吸收材料仍然受制于人，不能实现乏燃料贮运系统的完全国产化，大大地限制了我国核电技术走出国门。因此，研制硼铝中子吸收材料，掌握其工程化制造技术，实现硼铝板材生产供货的国产化，打破国外在该材料领域的垄断和封锁，对我国核电事业的发展及核电技术走出国门具有十分重要的社会和经济意义。

为打破国外对碳化硼铝中子吸收材料制造技术的垄断和封锁，中国核动力研究设计院自筹经费，开启了碳化硼铝中子吸收材料研发的漫漫“长征路”。但所有人都没有预料到这个过程会是如此的艰难，以至于回首这段经历的时候，颇有“十年一觉扬州梦”的感慨。

“起初我们是没有项目资金支援的，全靠所里批下来的几万块钱，经费十分有限，项目本身也不被外界看好，所以很多人都看不到出路，只有硬着头皮上。”团队成员李刚博士回顾时感叹道。

抱着破釜沉舟的决心，研发团队在进行了调研工作准备后，结合国外材料制备的技术现状、核动力院的技术基础以及乏燃料水池对中子吸收材料的要求，选择采用粉末冶金加热塑性复合轧制的技术路线，开始了粉末冶金制备碳化硼铝材料的实验室研究。

幸运女神起初并没有眷顾他们，反倒是给了他们当头一棒——团队做出来的第一块实验室小板完全没有达到预期，成员们突然认识到，即使项目开始之前就有充分的准备，也不是事事都能一帆风顺。整个团队都陷入了焦躁不安的情绪旋涡中，觉得无颜面对江东父老，因为好不容易筹集的几万块钱项目经费，在一开始就有一大笔钱打了水漂，能不让人着急吗？

他们也不知道这个过程需要多久，会经历什么。痛定思痛，团队很快调整状态，吸取教训、总结经验，又是无数个不眠之夜，挑灯夜战成了常态，在众人夜以继日的钻研下，很快突破了混料、成型、小板材的热复合轧制等关键技术，转入工艺放大研究。但随着技术放大，混料批次放大带来的碳化硼分布均匀性问题、材料脆性带来大尺寸坯料成型问题、加工过程宽幅板面开裂等材料制备新问题也开始陆续出现。

在工艺过程中，重点是形成工程尺寸板材的稳定制备技术。在实验室阶段，由于板材的面积相对较小，许多问题不会呈现，只能对制备路线的可行性进行验证，得到基础工艺参数。工程化阶段的板材尺寸放大十几倍，会带来一系列的困难，与实验室阶段的技术相比有着本质的区别。

但整个研发团队越挫越勇，团队成员冒着38℃高温的酷暑展开头脑风暴，在反复的实验和讨论中寻找解决材料制备问题的方法，采用逐步放大、逐步解决、逐步达到要求的技术途径的解决办法，通过碳化硼颗粒均匀分布控制技术解决了颗粒团聚、分布不均匀的问题，控制工艺步骤实现了近理论密度板材制备，引入边框防开裂轧制技术，解决了板面开裂、板型形状不规整等问题，全面掌握了工程化过程中碳化硼均匀、近理论密度和结构完整三大核心关键技术。

在工艺放大研究得以成功的基础上，研发团队来不及庆祝，因为他们知道还有很多未知在等待着他们，所以又马不停蹄地开始工艺参数优化研究。历经挫折，团队最终实现了工艺参数固化、工程化制备路线固化和性能综合评价研究，具备了工程尺寸板材的稳定制备技术。

“近十年的付出，现在看硼铝材料就像看我们自己的小孩一样，当它长大成人开始发光发热的时候，我们除了欣慰，也感到自豪。”团队成员吴松龄感慨地说道，“我现在也记不清中间吃了多少苦，毕竟科研本来就不是一个能顺风顺水的过程，我们只知道一个劲地等靠要是不可能的，所以全都靠自己，至于加班都是小事……我们项目的两个负责人刘晓珍老师和孙长龙老师经常会因为生产工艺和技术方面的分歧争得面红耳赤，我们团队成员也会因为一些问题产生争执，所以吵架什么的都是家常便饭了，现在想想还是觉得挺有意思的。”

但也正是这种襟怀坦荡的研发氛围，才让整个团队的凝聚力越来越强，不断突破一个又一个的技术难题，不断创新，最终才能实现预期目标。

根据项目技术总结，碳化硼铝中子吸收材料研发过程实现了四大技术创新。一是凭借原材料控制技术、碳化硼颗粒预处理和多向立体混料技术，突破陶瓷碳化硼颗粒与铝颗粒浸润性差的问题，解决了铝颗粒的团聚问题，掌握了碳化硼颗粒均匀分布控制技术。二是依靠坯料成型技术、防开裂技术和通过缩短工艺流程，掌握了宽幅面板材工业化制备技术。三是凭借全自动循环转向连续热轧制系统、大尺寸低塑性薄板转向送料系统及自动控制和在线质量诊断技术，建立了先进的大尺寸低塑性薄板生产线，解决了低塑性大尺寸薄板批量生产中各工序间的连接和材料易损问题，提高成品率和生产效率。四是在国内数据一穷二白、国外技术保密的情况下，依托中国核动力研究院强大科研平台和借鉴生产燃料和材料评价经验，依靠全套的材料性能评价方法，并掌握加速腐蚀试验数据和加速辐照试验数据，建立了针对硼铝材料的完整性能评价体系和应用性能数据。

通过全面的性能评价，团队研发硼铝材料的性能与国外同类先进材料性能已旗鼓相当，并且部分指标还优于国外同类产品，特别是碳化硼颗粒的分布均匀性明显优于国外指标，且材料可耐受更高剂量辐照环境的考验。

2014 年 11 月，由中国核能行业协会鉴定："该研究成果可直接应用于工业化生产。研究成果国内领先，达到国际先进水平。"通过了新产品技术鉴定。2017 年 3 月，由中国核动力院和江苏海龙核科技股份有限公司联合完成的碳化硼铝中子吸收板通过中国核能行业协会产品鉴定，被认为"该项成果达到了国际先进水平，部分指标优于国外同类产品，具有显著的经济效益、社会效益和应用推广前景"。

2015 年，中国核动力研究设计院确定江苏海龙核科技股份有限公司为碳化硼铝材料的产业化转化基地，项目从研发转入全面的技术转化工作。为保证新生产线能满足要求，团队成员从生产线设计到设备选型都全身心投入，全面参与了设备安装和调试，主导完成了工艺条件在新设备上的技术适应。

2017 年 2 月，全面完成了材料制备、性能检测和质量管理等多方面的技术转化工作，新生产线成功制备出满足核电需求的碳化硼铝中子吸收板材。至此，年产 150 吨碳化硼铝专用生产线建成。2017 年 3 月专用生产线新产品顺利通过产品鉴定，中国核电工程公司、上海核工程研究设计院、秦山核电厂、田湾核电厂等多家核电设计单位和潜在应用单位参加了鉴定会，标志着碳化硼铝板材研制技术成功完成了产业化转化。

2017 年 5 月，秦山水池改造项目用碳化硼铝板材生产完成首件鉴定，正式投产，全面转向工程应用生产；2018 年 2 月，秦山 3 号、4 号机组乏燃料水池格架装载着硼铝中子吸收材料正式出厂。

不仅如此，团队还完成了田湾 5 号和 6 号机组乏燃料贮存格架与福清 6 号机组新燃料、乏燃料贮存格架碳化硼铝板供货生产。

核动力院四所反应堆燃料及材料重点实验室拥有丰富的核能工程研发技术经验和材料设计、研发、制造、辐照、检验及性能评价的完整闭环体系，责无旁贷地承担起了实现碳化硼铝中子吸收材料研制技术的国产化的责任。凭借多年以来燃料及材料研发的技术积累，研发团队历时 8 年，经历 4 个研发阶段，突破了多个技术难点，最终实现了碳化硼铝中子吸收材料的国产供货，为我国核电乏燃料后处理提供了完美的解决方案，更解决了华龙一号加速发展的后顾之忧。

碳化硼铝中子吸收材料的成功研制打破了国外对先进中子吸收材料的垄断，解决了中国核电急需的关键材料长期依赖进口的问题，从而实现了我国乏燃料贮运系统的完全国产化，满足了国家加快核电发展的重大战略需求，提升了我国核电产业技术创新能力和核心竞争力，提高了我国中子吸收领域的整体技术水平，而且为华龙一号走出国门提供了重要条件保障。

十年磨一剑。在这支以专家为导师、博士领军、青年骨干和在读研究生结合的创新研发团队艰苦卓绝的努力下，我国最终掌握了完全自主知识产权的乏燃料密集贮运用碳化硼铝中子吸收材料研制技术，实现了碳化硼铝中子吸收材料的国产化，解决了我国核燃料贮运关键材料依赖进口的问题。

回首往事，酸甜苦辣均历历在目，这些使团队成长的波澜曲折终将融入他们人生每一份细微的段落里，难以察觉但一直存在。对他们而言，如今的成就尚不足以让他们止步于此，只因他们同一代代的核工业人一样秉持着坚定的信仰，脚踏实地，去探索更多的可能，并满怀敬畏、满怀期待。

遥望前路，有荆棘，亦有凯歌。

第八节　稳　压

稳压器安全阀，是反应堆一回路系统压力保护核心部件，为华龙一号寿命期内安全、高效运行保驾护航，它的主要功能是对一回路系统起到超压保护作用。当一回路系统发生异常情况时，系统压力上升到稳压器安全阀的开启整定压力值时，安全阀自动开启，排放稳压器上部蒸汽，从而使系统泄压。当系统压力降低到稳压器安全阀的回座压力时，稳压器安全阀又会自动关闭。

华龙一号项目前期，稳压器安全阀主要依靠国外进口，由于国外供货商垄断以及国外出口的限制，国内迫切需要自行研发稳压器安全阀，从而实现全面技术自主可控。为了摆脱被国外供应商“牵着鼻子走”的现状，核动力院充分发挥自主创新、勇攀高峰的优良传统，于2012年8月与上海阀门厂签署了弹簧式稳压器安全阀研制协议，组成核动力院、中原公司、上海阀门制造厂三家联合的安全阀研制工作团队。

2014年5月30日，安全阀研制团队开展了稳压器安全阀设计评审会，会上，设计方案形成雏形。由于安全阀设计属国内首次研制，技术参数高、性能要求高，对研制团队是一个巨大的挑战。通过对阀门各个部件的结构设计进行反复分析、讨论、论证，历经3年时间后，安全阀设计方案最终尘埃

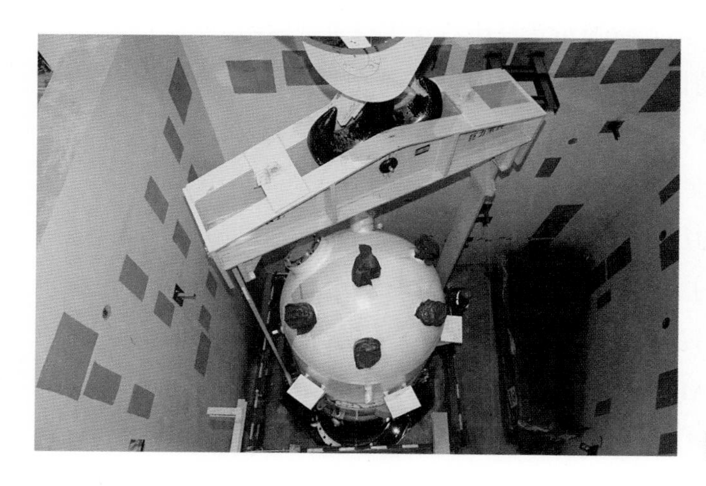

福清5号机组稳压机安装

落定，这占据了安全阀研制时间中的一半。安全阀设计方案确定后，接下来需要进一步攻克样机制造以及关键外购零部件的调研和论证等诸多困难，如弹簧、波纹管、位置指示器等。在弹簧式安全阀中，弹簧对阀门的整体性能影响最大，然而国内制造的弹簧稳定性较差，需要寻求稳定性更好、耐高温的弹簧。厂家反复调研、尝试、论证，最终确定采用德国 hanson 的弹簧。此刻，安全阀终于有了制作满足设计要求的完整样机的条件，而样机制作完成后，还需要通过老化试验、抗震鉴定试验以及热态性能试验等一系列的鉴定试验后才能称为合格的稳压器安全阀，也才能真正用于华龙一号。

2017 年 9 月，研制团队开展安全阀样机基准试验和鉴定试验。其中，在热态试验过程中，工作团队同心同德、群策群力，上午 7 点便点燃锅炉，使阀门与台架一起缓慢升温，由于升温时间长达 6—8 小时，试验开始时一般在下午 3 点左右，且每次试验阀门性能起跳次数都多达 10 余次，所以试验持续到后半夜便是家常便饭，尤其是在科研试验过程中，需要收集试验数据结果、分析原因、研究措施等，研制团队每一位技术人员都处于忘我的工作状态，第一天热态试验，第二天紧接着阀门设备缓冷并拆卸，分析原因后继续研磨装配，第三天再接着试验。经过核动力院、中原公司、上海阀门制造厂的反复测试和试验，在历时一年多的实践后，稳压器安全阀最终于 2018 年 4 月通过了所有鉴定试验，并全面通过了中国机械工业联合会组织的科学技术成果鉴定，标志着弹簧式稳压器安全阀研制成功。

在这长达 6 年的漫长研制过程中，国内涌现了一大批敢于创新、追求卓越的技术骨干，弹簧式安全阀技术也达到国际前列，在关键技术方面实现了自主创新，并开创了多个首次技术。

华龙一号弹簧式稳压器安全阀的成功研制，填补了国内百万千瓦核电站弹簧式稳压器安全阀的空白，打破了欧美在中国核电市场的垄断，实现了核电关键设备全面自主可控。该研制成果直接应用到了巴基斯坦 K2、K3 号核电项目中，同时也为 AP1000、CAP1400 等核电机组弹簧式稳压器安全阀的研制打下坚实的基础。

随着国家核电战略和“一带一路”不断深入实施，国内外核电站项目的建立和出口越来越多。在国内，“十三五”期间核电行业进入快速发展期。作为核电站重要的配套产品，稳压器安全阀也将迎来广阔的市场发展空间。

自主可控的弹簧式稳压器安全阀后续通过产品系列扩充，使稳压器安全阀朝标准化、系列化的方向发展；同时不断提高产品的制造工艺水平，实现制造智能化、规模化，进一步提高产品质量，降低产品成本，对未来完善和提高我国核电阀门装备制造业竞争能力具有十分重要的意义。

第九节　除氢防爆

2015 年 8 月 12 日，中国核动力研究设计院研制的非能动氢复合器成功中标华龙一号首堆——福清 5 号、6 号机组。标志着中国终于拥有自主知识产权的非能动氢复合器并成功应用于三代核电站。

非能动氢复合器，是安装在核电厂安全壳内，无须外部电源和操作，自动启动，使核电站严重事故工况下产生的氢气在低于可燃阈值和空气中的氧气发生化合反应生成水，并利用反应所产生的热量产生自然对流，保持反应持续的安全设备装置。简言之，其最主要的作用就是将氢气化为水，以免氢气发生爆炸。

作为核电厂安全壳内重要的专用安全设备，出于技术保密，国内核电站非能动氢复合器的研发和供货一直被法国阿海珐和中船重工 718 所垄断。

2011 年 3 月 12 日，日本福岛核电站发生 7 级核事故，核电机组相继发生氢爆，强烈的震感传播至 50 公里外，20 公里内的人躲进屋内避难，氢爆进一步加剧了核泄漏，在失去动力的情况下不得不进行近距离人工注水作业。扼腕叹息的同时，业界开始重新审视反应堆在多重极端事故条件下的安全问题。其中，“严重事故条件下氢气控制措施”成为最受关注的方向之一。

核动力院生产的非能动氢复合器

2011 年 7 月，核动力院二所六室的横向产品开发研讨会上，二所副所长赵海江分享了他在中国核工展的见闻和思考，提出将非能动氢复合器的自主研发作为六室开发核电市场的主要方向，确定开展二代改进型核电厂用非能动氢复合器的研制工作。六室组织全室精干力量成立专项攻关组，开始摸索技术路线。

非能动氢复合器研发的关键是催化板的研发，不但要满足反应堆安全壳内严重事故后的环境条件，还必须具有非能动条件下启动、启动温度低、消氢速率快、消氢时不发生爆炸、阻力小、自然循环能力强、耐冲击、耐腐蚀等一系列重要指标。

当时六室的研发队员大多是年轻人，且没有一个是催化剂专业出身。产品研发面临巨大风险和重重压力。他们往返于核电厂、高校、专业厂家间，搜寻资料，调研国内氢气合成以及消除催化剂研究的成果，到国内催化行业技术领头的单位学习。随着调研的深入，才发觉一切都要从零开始，低温常压条件下非能动消氢技术，还得依靠自己。大伙只能硬着头皮，本着笨鸟先飞的心态，学习、调研、交流、消化。先从理论开始，广泛调研国内外非能动氢复合器研发状况，学习消化氢气催化理论和虚心请教催化行业专家，并结合核电厂对该设备技术规格书的要求，制订研制方案，确定技术路线。由此，开始了非能动氢复合器研发的第一步。

在解决催化剂涂覆技术这个最关键的难题中，经过无数次反复摸索、试验、改进，最终大幅提高了催化剂与基材的结合力，这一关键性能超过了国外同类产品。此项技术，也是核动力院非能动氢复合器的最大技术特点，并成功申请了发明专利。

在第一次消氢试验时，由于现场试验人员欠缺相关经验，致使试验期间发生了一个微小的误操作，也正是这个误操作，导致氢气流速过快从而发生了爆炸，使得连接管路的一个小三通被炸得粉碎，在场试验人员都吓呆了，这是他们第一次近距离感受氢气爆炸的威力和难以驯服的“脾气”。这次试验给研发组成员在安全上敲响了警钟，从此大家在有关氢气的试验上更加小心，更全面地准备和采取相应的安全措施。

2011 年 8 月，课题组组长王宏庆带领研发人员集中在夹江基地开展试验装置安装调试以及试验。在基地，吃饭和住宿条件十分艰苦，仍旧保持着十余年前的模样，远离都市喧嚣。他们抛开一切干扰，把所有的注意力都集中到了试验上，为了赶时间，除了睡觉，全身心都扑在了工作中。

非能动氢复合器的启停阈值和消氢速率是最关键的技术指标。开展启停阈值试验时，反应容器中氢气浓度缓慢上升，1.3%、1.4%、1.5%、1.6%、1.7%……“切断氢气供应”，时间仿佛一瞬间凝固，所有的研发人员都屏住呼吸，注视着监控画面中的氢气浓度和温度值，10 秒、20 秒、30 秒，氢复合器出口温度开始上升，反应器内氢气浓度开始下降了，“非能动氢复合器启动了，满足要求！”大家悬着的心顿时落下。

消氢速率试验是试验难度最大、危险性最高的试验。随着反应容器中氢浓度缓慢上升至 3.0%，所有试验人员的心也跟着紧张起来。此时氢复合器开始工作，反应容器中的温度、压力也伴随升高。氢浓度又上升到 4.0%。会不会发生爆炸？如果爆炸会造成什么后果？在此之前，没有人开展过类似试验，试验后续会如何发展谁也无法预测。尽管已采取了各种安全措施，试验负责人和现场人员仍克制不住内心极度紧张的情绪，随着时间的流逝，反应容器中氢气浓度、氧气浓度、压力、温度等参数逐渐稳定下来，试验顺利达到了预期设计效果，获得了非能动氢复合器的消氢速率，大家的情绪才慢慢平复下来。

氢复合器催化板安装现场

2011 年 12 月 23 日，核动力院自主研发的“PARQX 核电厂非能动氢复合器”在成都通过产品鉴定。专家评审组组长、中国工程院院士叶奇蓁宣布：“核电厂非能动氢复合器的研制成功，对提高核电站应对严重事故能力具有重大意义。鉴定委员会一致同意该项目通过鉴定！”话音刚落，会场响起经久不息的掌声。次年，该项研发成果也被评为中核集团科技进步奖二等奖以及中国核工业集团2012年十大创新性成果之一。

但他们研发的脚步并没有就因此而停下，为满足三代核电对非能动氢复合器提出的新要求，二所相关技术人员早就开始了相应的准备工作，相继开展了连续15天稳定消氢试验、高温高浓度蒸汽条件下消氢试验等诸多非能动氢复合器性能鉴定试验，为应用于华龙一号奠定了充分的技术基础。

在核动力院二所相关领导与技术人员的共同努力下，其生产的非能动氢复合器全面满足技术规格书要求，于2015年8月12日成功中标。福清5号、6号华龙一号机组非能动氢复合器供货项目的成功中标，标志着核动力院自主研发的非能动氢复合器成功跻身三代核电行列，为中国完全自主的非能动氢复合器在三代核电的进一步推广应用奠定了坚实的基础。

2017年3月14日，福清5号机组非能动氢复合器顺利通过出厂验收，2017年11月9日，福清6号机组非能动氢复合器供货项目顺利通过出厂验收，成为核动力院首批向华龙一号供货的核电产品。

第十节　抓住“漏网之鱼”

关于核电厂的辐射防护，主要就是做好两件事情：一是把放射性核素封闭好，二是把放射性射线屏蔽好。

核电厂辐射防护射线最大的特点是，堆芯会释放大量中子，而中子是不带电的中性粒子，是最难屏蔽的射线。另外，这些中子会与结构材料发生活化反应，反应产生的放射性核素还会在停堆后继续伤害接近它们的工作人员。为阻止中子对人员、设备的伤害，在核电厂中都会为反应堆做一套厚厚的混凝土罩子，把侧部的中子牢牢地挡住。然而，核电厂反应堆是个超热的系统，为阻止反应堆的热量向周围传递，工作人员设置了一套保温层设备，保温层是阻挡热量传递的，使用的是非常轻量的材料或结构，对中子屏蔽来说简直和空气一样毫无价值，为了保护反应堆外的各种设备仪表不被高温破坏，还需要在这些设备仪表周围进行通风，而这些通风路径，对屏蔽设计来说，就只剩下空气。所以反应堆和它周围的混凝土罩子并不是完全贴合的，存在一层气隙，中子会沿着这些气隙，像气流一样输运，突破混凝土罩子的封锁，屏蔽设计人员称它们为中子辐射漏束。在二代核电反应堆 M310 中，彻底放弃了对这些漏束的屏蔽。到了三代核电，设计人员发现，如果能在反应堆运行时到达这些地方，会有很多的好处：比如一部分操作可以提前进行，从而减少停堆换料的间隔时间，要知道，运行的核电厂是个会“下金蛋”的“母鸡”，核电厂换料大修节省一小段时间，也能产生大量的效益。所以，还是要想办法，防住它。

作为三代核电的华龙一号，怎么才能防住辐射漏束呢？屏蔽设计的两种重要方法是控制时间和距离或者直接屏蔽。控制时间和距离，那是二代核电反应堆的路子，不能用，只能考虑增加屏蔽措施了。在参考其他堆芯的做法后，设计人员发现，有的堆型设置简单粗暴，直接在反应堆水池表面盖上大大的盖子，屏蔽效果倒是不错，可是由于盖子尺寸过大，每次换料都要大费周章；有的堆型在压力容器接管上下位置找到了，可是位置所处环境又由于高温而过于恶劣，能布置屏蔽体的位置也太少，只能使用高含氢又耐高温的材料，风险极大，且这种材料目前尚无法国产。

屏蔽设计人员终于下定决心，从零出发，自己完成辐射漏束屏蔽设计。首先，他们要根据中子辐射漏束问题的特点建立全新的分析方法，经过调研，设计人员提出用结构网格方法漏束分析方法分析压力容器附近的中子输运。新的方法建立后，还需要验证，设计人员积极与核电厂进行联系，获得测量数据，建立相关模型，开展校算工作。指导分析结果与实测结果最终符合，漏束屏蔽设计方法才算建立起来。

有了设计方法，屏蔽设计人员终于可以开始进行屏蔽设计论证，屏蔽人员首先从设备、结构、土建等专业搜集图纸和数据，从通风、检修、安装等专业收集限制条件，召集不同专业的技术人员坐在一起讨论，反复认证，提出初步方案，先经过评价，再交由相关专业一起讨论。

万事开头难。其间大家提出的方案不断因各种原因被否定，有的是因为材料耐温性能不满足要求，有的是因为通风通道横截面积不满足要求，又有的因为屏蔽体无法找到支承，以及安装间隙控制参数无法满足要求。好不容易形成了一个各专业认可的方案，在上报上级后，上级又提出了一定要求，比如便于维修这一新的设计要求（后来的其他核电建设经验表明，这一建议是非常合理的），基于此，方案又必须推倒重来。面对不断出现的新问题，年轻的设计人员们没有气馁、没有放弃，而是勇于面对困难，继续沉下心来开展工作，仔细分析各方面的要求，寻找可能的方案。经过反反复复不下 10 次的多专业协调，华龙一号提出了全新的、不同于其他堆型的中子辐射漏束屏蔽设计方案，在向上漏束屏蔽设计中，华龙一号首次提出了将屏蔽组件置于压力容器顶盖保温层的方案，在下部漏束的屏蔽中，华龙一号首次提出了将堆底通道设计成迷宫加敷设墙的结构。

当所有人都在为问题被及时解决而长舒一口气时，安全分析专业人员又提出新挑战，那便是不能在屏蔽体中使用碳化硼砂，因为事故条件下，颗粒结构可能会堵塞地坑，形成隐患。于是设计人员再次与设备制造厂联系，讨论和研究烧结碳化硼的制备和加工工艺，烧结块的贯穿缝问题，几经周折后，所有问题被逐一攻破。华龙一号的中子辐射漏束屏蔽问题，终于圆满解决。

伴随华龙一号的深化设计，反应堆辐射防护设计团队与华龙一号休戚与共，共同成长，不断加深对反应堆辐射防护工作的理解，中子辐射漏束的屏蔽设计工作，只是这其中一个细小的缩影。经过了华龙一号的设计工作，反应堆辐射防护设计团队更加自信，在今后的设计过程中，反应堆辐射防护设计中，提出了更多更好的“中国”方案，不断优化了华龙一号及后续衍生型号核电厂的辐射防护工作。

第十一节 巨 车

2012年初，来自中国核电工程公司的消息，华龙一号正处在核岛厂房设计中，需要将核岛主设备（反应堆压力容器、蒸汽发生器、稳压器等）在核岛厂房20米平台上的运输通道（后来该运输通道的标高修改为16.5米）规划为弯道，也就是说反应堆压力容器、蒸汽发生器和稳压器等这些重达几百吨、长达几十米的主设备，要在短短的52米运输路径上完成30度转弯，然后才能进到反应堆厂房中就位。听到这个消息，作为核动力院设计所二室换料工艺及专用设备组（202组）华龙一号项目的负责人杨其辉的内心是震惊的，因为她深知这种土建结构的变化对主设备吊装运输工具的设计影响有多么巨大。

福清5号、6号核电工程是首个采用华龙一号堆型的项目，由于主设备外形结构尺寸以及核岛厂房土建布置的变化，对很多工具的设计都有很大的影响，如反应堆厂房布置导致主设备吊装运输用的轨道由以往的单一直轨变成了“直轨—弯轨—直轨”组合，主设备经设备闸门进入反应堆厂房后，可用于主设备翻转的区域变小等。

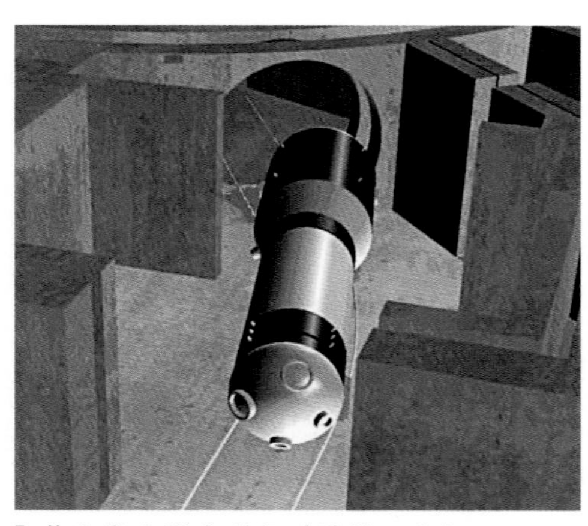

▍蒸汽发生器弯道行驶路线及空间

福清5号、6号核电工程启动后，202组的每一个人都参与到项目中，并出色地完成了各自承担的工作，解决了一个个技术难题，这其中尤以重载车研制为典型。

重载车是为了华龙一号堆型主设备吊装运输工作的顺利实施，满足最大长度为21.115米、最大重量超过350吨的主设备在狭小的场地完成直轨段和弯轨段的运输，并进入内径为8.0米的设备闸门的关键设备，是华龙一号核岛主设备转运至反应堆厂房的关键设备。同时，研制出具有完全自主知识产权的核岛主设备转运装置，也是为华龙一号走出国门扫除障碍。

为了保证华龙一号堆型主设备引入运输工作的顺利实施，核动力院设计所提出将主设备弯道运输用重载车及驱动装置列入关键设备研制计划。

2014年4月，中核集团下达了“龙腾2020”科技创新计划核心能力提升项目“华龙一号关键设备研制”研究任务书的通知，22项关键设备研制中就包括了“主设备弯道运输用重载车及驱动装置”，重载车的研制正式开始。

课题组的主要研究人员杨其辉和穆伟在任务下来后立即进行着手开展工程样机的设计，他们首先进行了充分的方案论证，在相当长一段时间，两个人不仅上班时间脑袋想着重载车各种问题，下班后脑袋里也仍是重载车，以至于第二天上班时的常态就是交流昨晚又思考了什么问题，哪个方案改成什么更好，哪个结构怎样可以更完善。此时，瓮松峰、谭宏伟也于详细设计时加入设计团队，分别对液压驱动和电气控制系统、液压缸步进机构进行了设计。主管主任余志伟和总工钟元章对项目设计文件进行技术把关。不到半年时间，研制团队便群策群力完成了详细设计。

整个主设备弯道运输用重载车及驱动装置由重载车车体、导向轨、液压缸步进机构、液压驱动和电气控制系统等部分组成。根据主设备引入线路，导向轨采用两条并排的“直轨—弯轨—直轨”的轨道形式，称为内轨和外轨，其中弯轨部分内轨和外轨的轨道中心间距固定不变。重载车车体由前、后两个车架组成，承载主设备沿导向轨行驶，且车架之间的距离可根据所运输设备的不同进行调整。

样机设计完成后，核动力院选择大连华锐重工集团进行样机制造及试验。

2015年12月，进行首次空载（配重框架重50吨）试验，重载车采用滚动方式行走。

▌空载试验（图中配重框架重50吨，即负载50吨试验）

▌2017年11月28日，5号机组首台蒸汽发生器顺利吊入设备房间

随后又进行不同前后车距、不同载荷条件的多种试验，试验过程中先后出现导向轮异响、前后车架偏转不同步、液压缸缸身上翘等多种问题，设计人员逐一进行了完善和解决。在寒冷的冬天，每次试验都把他们冻僵，但他们早习以为常，无暇顾及身体承受的痛感，专心观察试验状态，及时发现问题所在并思考出最优的解决方案。

2016年6月6日，采用加强的导向轮和高强度低摩擦滑动摩擦行走结构进行滑动行走试验，首先进行了200吨载荷试验，通过后进行满载和超载的载荷试验，试验状况良好，运行平稳。

样机经多次试验证实，采用滑动行驶方式，配合高强度导向轮及改进后

▌2018 年 1 月 7 日，5 号机组第三台蒸汽发生器顺利吊装就位

▌525 吨载荷试车（图中配重框架及其上堆放配重为负载）

的液压缸步进机构，可以可靠进行 525 吨载荷的平稳运输，重载车定型这一技术难点成功突破！

他们研制的核岛主设备转运装置采用多项创新技术，性能先进，与国内外二代、三代压水堆核电站用的主设备转运装置相比，具有自适应轨道路径的技术特点，可适用于更加复杂的工况。

核岛主设备转运装置具有完全自主知识产权，达到国际先进水平，适用于重载荷、小空间等复杂工况，国内属于创新型产品，应用范围广，国际上处于领先水平。

基于“中核集团龙腾2020科技创新计划”研制的适用于重载荷大曲率小空间的核岛主设备转运装置样机，完成了5次525吨满载（超载）推拉试验，试验证明：主设备转运装置结构设计、电气控制系统设计、液压驱动系统设计满足要求。

样机随后成功应用于华龙一号全球首个示范堆——福清5号机组的主设备安装，2017年11月，该装置成功完成了福清5号机组首个主设备、蒸汽发生器的运输，目前已完成福清5号机组中三台蒸汽发生器（含工装总重395吨，长度21.1米）、压力容器筒体（管嘴处最大外轮廓直径6.9米）、稳压器等关键核岛主设备的转运。原拟采用其他方式运输的上部堆内构件、下部堆内构件、压力容器顶盖组件和压力容器支承等其他重型构件，也采用本转运装置运入反应堆厂房。该装置解决了重载荷大曲率小空间运输难题，可以推广应用其他类似核电堆型以及其他行业中狭小空间的重型设备的转运。

目前，该装置已出口至巴基斯坦K2、K3号核电项目，且在K2机组上也已经得到工程应用。

第十二节　稳定电源

控制棒驱动机构（CRDM）是核反应堆的主要控制环节，对核电站的安全及经济运行有着关键性作用。我国现有的压水堆核电站均采用电磁力提升的控制棒驱动机构，一座核电站的反应堆通常有几十套驱动机构。控制棒驱动机构采用独立的电源系统即控制棒驱动机构电源系统（简称“棒电源系统”，英文简写RRS）供电，其任务就是确保给CRDM供电。棒电源系统置于安全壳外工作，其特点是在反应堆整个运行期间不间断运行，因此对其工作稳定性、长期运行可靠性、良好的动态响应性能以及维修管理都有着非常高的要求。

以前我国在役以及在建核电站除了秦山一期以及由我国援建的恰希玛一期核电站棒电源是由国内厂家进行供货以外，其余的核电站棒电源系统均由国外供货商供货。也就是说，国内棒电源系统的供货由某国外供货商垄断供货，采购成本日益高涨，合同谈判异常艰难。因此，棒电源系统的国产化已经迫在眉睫，该项目的实施可以掌握棒电源系统设计、制造、试验以及调试的核心技术，打破国外公司在该系统的技术垄断，填补国内技术空白。

日本福岛核事故后，核安全被提升到一个新的高度，我国核电确定了发展安全性更好的三代先进压水堆的技术路线，这成了核动力院抢占第三代核电站设备供货市场的契机。为了抓住这次机会，控制棒驱动机构电源系统研发团队没有停止前进的脚步，历经 5 年的技术沉淀和供货经验积累，未雨绸缪地开始了三代核电站控制棒驱动机构电源系统设备供货的准备工作，准备在三代核电站控制棒驱动机构电源系统供货市场上抢得先机，占据有利形势。终于，功夫不负有心人，2015 年 12 月，华龙一号示范工程福清核电厂 5 号、6 号机组和巴基斯坦 K2、K3 机组 RRS 系统供货合同中标，标志着控制棒驱动机构电源系统研发团队在国内率先开始了基于三代堆型的控制棒驱动机构电源系统样机的研制工作。就此，RRS 系统样机研发团队正式成立。

2008 年底，二所主管民品的副所长赵海江敏锐地感觉到棒电源系统国产化的重要性，力排众议，决定成立以二所开发部张义东、万海生、张波、王琰和四室电测组何力、尹小龙、张前平、崔晨光为主要攻关人员的控制棒驱动机构电源系统国产化研制项目组，在国内率先确立了棒电源系统研制技术路线。

这支队伍在组建之初就确立了严谨务实、多谋善断的行事风格，一旦路线确定，立马说干就干。

2009 年 3 月，团队依据各人所长，兵分两路，朝着不同的方向展开调研。一路由何力带队，奔江苏、上海等地而去，调研当前国内电动机、发电机的技术状况；另一路由尹小龙、张前平领衔，赴大亚湾核电站，调研核电站现场控制棒驱动机构电源系统的使用运行情况。下车间，入厂房，放低身段，虚心求教，一番深入沟通、仔细了解后，两路人马合并各自的技术想法，完成了棒电源系统的技术方案设计和设备采购技术规格书的编制，同时确认了发电机组的供应商。

2009 年 4 月，项目组完成棒电源系统施工设计，同时开始棒电源系统工程样机的制造和试验准备工作。

2009 年 8 月，项目组完成工程样机的制造，开始进行样机在试验厂房的安装工作。所谓的“厂房”，其实是搭建在二所神仙树工作区楼间空地的一处临时板房，轻薄的板材构建的墙体与房顶，除了阻隔太阳的光芒和人的视线，似乎并无他用。8 月的试验厂房，室内温度高达 40 摄氏度，湿度多在 70% 以上徘徊，比起桑拿房温湿度的技术要求，厂房里的环境条件只多不少，多出来的一个因素就是夏季里无孔不入的蚊子！蚊子虽小，本领可不得了，30 多天的时间里，众多蚊子一路“相伴”不离不弃，一起见证了研制人员加班加点熬夜苦战，一起见证了试验样机安装到位准确完善。

2009 年 9 月，棒电源系统进入调试阶段。国产化的棒电源系统采用了全数字化的控制系统同时采用特殊绕组的无刷励磁发电机，这些技术均为国内首创，没有技术参照，软件代码完全自主设计，这为调试工作带来诸多新的挑战。也就是说，软件与硬件能否无缝契合在此一举。尹小龙、张前平、崔晨光三名同志负责控制系统硬件和软件的调试，为了解决某个问题，三位同志经常因专注而忘记吃饭，不吃不喝不眠不休，一晃，白天到了黑夜，再一晃，黑夜又到了白天。

然而，直到此时，万里长征才算走到一半。设备有了，还需设计一套与设备配套的有效的试验装置，还需要编制一套可行的试验方案对设备进行验证试验。为了保证负载与现场负载的一致性，何力、尹小龙等同志广泛查阅资料，计算负载特性，设计出了仿真度极高的负载装置。

试验对负载控制系统的要求高，要求控制系统在毫秒级的时间内对大负载进行周期性切换，这对控制系统的控制准确性、系统耐大电流冲击及保护系统的可靠性提出了要求，又是一个难啃的硬骨头。再难啃，也得啃！项目组的同志迎难而上，延续着前面不怕苦不畏难的工作作风，在规定的时间里设计出了一套可靠的负载控制系统。

2009 年 10 月，系统试验正式开始。两个多月的运行后，试验步入 168 小时的长时间不间断运行。何力、尹小龙、张前平、崔晨光四人分成两组，两班两倒，何力、尹小龙负载早上 8 点到晚上 8 点，张前平、崔晨光负责晚上 8 点至次日 8 点。正值隆冬，控制室夜间只有五六摄氏度，但是一墙之隔的试验装置温度却高达 50 多摄氏度，寒冬与酷暑就隔着一扇门。如果穿着冬装进入运行厂房巡检，要不了 5 分钟就会热得大汗淋漓；如果穿着夏装回到控制室，不到 5 分钟又会冻得瑟瑟发抖。根据试验大纲的要求，每隔半小时必须巡检一次，每次巡检必须 15 分钟。为适应环境，衣服的穿脱须“与时俱进”，脱掉冬装进厂房巡检，穿衣回到值班室坐下，10 分钟后，又开始脱衣、穿衣，就这样循环再循环，熬过一分又一秒，活脱脱一幕幕“穿衣脱衣秀”。嘴巴里头虽念叨着试验大纲为什么没有规定一小时巡检一次，身体却还是按部就班地执行着半小时一次的巡检。态度决定一切，同志们以认真负责的态度做完了长时间运行试验，宝贵的试验数据就是对认真负责的最好报答。

短路保护、过流保护、差动保护、励磁保护、欠压保护、欠额保护、过压保护……几十个日夜的反复琢磨与切磋后，时间来到了 2009 年的年末。初冬的某个早上，薄雾尚未散尽，成都市二环路南三段中国核动力院神仙树工作区的上空突然传出了一长串人们从未听过的、陌生的啸叫声，这个声音说不上好听，但到了研发人员的耳朵，却是如听仙乐，因为这是发电机组启动的声音，是他们全心投入、潜心研制的发电机组启动的声音。当发电机组顺利转动起来的时候，之前诸般无法言语的苦，都化作今日无法言语的甜。赵海江上班时听到发电机组转动的声音，不禁长长地舒了一口气，天道酬勤，长时间的付出总算有了回报，那颗悬在嗓子眼儿大半年的心，总算落了地。

2010年1月28日，由二所四室承担研制的改进型核电控制棒驱动机构电源系统顺利通过鉴定委员会的鉴定，标志着二代改进型棒电源系统可以正式投入量产。

华龙一号电动发电机（MG）机组采购技术规格书中对MG机组的出线方式提出了新的要求，将原来二代改进型堆型棒电源系统单侧出线方式改成了MG机组两侧均可出线的方式。因为这一新的要求，需要对MG的外形结构特别是接线箱的布局需要重新设计和规划。同时华龙一号更为严格的技术指标，比如在MG机组工厂试验程序中，提高了发电机输出电压品质的要求，发电机空载稳态电压由原来的260V±5%改260V±2%，在MG机组工厂试验过程中需要对发电机的励磁系统进行精确的调整。新的土建接口、新的电磁兼容性（EMC）要求都增加了RRS系统生产制造的难度。

采购技术规格书的改变，对MG机组的结构和出线以及接线方式的改变提出了不小的挑战，RRS团队仔细研究采购技术规格书，将其中对MG机组的结构要求以及指标参数逐一细化和梳理。有关结构设计方面的内容和生产厂家机械设计人员积极沟通协调，经过仿真和试制，最后确定了MG机组修改方案，这一方案得到了设计方和业主的一致同意和认可。

MG机组是RRS系统中的重要设备，MG机组工厂试验是机组出厂验收之前关键的一个环节。一套MG机组工厂试验从试验准备到试验结束需要大概两周多的时间。由于MG机组采用稳定可靠的相复励励磁系统，机组的静态特性以及动态特性，需要仔细全面地调节自动电压调节器的参数。最后一项单列机组72小时带载连续运行试验，在连续运行过程中，RRS团队中负责驻场监造的季开志和厂家试验人员一起，连续不间断地监测机组的运行情况，不放过任何一个试验，不妥协任何一个技术指标，在这段时间内，每时每刻都能在试验现场看到RRS团队的身影。稳扎稳打，步步为营，是他们的信念与坚持。

核电供货项目流程烦琐，四套棒电源系统同时供货、核动力院对华龙一号高度重视及严格的进度控制、零延迟的任务目标，都对RRS团队的工作提出了巨大的挑战，要求 RRS 团队采用多任务并行处理，合理调度协调资源，保证供货任务。RRS 系统由 MG 机组、控制柜、断路器屏和 RPC 柜组成。分设备的供货周期长，为确保每一个分设备的生产制造过程质量可控，RRS 团队针对此项问题，专门委派了主管监造和性能试验的队员长期驻场，随时和后方队员保持紧密联系。

2017 年，首套华龙一号 RRS 系统进入设备性能验证及产品供货阶段。在短短的一年时间内，要完成福清 5 号机组及 K2、K3 机组共三套华龙一号 RRS 系统设备的供货任务，同时还有一套原二代改进型棒电源系统（中广核阳江核电站）供货任务。对于整个团队而言，一年四套棒电源供货任务属历年之最，任务的艰巨性不言而喻，需要团队在单位时间内完成以往近 4 倍的工作量，“抢时间”、“占资源”、“保节点”成了这一年来 RRS 团队的核心词汇。

首套华龙一号 RRS 系统试验项目共有 30 多项，工厂试验项目多，涉及 RRS 系统逻辑保护功能试验、RRS 系统带载试验、加载试验等，从试验准备到试验结束持续了约一个半月时间。

卡拉奇 K2 项目棒电源设备工厂试验过程中

一位队员回忆道：“由于变频器的调节参数有限，必须赶用电高峰后、夜深人静时的空当，待电网用电负荷减少，调压试验才可以顺利开展。基地动力处盛夏的夜晚，除了送给我们闷热与潮湿，还送给了我们一波又一波的蚊子作为陪伴，只能摆起蚊香大阵来阻挡这些小伙伴们的骚扰。”巧了，又是闷热与潮湿，又是一波又一波的蚊子，似曾相识的场景又一次重现，只不过这次还多一重困难，那就是变频器换线。

变频柜在上，电缆沟在下，换线时，先把上面的变频柜推起来，再由一位试验人员趴下去，用扳手拧开接线端子，取下原有的一组，换上另外的一组。动作描述似乎常见，只是动作对象有些非同一般。变频柜很重，重的有几百公斤，电缆线很粗，粗的有 165 平方毫米，因空间狭小，这些又重又粗的活计靠的全是人力！

虽然艰难，虽然无奈，但是在试验过程中获得全面的首堆华龙一号 RRS 系统试验数据所带来的开心与快乐，是任何艰难与无奈都无法阻挡的。最终，所有的试验数据全面有效且合格，得到了设计方和业主方的高度认可。此时此刻，当 RRS 系统试验圆满完成时，除了喜悦的心情，所有的困难均已化作过往的云烟。

总有疾风起，人生不言弃。2018 年 2 月，RRS 系统完成出厂验收。至此，RRS 系统团队圆满完成了国内首堆福清核电厂 5 号机组 RRS 系统供货任务和国外首堆巴基斯坦 K2、K3 机组 RRS 系统供货任务，供货产品满足均满足华龙一号技术规格书的要求，这是我国自主研发的控制棒驱动机构电源系统首次走出国门。

第十三节　硼　表

硼表是针对核电站反应堆及一回路系统中硼浓度的在线监测而研制的专

用设备，防止反应堆及一回路系统中的硼-10被意外稀释而引起反应堆功率的意外增长，确保核反应堆运行安全，是反应堆对中不可缺少的关键设备之一。

20世纪70年代末，由于监测硼浓度对核电站的功率控制和安全运行的重要性，硼表的研制被提上议程。资料表明，当时只有少数几个国家在研制硼表，且仍处于探索之中。美国西屋公司最早研制硼表，应用四种原理的测量方法，即甘露醇电导法、比色法、电位滴定法和中子吸收法，并于1971年申报了中子吸收法的专利。法国1975年也申报了中子吸收硼表的专利。

通过比较分析认为，基于甘露醇电导法、比色法和电位滴定法的硼表，因结构复杂、运行费用高、滞后时间长、维修工作量大、测量范围有限以及对当时国内生产厂家的初步了解，认为制造上述三种方法具有高可靠性的连续监测仪表尚有困难。因此，为今后抢占国内和拓展国外核电市场做准备，核动力院决定紧跟核电发展的潮流，于20世纪80年代提出了研制中子吸收法硼表的建议，成立了以二所一室相关科技人员为代表的硼表第一代研发团队，开启了硼表30多年的研发及应用历程。

二所一室硼表技术团队从20世纪80年代至今，经过老中青三代科技工作者30多年呕心沥血的努力，从无到有，经历了三代硼表的研发，形成了两类硼表产品。如今，他们可以骄傲地说："我们的硼表完全满足国内外核电站的要求，可以代替国外同类产品，其技术指标达到了国际先进水平，完全打破了国外对硼表产品的垄断。"

1986年春，堆工一室硼表项目团队正式成立。成立之初，整个技术团队对于硼表的熟悉度几乎为零，相关技术资料也非常有限，团队负责人就带领大家充分调研和查找资料，了解硼浓度在堆运行过程中的变化规律和变化速率，并从硼表的测量范围、测量灵敏度、响应时间等方面开展设计。经过两年的刻苦努力，双道中子硼表工程样机研制成功，1989年该系统通过了部级鉴定，1992年获得中核集团科技成果奖二等奖，1993年获得发明专利。

1994年，堆工一室硼表团队迎来了历史的机遇，巴基斯坦恰希玛核电站一期工程（简称“C1”）硼表供货项目中标成功，标志着核动力人迈出了硼表产品供货的第一步，这第一步就迈出了国外，是机遇更是实力的体现。所有技术人员并没有沾沾自喜，而是立刻投入到消化技术规格书，对原有工程样机改进设计的工作中去了。终于在1996年完成恰希玛核电站一期硼表工程样机的部级鉴定，1997年完成恰希玛核电站一期硼表的产品供货，并负责完成了为业方相关技术人员进行现场调试培训、基本系统维护培训等技术服务。在系统设备的整个研制、供货和后期技术服务过程中，核动力院完全掌握了一次测量装置（包括探头、中子源、中子探测器等相关部件）、二次装置、标定装置的研制技术，并建有专门的考验试验回路，开展了针对性的考验试验；根据核电供货要求，完成了系统设备的刻度与考验、环境试验、电磁兼容试验、抗震试验等系列试验并通过国家核安全局的认可。

2004年，距离C1硼表供货已经走过了7个年头，国内即将迎来大批量和快速建设核电站的历史时期。二所一室硼表人瞄准了这个大好的商机，开始了第二代硼表的研制工作，加快硼表国产化进程。

新一代硼表研制需要大量的经费作为支撑，可是当年科研经费严重短缺，所以只能通过申请科研项目来筹集经费。时间紧迫，所有人行动起来，收集资料、写申报书、准备答辩各项工作紧张有序进行，经过一个月不分昼夜的努力，终于获得了国家国防科工委“十五”核能开发科研项目的资助。项目经费落实了，新的团队也组建起来。团队由第一代硼表团队部分成员和新进员工组成，既有邓圣这样的核心技术骨干作为项目负责人，也有像当时新来的王璨辉、踪训成、付国恩等新鲜血液作为项目的新成员，使得整个团队成为一个实力与朝气兼备的集体，为第二代硼表的成功研制打下了坚实的基础。

第二代硼表研制在第一代硼表的基础上，提高抗干扰能力，进一步完善了设备的可靠性和稳定性。在研制过程中，以大亚湾核电站硼表系统测量技术与数据处理模型为技术基础，通过改进与优化设计使电子机箱小型化，并对产品的实用性、安全性、可靠性、操作简便性与易维修性作为研制重点，研制出的硼表第二代工程样机，该机型测量精度与可靠性不低于现有核电站使用国外产品的技术标准，具备了国内外核电站使用条件。

在第二代硼表研制成功之际，他们又接到了恰希玛核电站二期（C2）硼表系统供货任务。C2硼表的接口在核电站化容系统下泄流管道上，与之前硼表的接口不太一样，但这难不倒聪明勤奋的硼表人。在项目负责人邓圣的带领下，团队设计了匹配新接口的管道和探测装置，首次突破了在线式硼浓度探测技术，首次设计了管夹式探测装置，首次实现了硼表测量装置的小型化和数字化，他们命名为BM203。

优秀的产品还必须经过严格的检验测试过程，对于硼表来说就是最为重要的标定试验和长期稳定性试验，试验结果的准确性及稳定性必须满足合同技术要求，这关系到产品能否成功实现出口。在标定试验过程中，试验结果数据偏差较大，系统运行不稳定，不符合合同技术指标。经过反复推敲与验证，多次排除，最后确定原因出自探测装置内积聚气泡及前置放大器的运行不稳定，经过改进设计，问题最终得以解决。最艰苦的就是500小时长期稳定试验阶段，项目组全体成员24小时轮流值班，监测硼表运行数据与状态，大伙放弃在成都安逸的生活，吃住都在夹江基地，践行了科研工作者在艰苦环境下默默奉献的时代精神。经过一个月的坚守，整个系统稳定在技术要求之内，终于交出了完满的答卷，大家才纷纷将被褥撤出冷冰冰的试验室，搬回温暖的家。

BM203表系统已经于2009年12月向巴基斯坦恰希玛核电站二期顺利供货。随后于2014年7月和2015年6月又分别向巴基斯坦恰希玛核电站3号和4号机组（简称“C3”和“C4”）顺利供货。

虽然第二代硼表系统已经可以满足恰希玛核电站这种30万千瓦堆型的使用要求，但是面对国内主流的百万千瓦级压水堆核电站（M310），第三代硼表系统的研制蓄势待发。第二代硼表研制团队在二代硼表研制过程中得到了冰与火的历练，成为一个技术基础扎实、团结奋进的集体，整体快速投入到第三代硼表研制过程之中。

第三代硼表以岭澳二期核电站硼表技术指标和现场接口为基础，通过模块化和集成化的设计理念，将整个硼表系统划分为探测装置、标定装置、电子机柜、就地显示箱及温度变送器箱五大部分。该型号硼表，即 BM204，相比同类型国外产品，具备测量精度高、响应时间快、标定过程简单、人机接口界面直观和操作方便等显著的优点。BM204 硼表经过工程样机到供货产品多次的设计、讨论、更改、试验等过程，最终于 2009 年向岭澳二期核电站 3 号和 4 号机组分别进行了供货。

第三代硼表开启了国内 M310 机组硼表国产化的征程，为核动力院开拓国内硼表市场乃至最终全部占领国内市场奠定了不可磨灭的基础。在这个过程中，项目团队发扬核动力院人的精神，始终不分彼此，团结协作，刻苦攻关，以舍我其谁的气度与精神，最终提前完成了供货任务，并获得了业主的一致好评。特别值得一提的是，2008 年的“5·12”大地震对整个四川的生活、工作均产生了严重影响，按照正常进度，研发团队无法按时完成交货；可作为一个有着 30 多年的成熟技术团队，这一点却难不倒大家。2009 年 1 月 28 日，也是大年初三，全国人民还处在过年的喜庆之时，硼表项目组的 5 名科研人员已经在二所神仙树办公区撸起袖子大干起来，进行紧张忙碌的系统组装调试工作。当时，每天最轻松的就是大家一起吃午饭的时候了，食堂停伙，就自带盒饭；天冷饭凉，就用开水温一温；神经紧绷，就谈谈工作的进度，聊聊家里的趣事。正是靠着这种吃苦耐劳和拼命三郎的精神，系统先后顺利地进行了环境条件试验、电磁兼容试验和综合性能等试验，最终等来的是保质保量按时交货以及业主的惊奇和赞叹。

时间来到 2015 年。随着国产三代核电机组华龙一号的诞生，核电设备的国产化进入全面铺开和高速发展阶段。基于 30 年的技术积累和前期数十台核电机组硼表供货的经验，他们毫无争议地拿下了所有国内外该机型硼表系统的供货合同。项目组成员没有躺在之前的功劳簿上沾沾自喜，反而带着更加严谨的态度投入到工作之中。虽然该机型硼表的技术要求与 BM204 差别不大，但是项目组所有成员对待新的技术规格书一丝不苟，逐字逐句对照

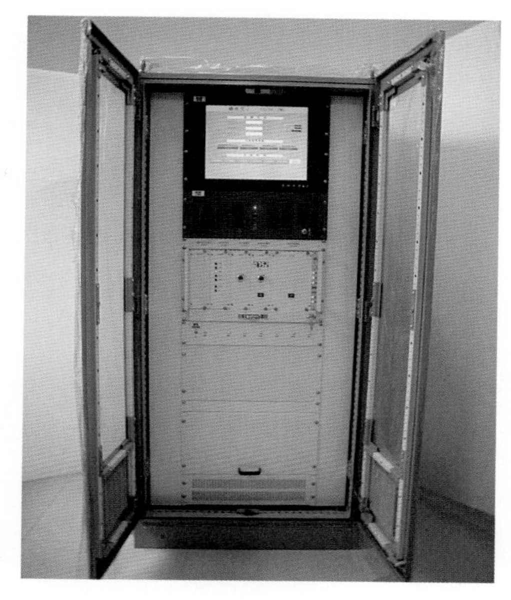

▍硼表机柜

检查，对不同的地方在设计中逐一改进落实，对有异议的地方及时与业主沟通和商讨，对待每一份供货合同都充满了激情和严谨。

核动力院自主研制的硼表打破了国外的技术垄断，全面实现了国产化，技术水平达到了国际先进水平。目前核动力院已签订了国内外42个核电机组的硼表系统供货和改造合同。

硼表交货后，任务尚未结束，现场安装调试同样重要，工作仍然很艰巨。从2009年到2018年的十年间，硼表供货出现井喷式的发展，每年不仅供货任务繁重，现场安装调试工作也是泰山压顶。硼表项目组仍然还是这么几杆老枪，也是神枪，从设计、制造、调试、试验、文件编写、安装调试乃至包装发货，人人都要干，人人都精通，这是形势所迫，更是时势造人。硼表团队勇于奉献，敢于担当的精神得到了同事们的认可。时任二所开发部主任的万海生曾经感叹道："硼表团队个个都是好样的，每个人出去都能独当一面，是个让领导放心、管理部门安心的优秀集体。"

硼表安装调试最苦最累的当属巴基斯坦恰希玛核电站硼表调试。2016年新年钟声敲响之前，项目组收到了C3硼表安装调试任务。尽管有恐怖分子的安全威胁和高温，但也挡不住硼表人的强烈的爱国心和事业心，堆工所一室的踪训成、崔璨两员大将自告奋勇承担起了C3硼表调试重任。

2016年新年伊始，他们来到了现场，条件远比想象艰苦。工作中，几乎每件事情都需要亲力亲为，小到一颗螺丝的安装，大到设备的移动都是两人亲自来完成。现场工作中与巴方、秦山调试堆、核建五公司、中原公司多次进行沟通协调，让整个安装调试有条不紊地推进。生活中，过着宿舍、食堂、现场“三点一线”的生活，每天穿着厚重的劳保服，骑着单车穿梭在沙漠之中，每天流出的汗足有四五斤之多，夜晚有时甚至会听到狼的嗥叫。

但是计划赶不上变化。两人原计划春节前完成安装调试回国，却因为中子源运输问题，只能滞留现场过春节。可他们没有抱怨、没有失落，有的只是一颗更为坚定的心。他们一面关注着中子源运输的消息，一面继续安装调试工作；他们对家人饱含思念，同时也践行着默默无私的敬业精神。崔璨在他儿子出生前一天才匆匆赶回，而踪训成则坚守了 143 天，圆满完成了所有调试任务回国。143 天，异国他乡的坚守，那份坚韧，那份执着，让人想起电视剧《士兵突击》里的一句话“不抛弃，不放弃”，就是这种精神激励着硼表人一次次成功完成调试任务，一次次获得业主的交口称赞，为核动力院赢得良好的信誉，也为他们取得持久不息发展的机会。

第十四节　监测振动

核电站压水型反应堆在运行过程中，在长期大流量且高速的水的冲刷作用下，堆内部件可能出现异常振动、松动甚至脱落，或者因工作失误（如检修）造成外来件留存堆内。反应堆及一回路设备零部件一旦发生松动，结构完整性将受到破坏，零部件松脱后，将随冷却剂游动，撞击结构和器壁，从而损坏结构和压力边界，其后果可能导致反应堆结构功能不完整，或堵塞流道，破坏反应堆的安全性，诱发核安全事故发生。

核电站反应堆堆内松脱部件与振动监测系统（以下简称“KIR 系统”）就是对反应堆内出现的松脱部件异常振动、松动和脱落状况进行定期和全天候在线监测的专用设备。它由反应堆堆内松脱部件监测系统（LPMS）和振动监测系统（VMS）组成。LPMS 主要是在线监测核反应堆压力容器和蒸汽发生器内可能出现的松动件、脱落件和外来件；VMS 主要是周期性监测反应堆压力容器和堆内构件的振动。

KIR 系统仿佛是反应堆的随身护士，时刻监测并诊断着堆内部件的“早期症状”，避免小异常情况的积累而酿成大的事故，防患于未然，已成为商用核电站的必备设备。国际上只有少数几家单位掌握了该项技术，长期以来，我国一直依赖国外进口。

中国要开发和建立自己的核电体系，核电的关键技术不容许受制于人。要发展自己的核电产业，设备国产化是必经之路，设备国产化不仅可以改变目前某些核级设备及其备品、备件靠国外引进的现状，打破国外核垄断和限制，而且可以抑制国外供货商的漫天要价、降低运行成本。

凝聚核动力院反应堆故障诊断专业人员心血和智慧研发的 KIR 系统填补了国内空白，在秦山核电二期扩建和岭澳核电二期 KIR 系统招标中，通过与三家国际知名公司的同台竞争，双双中标，自此实现了我国二代核电机组 KIR 系统的全面国产化。

说起国产化 KIR 系统，就一定要回到 30 年前国内最早的堆内构件振动和松脱部件监测技术。

“自主创新，勇攀高峰”，臧明昌、杜继友、赵翼瑜等中国核动力院老一辈科技工作者，以核电设备国产化为己任，在缺乏资料和经费支持的困难情况下，自 20 世纪 70 年代初就着手 KIR 系统研制，率先开创了国内最早的堆内部件振动和松脱部件监测技术研究。他们从最基础的理论原理、数学模型、实现方式开始，进行了大量的技术知识储备，形成了专项研究小组，取得了一批研究成果。

随着国家核电发展的需求，国产化 KIR 系统研制越来越受到重视。“八五”期间，研究小组获得了国际原子能机构（IAEA）10 万美元的资助，并获得了一些技术资料和到美、法、日等国培训及科技访问的机会。

1997 年 10 月，中国核工业总公司（即后来的中核集团）组织的“核电站反应堆及冷却剂系统松脱部件监测系统（LPMS）研制”项目部级鉴定会在成都召开。与会专家一致认为：以核电站工程应用为目标的反应堆及冷却剂系统松脱部件监测系统（LPMS）研制，在国内属首次；样机基本功能和技术指标已达到国际水平，为同类设备国产化奠定了基础。

▍反应堆堆内松脱部件试验模拟体

具有自主知识产权的核电重要设备 KIR 系统具备了核电工程使用的条件。

随着国家能源战略结构调整，我国核电事业迎来了新的发展机遇，规划在 2020 年前新增 4000 万千瓦机组容量。与此同时，核电重要设备、关键技术国产化得到高度重视。它不仅可以改变目前某些核级设备及其备品、备件靠国外引进的现状，打破国外核垄断和限制，而且可以抑制国外供货商的漫天要价，降低运行成本。但在核电大型成套设备的国产化率稳步提高的同时，涉及核安全的一些控制、保护、测量、监测、预防措施等关键技术方面，目前仍然主要依靠国外厂商。

中国核动力院研制的具有自主知识产权的核电重要设备 KIR 系统，出于多种原因，长期以来一直处于“长在深闺人未识”的状况，得不到核电工程的实际应用。其中重要的一点就是，它没有在现有核电站实际应用的经验，存在技术风险。

对于这样一个“蛋与鸡”的逻辑困惑，肩负核电重要设备国产化重大责任的中国核动力院人始终没有放弃。

2001 年，在总公司和秦山一期核电站的支持下，核动力院 LPMS 研制组在秦山一期核电站实堆上开展堆内松脱部件监测系统信号测试，并将监测结果与电站装配的国外产品进行对比。结果表明，国产化 KIR 系统样机在定性分析、定位分析、软件功能等方面均达到国外同类产品指标性能。这给研制技术人员及经营开发部门进行核电市场化推广应用以极大的信心，也是对近 20 年科技研发的褒奖与肯定。

2006 年，研制组在为田湾核电站 KIR 系统提供调试阶段的技术支持，协助业主审查文件、监督安装调试过程期间，在俄方迟迟不能提供报告的情况下，应用自主研制的国产化 KIR 系统，高效、及时地对田湾核电站 1 号机组出现的“松脱部件事件”进行实测，作出了详细分析，并提出检查建议，协助业主及时解决了问题，获得业主好评，再一次证明了国产化 KIR 系统优良的技术性能。

2006 年 9 月，核动力院二所组织力量参与秦山二期核电站扩建工程 KIR 系统投标，致力于将国产化核电重要设备 KIR 系统投入商用核电站实际工程应用。参与投标的还有原供货商法国 01dB 公司、美国声学公司、国营 262 厂（与斯洛伐克公司合作）。

竞争是残酷的，谈判是艰苦的，尤其是在缺乏工程实际应用经验情况下与国外供货商之间的竞争。经过第一轮技术评标和与业主交流，竞争焦点集中在核动力院与法国 01dB 公司之间。

为了消除业主疑虑，展示己方优势，投标组人员不惧苦累，有求必应，高频率往返奔波协调，邀请业主方进行实地考察和详细了解，对业主方提出的在工程施行过程中的接口关系和调试运行过程中的细节要求作出了及时、快速的答复。

经过各种努力，最后核动力院自主研制的核电重要设备 KIR 系统在秦山二期核电站扩建工程招标过程中，技术评标和商务评标均领先竞争对手，予以中标，实现了国产化 KIR 系统在国内商用核电站的工程应用。

2007年1月15日，核动力院与秦山核电就二期扩建工程反应堆松脱部件与振动监测系统（KIR）设备供货合同在成都正式签订。经过近20年的研发，凝聚了两代科技工作者的无数心血，核电KIR系统终于实现了国产化。这也是核动力院所核电产品首次以系统集成供货方式进入国内商用核电市场，也预示着核动力院将在核电设备国产化进程中进一步继续发挥核电站核岛系统设备国产化总承包或主导力量作用。

国产化KIR系统在多方面实现了技术改进与创新，使工程样机不但各项技术指标和功能指标均达到设计要求，而且具有国际先进性、可靠性和兼容性，使核动力院KIR系统工程产品具备了国际竞争力。

核动力院作为国内唯一具有松脱部件和堆内构件振动监测系统国产化供货业绩的供应商，自2006年在秦山二期扩建工程松脱部件和堆内构件振动监测系统国际招标中中标开始，取得了自秦山二期扩建工程以来国内所有二代（二代加）、中核华龙一号、巴基斯坦C项目和K项目的供货订单，取得了秦山二期、大亚湾和岭澳一期松脱部件和堆内构件振动监测系统国产化改造的订单，共48台核电机组，其中包括华龙一号福清5、6号、巴基斯坦K2、K3、福建漳州、海南昌江二期共8台机组供货订单，实现了技术研发、产品制造、诊断分析“一条龙”服务。

第十五节　伴　热

2007年，国务院通过的《核电中长期发展规划（2005—2020年）》明确，我国在2020年要拥有4000万千瓦的核发电能力，未来十几年将要建设30座核电站反应堆。因此，在提高系统安全、稳定和可靠性的目标下有必要对核电站的硼伴热系统进行国产化研制。

含硼水溶液是核电站用来稳定反应堆功率和安全停堆必要的水溶液，温度较低时，硼会在水溶液中结晶析出，造成堵塞管路、阀门和泵。为了防止硼结晶，核电站设置了硼伴热系统（RRB），专门用来对容纳硼水溶液的管路、阀门和泵进行加热。这种加热方式是在容器外缠绕或安装电加热元件，通过温度控制器接通和切除对电加热元件的供电电流来实现的。通常有两套这样的加热电路：一路为正常电路，另一路为备用电路。

RRB系统工程样机的研制集设计、系统集成、系统调试于一体，为今后核电站硼伴热系统提供设计思路。不仅可以扩展核动力院核电设计的领域，而且可为核动力院争取得到更多的核电设计项目提供竞争力，具有较高的应用和经济价值。

2018年7月30日，核动力院二所完成了对巴基斯坦卡拉奇核电站2号机组华龙一号特殊电伴热系统（RHT系统）的供货，这是核动力院研制供货的三代核电站的第一套电伴热系统产品，伴随着该套系统的发运完成，标志着核动力院二所已具备三代核电站特殊电伴热系统的设计制造能力。该套系统为二代核电站硼伴热系统的升级换代产品，此次研制供货的顺利完成是基于核动力院二所伴热系统设计团队长达10年的设计积累。

早在2008年，二所便参与了宁德1—4号、阳江1号、2号硼伴热系统供货的竞标工作，编写标书的那段日子，几个月的时间研发团队将电脑等办公设备一起搬到了会议室，所有投标人员齐聚在一起，一次次地讨论，一次次地商量，一次次地修改，牺牲与家人团聚、自己的休息和正常的生活，经历了技术方案和商务方案一次又一次推倒重来的沮丧和受挫的痛苦。所里从所领导到主管横向项目的技术开发部，再到负责标书编写科室人员都在夜以继日地工作，没有什么节假日，随时随地都在处理发生的问题，都在全力以赴地为着投标的成功贡献出自己的一份力量。

苦苦等待4个月之后，终于等到硼伴热系统开标时刻的到来，当他们用诚惶诚恐的心情迎来了他们中标的结果，一举拿下了核电站整整6个机组的供货合同之后，他们为之欢呼雀跃，欢乐抚平了多少个日日夜夜奋斗在额头上刻下的皱纹。他们终于在核电供货的道路上坚实地迈出了第一步，终于在核电供货的市场上拼出了他们的生存空间。

系统样机研制的初期，研发团队从十来个开发人员开始，在没有资源、没有条件的情况下，大家以勤补拙，刻苦攻关，夜以继日地钻研技术方案，开发、验证、测试产品设备……研发小组人员在高温的天气下挤在摆满样机设备的厂里，没有空调没有风扇，汗如雨下地编写着程序调试着设备，熬红了双眼，身上是早就被汗水全部沁湿的衣服。RRB 系统样机的调试地点远离工作单位，位于十多公里之外的双流航空港，没有公交车，更没有班车，在样机调试的那几个月里，设计人员每天来回要骑行两个多小时，为的就是节约下每一分研制成本，顶着烈日，冒着暴雨，早出晚归。这一路上，都留下了他们艰苦奋斗的身影。

样机制造调试完成之后，随之迎来的是一个个型式试验，那是对试验样机的一重重考验，面临着这一次次大考，设计人员伴随着样机一路走过，就像陪伴着自己的孩子步入了他高考的考场，满怀希冀却又忐忑不安，在地震台上的抗震试验，随着样机起伏的是设计人员的心，在电磁兼容试验屏蔽间里接受电磁冲击的不仅是几台样机还有设计人员紧张的神经，在机柜密封防护等级试验里接受高水压冲洗和灰尘覆盖的样机，机柜下是设计人员试验后一点点擦干擦净的细心。随着一个个试验的圆满通过，如同看见自己孩子的一点点成长，满怀骄傲，那是对所有设计人员设计时细致与坚持的肯定，那是一路走过来后坚韧与执着的徽章。随着样机所有性能试验、型式试验的通过，标着系统样机的性能参数功能都圆满地达到了技术规格书要求，样机已研制成功。

2010 年 12 月 15 日，在第一批伴热电缆交付三个月后，在中广核工程有限公司福建宁德核电项目部进行了现场开箱工作。由于宁德核电地处沿海，部分柔性不锈钢保护套管局部部位出现了锈蚀现象，由于柔性不锈钢保护套管是伴热电缆的关键安装附件，因此，这将影响伴热电缆的安装工作。由于该系统即将安装，研发团队技术人员急业主之所急，立即在现场寻找金属处理厂家，并在业主的协助下将锈蚀的柔性保护套管从库房取出，及时送到金属构件处理厂家进行除锈处理，在短短的一周内完成除锈工作，保障了宁德 12 号机组伴热系统的安装工作。

2011 年 3 月，宁德核电现场发来安装培训的需求函，研发团队技术人员积极响应，迅速协调当时的伴热电缆厂方技术人员，在不到 24 小时内赶到宁德现场。到达现场后，经过与现场技术人员充分沟通，制定了合理的理论与实际操作相结合的培训方案，对现场技术支持人员和现场施工人员分类培训的措施，达到了培训目的，圆满完成培训工作，为后续伴热电缆安装的顺利进行奠定了基础。

伴热系统电源控制柜

龚建军、胡润勇、冯亮、兰晓龙等研发技术人员基于丰富的工程经验和扎实的理论基础，核动力院在短短的几年间，掌握了硼加热系统的设计、产品和安装指导的关键技术，并精益求精，陆续开发出 PLC 方案和电热元件直接加热的技术，为我国华龙一号作出了应有的贡献。

2016 年 9 月，由二所四室主导的硼伴热系统电缆桥架进入验收阶段。验收过程中，二所项目组技术人员与质保部门在规定的抽查要求下对其材料、加工尺寸、供货数量等监督厂家人员进行了实测和清点。可谓不查不知道，一查吓一跳，对本批次桥架产品的首次验收并不顺利，随着验收项目的展开，发现了一系列的质量问题。

2018 年初，华龙一号海外首堆巴基斯坦卡拉奇第二号机组的特殊工艺管线电伴热系统（RHT）进入了工厂调试阶段，由于前期采购方面的延误，导致调试到验收的时间只有 1 个多月，时间又正逢春节前后，为了确保能按时交货，临时决定春节加班。

▍伴热缆现场安装

在调试期间，总会有各种大大小小的、见过或是没见过的问题出现，这种时候，需要的是耐心地分析问题，仔细地寻找问题并解决。有一次，在测试控制机柜的通道高低温报警的时候，由于是按照每个加热柜来进行高低温报警，每个加热柜中又有至少 10 多个通道，每个通道的高低温设定值又不会完全一样，导致高低温报警这个功能在程序上的体现是十分复杂的，稍有错误就会导致功能无法实现。单单调试高低温报警这个功能，就耗费了大概一周左右的时间，其中，最大的问题出现在了如何对编写好的程序进行测试这一块上，一台控制柜上有 80 多个通道，每台加热柜里的通道并不是连续的分布在模块上的，而是分散的分布，所以基本上每次都要对 10 多个通道进行测试，而他们手上只有一台信号输入源设备，这是显然无法完成的。进过调试人员多次的讨论，最终决定采用在每个通道上短接一个 100 欧姆的标准电阻，根据每一批测试通道的设定低温点的值进行换算后，发现短接 100 欧姆的电阻，可以触发低温报警，然后再对每一个将要测试的通道接上输入源设备，触发高温报警，这样就能对所有的通道完成测试。后面的高低温调试仅仅用了两天时间就全部完成了。所以当遇到困难时，多讨论、想办法，才能高效地完成任务。

10 年来，设计团队研发的伴热系统已经遍布国内各大核电站，共供货

14个机组，包含了宁德核电站、阳江核电站、昌江核电站、福清核电站、巴基斯坦卡拉奇核电站，研发团队完成了合同金额过亿元。

第十六节　固　基

2011年11月，华龙一号首堆福清5号、6号机组反应堆及反应堆冷却剂系统相关的土建布置设计工作正式拉开帷幕，设计所三室作为核动力院负责范围内的土建布置设计的牵头室，负责该院设计范围内所有与土建相关专业的接口汇总工作，涉及辐射防护、反应堆本体、主工艺、主设备、工艺管道、仪表控制、电缆敷设以及力学等专业。

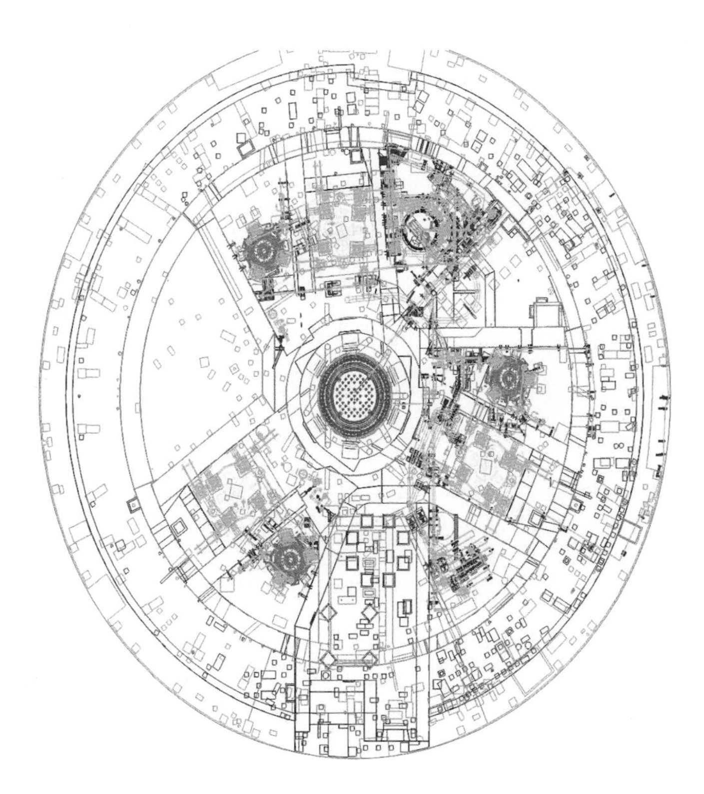

反应堆厂房内密集的土建接口

土建条件作为反应堆冷却剂系统的根基，涉及面广且内容繁多，这就需要土建布置人员面面俱到、一丝不苟，认真核实所提的所有条件以及各个专业之间的干涉和碰撞。

土建提资工作从最先的 D0 阶段，到后面的 D1/D2/D3/DX 阶段，再到最后的土建模板图确认以及会签，需要经历一个漫长的过程（如福清 5 号、6 号机组大约经历了 6.5 年时间）。在这个过程中，相关提资条件经常会随着设计条件和设计深度而变化，有时候甚至会全部推翻以前的提资条件，进而需要根据变化重新提资。土建提资工作中的困难与挑战远不止如此，带给土建布置团队的也是巨大的考验。

土建布置团队核心成员余兴凤回忆到，在早期 D0、D1 条件提资阶段，经历了反应堆厂房基础由原来的－12.50 米抬高到－6.70 米以及整个反应堆厂房标高降低 4.65 米两个重大的土建结构变化，这些变化导致部分设备布置的楼层变化，几乎推翻了所有以前的提资条件。尤其是反应堆厂房基础抬高后，整个反应堆厂房减少了一个标高层，使得原来布置在－5.30 米的卸压箱被迫布置在 ±0.00 米标高相应房间，然而该房间不仅在平面上空间紧张，而且在高度空间上远远不能满足卸压箱的布置需求。为了解决这个难题，在平面上，采取将卸压箱转向布置，以避免排放管与波动管干涉，在高度空间上，通过对卸压箱上部爆破盘设计的多次修改、多次讨论以及对土建结构的多次局部修改，最终解决了卸压箱的布置问题。

▎华龙一号反应堆冷却剂系统三维布置示意图

诸如此类的事情太多太多，面对各方面的变化，土建布置团队灵活应对，不断调整方案，将难题一一攻破。

在完美完成土建布置任务的背后离不开团队成员的辛勤付出与默默坚持。2016年春节大年三十下午，团队成员董丰正准备开车与妻儿回老家过年，突然接到关于华龙一号项目工作电话，由于春节期间工程现场将不间断进行土建混凝土的浇灌工作，但土建层的D2条件提资内容还没完全敲定下来。部分土建预埋板型号，由于力学的部分管线接口和设计输入信息的改变，需要对其重新核算，并验算型号，再次核实布置位置和空间大小。为了保证华龙一号项目稳步推进，董丰毅然决然地选择来到单位继续工作。

正如董丰所说，土建模板图图纸涉及多个兄弟单位的土建提资，一点小小的变化，往往是牵一发而动全身。在那段时间里，微信是他们沟通的重要途径，微信讨论组不知道建了多少个。讨论最后双方都挪一点，修改一点，既满足各自的要求，又不再发生干涉。每一次讨论组的沉寂都代表着问题得以圆满解决，这是彼此最开心的结果，也让董丰充满了成就感。

几年下来，土建布置团队成员们面面俱到，一丝不苟，高标准地完成了华龙一号反应堆冷却剂系统的土建提资工作，筑牢了华龙一号反应堆的根基。

第十七节　精雕细琢

2006年前后，核动力院设计所决心发展三维布置设计，引进PDMS的三维布置设计软件的同时，将国内PDMS元老级人物——唐涌涛招致麾下，从此唐涌涛和苏荣福作为设计所三室布置组的技术带头人，成为核动力院核电三维布置设计的起步和发展名副其实的奠基人。2007—2012年的5年左右时间里，在唐涌涛和苏荣福的带领下，核动力院通过岭澳二期、红沿河、宁德、阳江、福清、方家山等项目的三维布置设计实践，在三维布置设计技术方面取得了突出的成就，为核动力院后续核电项目设计、自主知识产权三代核电技术研发、研究堆、工程试验堆设计等项目的三维布置设计奠定了坚实的基础。

2011年底，华龙一号国内首堆福清5号机组和海外首堆卡拉奇K2机组反应堆及反应堆冷却剂系统布置设计工作相继拉开帷幕，凭借前期工程打下的坚实基础，在华龙一号三维设计过程中，核动力院与工程公司一起建立了跨地域的三维协同设计平台，核电设计各主要专业便在同一设计平台上完成布置设计，等同于完成一次核电厂的数字化虚拟建造，可以实时反映各专业设计成果，避免设计冲突，极大提高了设计质量和效率，避免设计变更，大幅降低建造成本。

福清5号、6号核电项目是华龙一号的“首堆”项目和示范工程，“首堆”工程的高风险性、工程项目本身的不可预见性以及紧张的工期目标，都对福清5号、6号核电项目提出了严峻的挑战。

为顺利完成华龙一号RCS系统三维综合布置设计工作，满足紧张的工程进度要求，三室成立了以室主任为带头人的华龙布置攻关团队，布置组内团队核心成员包括苏荣福、唐涌涛、余兴凤、王帅、董丰、高邦霂、廖学平、苏应斌、蔡鼎阳、肖韵菲、林亮、吴英杰、罗行、文超等。

在核动力院反应堆冷却剂系统的设计中，充分吸收了在役二代核电厂的运行经验反馈，积极采取国际上经验证的先进技术，采取了一系列设计优化和设计改进。另外，在充分吸取了日本福岛核事故的经验教训后，采取了多项进一步提高机组安全性和应对严重事故能力的措施，如设置了反应堆压力容器高位排气系统，在事故工况下排出可能在反应堆压力容器顶部聚积的不可凝气体；设置了一回路快速卸压系统，在严重事故工况下防止高压熔融物喷射。

此外，同M310型号机组相比，为满足地面基准加速度0.3g的总体要求，华龙一号反应堆厂房结构整体下降了4.65米，主回路的布置也将整体下降，导致部分设备布置的楼层发生变化。

上述系统配置和厂房结构的变化给整个RCS系统布置带来了的影响是不言而喻的，由于部分主设备外形增大，部分隔间又需新增系统及相应的工艺管道回路的布置，布置空间极其紧张，给总体布置带来巨大的挑战。

2015年至2018年间，如果你进入华龙布置攻关团队的办公室，他们手

▌华龙一号反应堆冷却剂系统三维布置示意图

中挥舞着的鼠标指向的是华龙三维模型的管道、支吊架、预埋板；你看到的是一摞摞管道和支吊架施工图纸［据不完全统计，仅仅一个机组，EM4 专业布置文件（图纸）就接近 600 余份］；你听到的是他们与所内其他专业科室或者是与远在北京的工程公司专业技术人员对于模型中相互干涉或碰撞问题的争论和协调，有时候甚至是几毫米的空间干涉问题，只要符合规范，为了达到更好的布置效果，也要据理力争、精雕细琢。

工程奋战期间，很多技术人员放弃了一个又一个节假日与家人团聚的时间。2016 年 9 月，团队成员王帅迎来了儿子的出生，但是因为当时正值施工图纸出版高峰，按照院所规定，本来可以有两周的护理假，但王帅为了能及时地完成手中相关厂房分区的图纸校对任务，仅急匆匆地赶往医院照顾了妻儿一个下午，又匆匆回到办公室，放弃了休护理假。然而，等到手中任务不那么棘手时，距离儿子出生已经过去了一个多月。这其中的辛酸相信所有的技术人员深有体会，也正是由于他们的兢兢业业，才能不断地推动着华龙一号反应堆冷却剂系统布置工作稳步推进。

“有志者，事竟成，破釜沉舟，百二秦关终属楚；苦心人，天不负，卧薪尝胆，三千越甲可归吴。”功夫不负有心人，来自福清和卡拉奇施工现场的统计数据证明，经过中国核动力研究设计院人精雕细琢般的三维布置设计，相比前期核电工程，华龙一号反应堆冷却剂系统辅助管道和支吊架（EM4 专业）在预制和施工现场产生的各类现场澄清单数量大幅下降，这有效地保证了整个核岛的施工安装进度，为华龙“首堆”作出了巨大的贡献。

第七章 内功

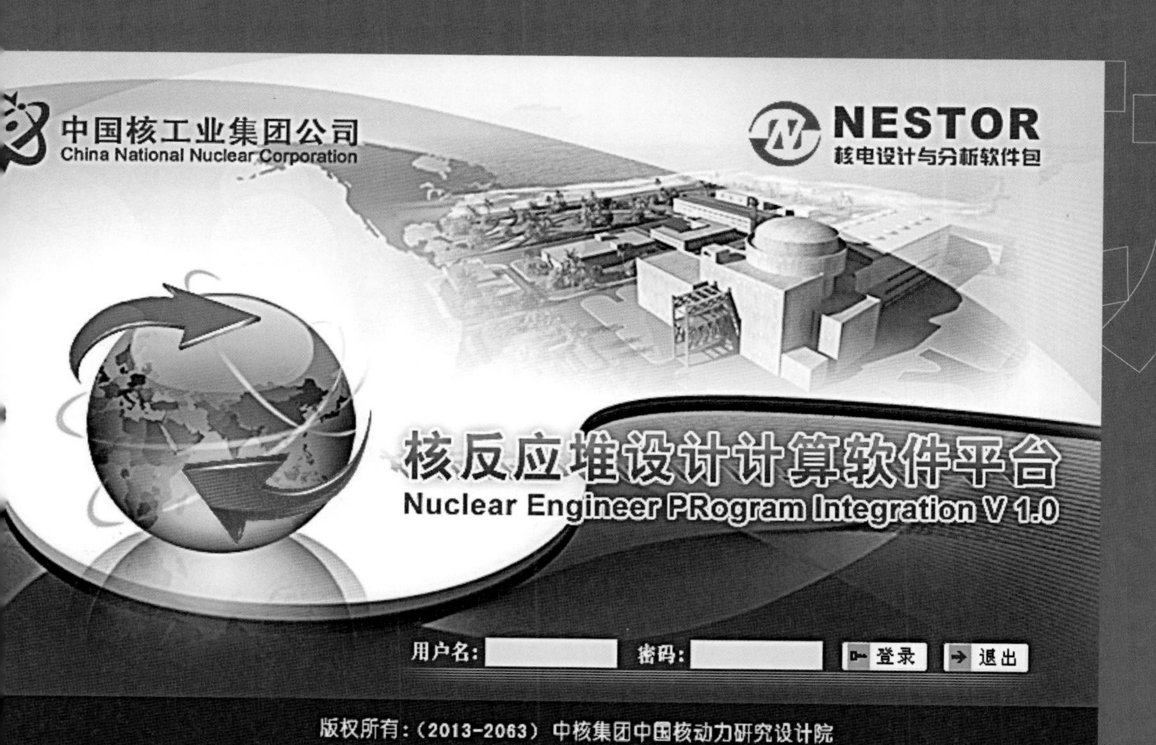

中国核工业集团公司
China National Nuclear Corporation
NESTOR
核电设计与分析软件包
核反应堆设计计算软件平台
Nuclear Engineer PRogram Integration V 1.0
用户名:
密码:
登录
退出
版权所有:（2013-2063） 中核集团中国核动力研究设计院
研发单位：中国核动力研究设计院设计所

内
功

当时空回到 2015 年 12 月 17 日，北京。

这天，户外难得的灿烂阳光驱走了多日以来的隆冬阴冷；而户内一声铿锵有力的宣言更是向世人宣示了华龙一号的又一成就：“NESTOR 软件包覆盖了华龙一号所有创新点，是国内首创的自主化核电核动力工程设计软件，基于数百台实验台架、数千项实验工况和 30 年近 30 台核电建设的历史数据积累而成的，凝聚了三代核动力人的智慧结晶。”这番如同在核动力软件领域主权宣示的话语，来自核动力院 NESTOR 软件总设计师李庆。

宣言掷地有声。我国第三代核电软件领域的“中国魂”正式向全国发布。这也意味着已经达到国内领先、国际一流的 NESTOR 软件从此与美国、法国等核电强国并驾齐驱，跻身世界第一阵营。在接下来的欢呼声与掌声中，核动力院与国家生态环境部核与辐射安全中心正式签署了 NESTOR 许可使用协议。这是 NESTOR 的第一个国家级单位用户，标志着中国核电软件研发迎来了新的起点。

第一节　筑　基

1996 年 7 月 29 日，中国宣布暂停地下核试验，但这并不意味着中国放弃了核武器的研发，而是利用计算机技术模拟核武器试验。核爆炸以一种更安全、更高效、更先进的方式维护着国家安全。

彼时，李庆刚刚告别母校清华大学，正乘坐南下的列车前往自己人生的下一站——位于四川成都的中国核动力研究设计院。在列车上通过报纸看到这个消息时，核反应堆工程专业出身的李庆心想：我国的核动力工程什么时候也能通过计算机技术进行模拟？

核动力工程设计研发，是包含了研究、设计与试验等各环节的复杂研究过程。如今，作为我国重要的高技术支柱产业，核电、核动力工程要想在短时间内优质、高效地完成大量的研究工作与设计任务，就必须依靠高性能、高可靠性的核电工程设计软件。这些软件需要集成进详尽的理论计算方法和试验数据，通过计算机的高速计算对核动力工程进行推演、模拟和计算。而在经济全球化和科技全球化日益深入的今天，拥有软件自主研发能力及自主知识产权已经成为占领科技制高点的有力武器，也是体现核心竞争力的重要因素之一。

在学生时期，李庆就对国内核电工程设计软件的现状有所耳闻。从20世纪80年代起，中国在役和在建的核电站工程设计用的核电软件主要来自美国、法国、俄罗斯等核电强国。国家花费了高额的费用才购买到相关软件的使用权，而那些软件被严格封装，如同“枷锁”一般，无法获得其源代码。且所购买的软件也限定在对应堆型的核电机组，严重束缚我国核电核动力工程的自主创新能力。后来，李庆回忆说：“无从得知其中的‘数学公式’，也因此不敢把它用在其他核电机组的设计和分析上。因为任何一个参数的差错都可能带来致命的灾难。”而软件的开发并非一朝之功。NESTOR软件包的研发历程，伴随着整个中国核电的发展历史，也伴随着中国核动力研究设计院的整个发展历程。

刚步入工作岗位，细心的李庆就密切关注着他心中的那个问题。在和老同事们多次的请教与交流后，他对过去的历史有了更加清晰的了解。

在20世纪70年代，夹江基地的平坝地区有一个花园般的24号，那就是当年核动力院老二所八室和计算机所在地。老二所八室共有二十多人，其中有不少是来自清华等名校的数学高才生。当时，反应堆理论设计计算的物理、热工、屏蔽以及反应堆结构设计等专业都集中在二室。工程设计人员提出程序的理论模型和验证例题，八室的数学人员进行求解方法的推导并用汇编语言编写代码，编程后共同进行程序验证分析。通过这种方法研发出了我国第一个动力堆的反应堆设计程序包。尽管程序的理论模型较为简化，但那是神州大地上的第一次突破与尝试。

当时，机房里只有一台计算速度达万次的国产计算机 108-乙，计算机内存和外部的磁鼓存储器都只有十多兆。由于全院只有这么一个宝贝，软件开发人员和工程设计人员的用机都需要申请用机时间并排班。不管是刮风下雨，还是烈日高照；不管是白天，还是半夜三更，人们都得准时步行到这里，如果错过了时间，就该下一个人了。所以往往在下班前，使用者都要提前做好准备：将软件存储在黑色的纸带中，输入数据也得按规则穿孔在另一盘纸带中。准备数据是一个细心活，穿完孔，需要一个人念出每一排孔所代表的数字，另一个人看着准备的纸质上的数据，如果有误，就当场修改纸带的孔，反复几次确保穿孔无误。上机时，都需要清空计算机的存储，用光电机将纸带上的程序代码和输入数据输入到计算机中。如果运气不好，光电机出错，还得用驴皮纸擦一擦重来。直至 70 年代末，院里又拥有了一台运算速度达百万次的国产机 TQ-6，计算机条件才有所改善。

到了 80 年代，院里拥有了国外产的计算机 VAX-780，更加高效的 FORTRAN 编程语言也得到了较为广泛的普及。硬件条件具备之后，核动力院的工程技术人员也相继具备了程序开发能力，可以根据需要开始工程设计程序的开发。随着社会经济的发展，计算机技术得以不断提高，个人计算机也得到了大量的装备。到了 90 年代，为满足核动力事业的发展，新堆型的研究被提上了日程，新的程序系统也开始了研发，工程设计软件的需求得到了一定程度地解决。

当时，某型反应堆研发和相应设计程序开发两大任务同时立项。面对堆芯研究设计没有现成软件可用的局面，核动力院的科研人员不得不既承担软件开发又承担工程设计——尽快搭建了供堆芯方案论证用的近似而烦琐的计算流程，解了燃眉之急；同时抓紧相应程序系统的研发。为了赶时间，设计人员白天在办公室的计算机上进行编码并打印出来，晚上逐个核对程序模块的每条语句并进行分析和标注，查看计算流程，第二天再在计算机上进行修改和调试。就这样夜以继日地连轴转，终于推出了国家重点项目——某新型堆的设计程序包，满足了工程需求。在整个过程中，没有什么特殊奖励，大部分人虽然都积累了一百多天的倒休时间，但没有时间休息，大家毫无怨言地在年底归零。

在 80 年代，还有一件关于软件的趣事。

随着核电在中国大地上兴起，核动力院基于第一代动力堆的基础、流程和框架，针对承担的上海金山石化总厂热核电厂设计任务研发出了一套软件。后来，核动力院参考国外的简单节块法，为核安全局开发了压水堆堆芯核设计软件包 CARMP，在国内第一个初步掌握了核电厂堆芯核设计软件包的流程和方法。随后，又开发了当时在理论模型和计算方法上更为先进的核电厂堆芯核设计软件包 NPMFPS。

在此次软件研发的基础上，核动力院开展了压水堆核电厂反应堆的影子设计，锻炼了队伍，加之具有第一代动力堆设计、建造和运行的经验和核电厂反应堆的设计软件包，以强大的实力和优势，在秦山第二核电厂项目中中标。利用研发的程序包 NPMFPS，完成了秦山第二核电厂反应堆的初步设计。该程序包也多年用于秦山一期核电厂反应堆换料设计的校核计算。

在秦山第二核电厂燃料技术转让包中，我国从法国法玛通公司引进了 INCORE 程序包。该程序包是法玛通公司早年从美国西屋公司引进并通过完善和改进形成的，虽然该程序包的理论模型较陈旧，但通过核电厂运行数据的反馈和调整，在法国已成功用于核电厂反应堆的设计。在该程序包中，堆芯核设计程序的功能齐全、配套，还包括热工水力和安全分析等程序。而核动力院当时开发的程序包的理论模型比它先进，但是功能不配套，特别是缺乏核电厂运行数据的充分验证。因此，INCORE 程序包代替了核动力院的 NPMFPS 程序包，用于秦山第二核电厂反应堆的施工设计和最终安全分析报告（FSAR）的编制。后来，INCORE 程序包一直被用于 60 万千瓦核电厂反应堆的换料设计。

到了 90 年代末，核动力院为了进一步开拓核电领域，在法玛通公司的技术支持下，承担了大亚湾核电厂反应堆的提高燃料富集度和长循环技术研究。在此项目中，核动力院又从法玛通公司引进了理论模型和计算方法更为先进的程序包 SCIENCE。利用该程序包，核动力院完成了大亚湾反应堆从第四循环至今的换料设计。同时，该程序包被核动力院和中广核集团用于 100 万千瓦级二代和“二代 +”核电厂的设计。

到了 21 世纪初，我国着手引进三代核电技术。2005 年 4 月，中核和中广核集团的设计院、工程公司、燃料生产以及各电厂、各核电设备制造等单位共计 200 多人被集中在一起进行三代核电技术评标。前来竞标的有西屋的 AP1000、法国的 EPR 和俄罗斯的 VVER，几乎囊括了全球前几家三代核电技术供应商。在分析对比了三家投标书中的技术内容，经过初步交流和提问，俄罗斯的 VVER 在首轮评标中出局。

在李庆的亲身经历中，有件令他非常难忘的事情。当时，在软件转让的前几次谈判中，某单位一直坚持不转让设计软件源代码，只同意提供现有的和今后改版的执行代码，这与标书的内容严重不符。在一次谈判中，对方直说“我们不能培养一个竞争对手”。经过多轮的谈判，在核动力院的坚持下，对方最终作出了让步，但只转让了低版本的程序源代码，也没有详细的理论模型和方法，更别谈程序员手册等重要技术文件。当时的李庆不由得叹了一口气，可见软件技术是一个单位乃至一个国家的竞争力，与人竞争必须有自己的东西。

核电技术的引进在我国核电发展的初期起到了重要作用，但也冲击了软件自主化的进程。正如核动力院软件研发人员所感受的，当年能够拥有国外软件还挺令人兴奋和喜悦的；但是，随着中国已经成为核电大国，还依赖于国外软件便成为核动力人的遗憾与伤悲。

为此，核动力院一直在思考突破困境。2006年，随着反应堆系统设计技术重点实验室的成立，核动力院设计所又专门成立了反应堆系统软件与信息技术研究室，软件研发的模式进一步规范。动力堆堆芯设计软件系统等的研发，为新型核动力堆的设计提供了新的工具。值得一提的是，该系统软件已用于ACP100S反应堆（海上浮动核电站）的设计，同时为核电软件自主化研发奠定了基础。

到了2010年，在西安举行的全国反应堆物理学术会议上，研发具有自主知识产权的核电设计软件成了会议讨论的热点。核动力院详细论述了核电软件自主化的必要性，分析了国内核电软件的现状、影响核电软件自主化的主要因素、自主研发的基础，详述了开展研发的思路。会上，国内三大核电集团的代表一致呼吁核电软件自主化。

2011年，核电软件自主化项目建议书通过专家的评审，软件一期项目在中核集团立项。以核动力院牵头，联合工程公司、105所、401所以及清华大学、西安交通大学、南华大学、四川大学等高校，开展了核电软件正规化的研发。

经过多年的储备和积累，核动力院立刻成立了一支200余人的专业队伍，开始了新的征程。队伍包括项目管理团队以及专业研发团队，集结了大量核反应堆工程设计以及软件工程研发的优秀精英。软件的高精度、高效率、高可靠性要求，对项目总设计师李庆，项目副总设计师姚栋、刘东、柴晓明，项目技术经理团队成员冷贵君、黄伟、陈智、曾忠秀、肖忠、尹春雨、宫兆虎以及各专业室的全体设计研发人员来说是挑战。同时，面对首次大规模跨领域集中开发，面对工程进度的匹配性，对项目经理卢宗健、项目副经理宫兆虎、项目副经理方浩宇、项目工程师张罂寰以及整个项目管理团队来说也是一次巨大的挑战。通过借鉴国内外开发经验，结合院情以及具体行业标准法规，通过加班加点，一轮轮的迭代反馈，完成了项目总体策划等项目组织安排。通过周密的策划安排，研发团队各领域技术人员通力合作、密切配合，各条线的研发工作紧锣密鼓地开展起来！

“软件是核电站核心技术的‘核心’，是参与海外竞争的关键所在。”时任核动力院院长罗琦说，“不用自己的软件设计核电站，我们建造的核电站仅仅是对国外核电技术的翻版、复制。”

“要想建成中国自己的三代核电站华龙一号，我们一定要有自己的核电设计软件。我对我们的项目团队的专业技术和管理能力非常有信心！”NESTOR 项目总设计师李庆说。

“有志者事竟成”。正是有数十年的梦想追逐、一代代核动力人的奋勇拼搏，才有了 NESTOR 软件开天辟地般的问世。

NESTOR 研发团队

第二节　关　窍

“五年内完成堆芯计算的所有软件开发！”

面对这样具有挑战性的任务，核动力院设计所一室联合软件室九室决定要抓住契机，迎难而上，由两个科室主任于颖锐和刘东亲自挂帅，集中科室优秀骨干，组织起一个由一室李向阳、谭怡、黄世恩、汪量子、李天涯、杨平、景福庭等二十多人和九室芦韡、安萍、马永强、涂晓兰、郭凤晨、尹强、李治刚等十多人在内的强有力软件自主化团队。团队中不乏名校毕业的硕、博士，他们是既具备丰富工程设计经验又具有扎实理论基础知识同时还善于软件编码能力的人才。

团队利用在理论研究方面的专长，发挥刻苦钻研的科学态度，进行理论模型的开发和软件代码的编写；结合团队多年在核设计和源项设计积累的经验，本着精益求精的工作作风，对软件程序进行充分验证。大家发扬团队合作和互助精神，化压力为动力，变挑战为机遇，脚踏实地，勤勤恳恳。

对这个团队而言，已经记不清有多少个夜晚办公室灯火通明；也记不清多少次讨论让集体智慧碰撞创新。忘不了面临巨大压力时的黯然神伤；更忘不了克服困难时激动人心的喜悦。团队的干将们，最终在五年的时间里如期打通了堆芯软件的“任督二脉”。

作为主管组长和主设人，李向阳积极协助主管主任进行物理专业的软件策划。根据物理专业的设计需求以及华龙一号的出口定位，他结合自己丰富的设计经验，在项目部的统筹考虑下策划了十多个设计软件。在项目研究进程中，各种问题层出不穷，为了解决问题，他带头向困难高地发起冲锋：积极协调各软件之间及与兄弟科室之间的接口处理。由于紧张的进度、巨大的困难，有那么几次他内心也打起了退堂鼓。可开弓没有回头箭，他清楚地知道自己肩上的责任，调整心情后，又一头扎进项目研究中。

宫兆虎承担了两个电厂运行支持软件的主要研制工作。与其他软件不同的是，这两个软件除图形界面制作以外的其他研发工作均在一室完成。根据项目部的要求和策划，整个核电软件自主化需严格按照软件工程的流程和标准进行开发。而这两个电厂运行支持软件规模中等，具有率先完成的可能，可为软件工程的工作流程探路。接到任务后，宫兆虎和团队成员就一头扎进了研发工作中。从理论模型到数据库接口，都多次有“山重水复疑无路，柳暗花明又一村”的经历。历时近一年的苦战，这两个软件最终率先高标准地完成了，不仅为后续软件研制增添了信心，而且很快打入了国内核电市场，用于方家山、福清、昌江等电厂的运行。

根据团队的工作安排，娄磊承担了强吸收体栅元计算软件 ARAMIS 的代码分析以及 NESTOR 软件包中栅元计算软件 ELEMENT 强吸收体计算部分的研制工作。接到任务后，正好也迎来了第一个高温假。但为了能够尽早投入工作，他选择了加班。在进行含钆计算精确度深入分析、减少分析偏差的研究中，现实的困难压迫着娄磊多次想要放弃。可是，每当要到屈服的边缘，他就会激励自己：含钆计算是堆芯软件的重要功能，如果含钆栅元计算不能进行，后续工作都将无法开展，那么整个软件依然没有自主化的内核。终于，经历了为期两年多的苦战，强吸收体栅元计算终于完成了，使整个软件包的开发迈出了重要的一步。由于在这项工作上不断钻研，投入很多的精力，娄磊被室里的同事们亲切地称为“钆师兄”。

理论计算需要人为转换成软件代码。面对 ELEMENT 厚度达 300 页的理论模型手册，技术人员的肩上如同压上了一座沉重的大山。为了完成模型向代码的数学转换，软件室主管主任芦韡和主设人强胜龙组织团队迅速开展技术攻关，带领尹强、郭凤晨、刘远等组成的程序编码团队迎难而上。他们与一室同事不断深入沟通、交流、迭代，开展用户需求理解，解读剖析理论模型，一点点地完成设计软件计算流程、数据结构、设计输入格式、数据读入、数据检查等基础工作，在实践中解决了编码过程层出不穷的问题……从整体策划到每个细节的具体实施，大家一步一个脚印，最终以高质量编写完成了 ELEMENT 软件的每一行代码。

对于廖鸿宽来说，与压力伴生的，是那份荣耀和责任。年轻的小伙子，最旺盛的就是对事业的热情和精力。五年时间里，办公室是他最常去的地方，埋头细心研究理论模型，重新研读各个编程教程，梳理工程设计软件的编程思想，加班到深夜更是家常便饭。

软件开发也给年轻的王诗倩带来了许多压力。五年时间里，面对一个个软件需求，她日复一日地进行着模型研究等烦琐而枯燥的工作。遇到难题时流下的委屈泪水、熬夜加班时窗外的万家灯火、加完班回家路灯下的形单影只，都如同电影的胶片，反复地滚动。“对核动力的女孩子而言，什么最重要？”王诗倩的答案始终是“责任”。在压力中奋进，在责任中成长，五年后的成功，她将之称作自己的凤凰涅槃。在光芒闪烁的那一刻，她体会到了事业成功之时的成就感与荣誉感，那是一种承担好自己的责任、倾注心血于自己的工作的朴素而又伟大的满足感。

软件自主化项目中，副主任吕焕文带领的源项软件开发团队负责软件理论模型的研究；相应的，软件室则负责软件代码和图形界面的开发。为便于专业编程人员更好地完成编码工作，吕主任在繁忙的工作中挤出时间专门为编程人员讲解相关理论知识，在代码开发完成后主动检查代码中的问题，组织理论专业人员进行软件的验证工作，保证了软件开发工作的顺利进行。

同样是在软件自主化项目中，项目主设人谭怡深觉压力之重大，责任之荣耀。他一人就主持了源项与屏蔽相关的 7 个软件的自研工作和 3 个软件的外协工作。“兢兢业业，一丝不苟”，是他手机的屏保，是他的座右铭，也是他始终保持着旺盛的斗志的精神源泉。为了保证软件开发的顺利进行，他积极与外协单位和兄弟科室进行沟通，协调项目进度，探讨项目问题。谭怡的同事景福庭，在此项目中承担了多个源项相关软件的理论模型研究工作，参与了相关软件研发的全部流程。由于项目难度大、进度紧，经常需要加班，景福庭任劳任怨、主动承担。他不仅克服了多个技术难点、掌握了源项分析的基本理论，更是成长为源项分析领域的技术专家。百折不挠，砥砺前行，他们将“自主创新，勇攀高峰”的核动力精神贯穿在了工作始终。

作为华龙一号堆芯核设计工作中最核心的两个“明星”软件 CORCA-3D 和 KYLIN V2.0 的研发过程也是历经艰难。这两个软件一个负责堆芯中子学计算、为核电厂装换料提供安全评价，一个负责燃料组件计算、获取堆芯关键参数。在软件室副主任芦韡的带领下，团队的模型算法和编码高手们与一室的堆芯设计工程师们共同成立了攻关突击队。在堆芯核设计、软件研发领域均为资深专家的项目副总设计师姚栋的指导下，以安萍、马永强、芦韡为主的 CORCA-3D 软件开发团队，从反复研究模型，推导公式，走读代码到调试验证，每个环节都不放松，坚持啃下每块硬骨头，力求软件的易用性、健壮性；以柴晓明、涂晓兰、郭凤晨为主的 KYLIN V2.0 软件开发团队亦是经历波折，模型推敲、数据结构设计、代码调试与 BUG 修复，无不用最饱满的状态完成软件的开发。

正所谓“艺精心更苦，何患不成功”，在软件研发的日志里，开发团队基本实行“996”工作制，大家牺牲了无数陪伴家人和休息娱乐的时间，但都没有丝毫的怨言。早一天研发出自己的软件，就能够早一天实现中国核电对国外的出口与应用。

在整个研究过程中，坚韧不拔、勇于承担的故事不胜枚举。为着一个共同的梦想，大家精诚团结，勤勤恳恳，默默在各自的岗位上脚踏实地，无怨无悔的付出。

这样的团队同时也是一支充满智慧的团队。

软件自主化中，在线监测软件系统的研发在国内没有丝毫的基础。在线监测系统是反应堆的眼睛，它透过封闭的反应堆钢材料，时刻监视着堆芯功率分布和安全裕量，已成为三代堆芯的标志系统。俄罗斯 VVER、美国 AP1000 和欧洲 EPR 等三代堆芯均已实现功率分布在线监测。华龙一号作为国产三代堆芯，要想具有国际竞争力，也必须实现同样的功能，甚至要比他们做得更好。面对着国际国内核电发展的新状况，设计所一室主动确立了进行在线监测系统软件研发的研究课题。

在线监测的软件系统如何构架？物理模型如何建立？探测器如何选型？信号延迟如何处理？探测器怎么布置？功率如何拓展？一个个问题摆在团队面前，每走一步，都让大家倍感艰辛。面对着拦路石，研发团队没有气馁，从零开始，一步一个脚印，凭借自己的智慧硬是从无到有完成了系统构架、模型建立和软件系统的开发。验证结果表明，该系统具备国际同类型软件相同的精度。

历经五年的艰难坎坷，堆芯软件研发团队完成了核设计、源项设计、物理试验分析、堆芯运行支持等共计 18 个软件的研发，共计完成报告约 200 余篇，截至 2019 年获得软件登记证书 15 项，实现了完整自主知识产权。五年的时间，团队在艰难中前行，顶住压力，历练蜕变；五年的时间，团队的青年人在中国核电发展的大时代中贡献了最美的青春岁月；五年的时间，有人从单身变成了父亲，而 NESTOR 更像他们的孩子，既是他们青春的烙印，更是他们对未来的期许。中国核电事业发展沉淀的点点滴滴，他们亲自见证；五年铸剑，成为抹不去的青春记忆。中国核电直挂云帆，华龙一号长风破浪，那是团队成员心灵深处最大的欣慰。

第三节　甩掉“洋拐杖”

设计所三室承担着华龙一号 ZH−65 型蒸汽发生器的科研和工程设计任务。实现核电站蒸汽发生器的设计自主化，是几辈核动力院人梦寐以求的夙愿。然而，即便设计出来了先进的蒸汽发生器结构，但若没有计算软件、没有试验数据，就没法对其性能进行定量分析计算和验证，又如何说服他人相信设备的性能优良、安全和可靠呢。长期以来，蒸汽发生器设计软件成为“卡脖子”问题，这个问题不解决，结构设计人员即使有奇思妙想，也很难用于工程设计。

在“二代 +”核电项目上，核动力院成功设计了 10 多台机组共计 40 多台蒸汽发生器，对蒸汽发生器的结构和关键技术有了较深的掌握，积累了丰富的工程经验。但这些经验距离自主化设计仍有较大的差距。从某种意义上来说，这些技术本质上是对岭澳一期核电站蒸汽发生器方案的借鉴，仅有小幅度的改进。换句话说，这些技术方案“没有自主知识产权”。

2011 年，命运又一次走到了十字路口等待着抉择：中核集团三代核电技术华龙一号蒸汽发生器到底走哪条道路？是自主创新，还是依托设计？

三室的同事们都知道自主设计蒸汽发生器的难度，尤其是在“急难险重”的工程前提下，谁都不敢贸然立下军令状。也有不少人心里嘀咕，是不是可以考虑再请西屋公司帮助设计？在这种情势下，三室以黄伟主任为主的室领导班子，在广泛了解了设计人员们的困难和意见后，由黄伟主任拍板说：“我们的蒸汽发生器设计依赖了国外公司几十年，不能再这样下去了！这不仅是为了集团、院所的长远发展，也是为了捍卫我们每个设计人员的荣誉。没有设计软件、没有试验数据，那我们就要下定决心自己开发软件、自己做试验验证，一定要抓住这次机会、克服困难，甩掉这根洋拐杖！”

“甩掉蒸汽发生器的‘洋拐杖’！”蒸汽发生器软件研发开启了新的征程。

软件研发立项后，研发团队立刻到位：三室负责理论模型研究，九室负责软件开发。研发的具体组织和开发重担分别落在了设备组副组长张冀辉和软件开发主设人阳惠身上。相比于有过开发软件经历的九室同事，三室的研发人员几乎都是零基础，面对软件研发全都一头雾水。面对大家的困惑，张冀辉经过了深思熟虑后指出：“不会干，我们可以学！要想开发出优秀的软件，就要先做广泛的调研，借鉴已有的成功经验，再体现我们 ZH-65 型蒸汽发生器的特色”。有了这句话，大家的思想得到了统一。随后，研发团队成员们分头行动，在不到一年的时间里，通过查阅文献、访谈老专家、调研核电业主公司等手段最终清楚定位了蒸汽发生器软件的功能，解决了软件计算流程、模型算法和验证方法等关键技术，最终共策划研发五个软件，来解决蒸汽发生器静态、动态、三维流场等热工水力性能的计算分析问题。

蒸汽发生器给水环水力计算软件（SGEF）是研发顺序中的首个软件，是“当头炮”。这个“当头炮”能不能打得好、打得响，关乎着整个研发的成败与意义。在流体力学领域，水力计算是一个复杂的过程，尤以精确的理论模型作为评价计算精确度的关键指标。谁也没有想到，完成 SGEF 理论模型的竟然是参加工作刚满两年的小伙子何戈宁。就是这个小伙子，凭着其精湛的专业能力、吃苦耐劳的工作作风，让这个“当头炮”异常响亮。在那段时间里，何戈宁因为加班好几次错过了办公楼晚上关门的时间，全身心投入工作的他被门卫大爷锁在了楼里。正是凭借这股劲，何戈宁和 SGEF 为其他软件的研发探索出了一条成功的道路，让还有些畏难沮丧的同事们看到了项目圆满完成的希望。在何戈宁的示范下，负责 SGEF 软件编码的九室阳惠团队接过了前者的接力棒。尽管阳惠团队对理论模型知识存在欠缺，但他们主动地与三室进行不间断的沟通、学习，还自主翻阅了大量零散的英语、法语资料，克服语言上的困难，不断查找与汲取，完成软件的需求分析和理论分析。随后，软件的设计和编码紧锣密鼓地开展，不仅计算模块精益求精保证计算正确性，还要具备友好美观便于使用的图形界面。

倘若当时有谁能够走近何戈宁的工位，一定会被他办公桌上的布置所吸引：映入眼帘的是堆满桌子的专业书籍，还有角落处摆放的碗筷、成箱的方便面。是的，他以办公室为家，几乎每天都工作到凌晨，一年牺牲业余时间加班高达 1500 小时。就连其常吃的方便面也特意选择了“华龙”牌，他开玩笑说，一定要留下一袋，待华龙一号发电的那一天拿出来庆功！而此时的阳惠，正处在初为人母的喜悦之中，但面对软件研发的重任，她把孩子托付给家里老人，放弃了周末和假期，压抑着对孩子的担心与想念，把时间和精力都投入到 SGEF 软件的研发工作中。正是他们这种乐观豁达、甘于奉献的精神，才使得 SGEF 软件在立项后短短三个月内便开发完成。在年终验收会上，SGEF 软件受到院、所及集团公司领导的高度好评，为院整个软件研发项目开了个好头、树立了良好的形象。

蒸汽发生器管束区三维热工水力参数计算软件（TBC）则是 NESTORE 平台上蒸汽发生器设计分析软件包中最复杂、研发难度最高的一个软件。它的研发成功，意味着蒸汽发生器研发工具软件中有了终极武器。例如，它能够在设备研发阶段准确预测运行状态下每一根传热管的三维热工水力状态，能极大地缩短新设备研发周期，节约试验费用，优化设备性能，减少设计冗余度，大幅提升设备的安全性和经济性。

如果把 TBC 软件几万行的代码比作一座摩天大楼，那软件的数学物理模型就是大楼的地基，其技术水平直接决定了软件计算结果的准确性及计算过程的效率。在核动力院研发 TBC 软件之初，国内的核电行业几乎完全依赖于外国公司的相关程序。外国公司为了确保技术封锁，不但只提供封装好的程序的使用权，对程序的详细理论模型和源代码均不予转让，还固化程序的输入卡，严格限制程序只能在某些特定的核电项目中使用。就是在这样困难的条件下，核动力院软件研发团队努力发扬老一辈核工业人自主创新的精神，硬是在一年的时间内凭借扎实的理论基础为软件建立了完备的数学模型，攻克了三维程序的数值稳定性、迭代收敛速度等一系列难关，为后续的软件编码打下了坚实的基础。

成翔同志是 TBC 软件研发中的一位典型代表。他有自然卷的头发、风趣的语言、憨态可掬的笑容，都会给人留下深刻的印象。而与外表的爽朗形成鲜明对比的是，他敏锐的思维、扎实的理论基础和敬业的工作态度。在 TBC 软件的研发历程中，为了构建软件理论模型，他阅读了数不清的文献资料和程序代码，与软件编码设计室的同志一起挑灯夜战解决软件编码技术问题也已成为家常便饭。令人印象深刻的是，他常从家里带一张饼作为晚餐。同事们问他为何不去食堂？他总会回答：还是自家烙的饼可口！一张饼，一颗心，成就了成翔为 TBC 软件研发贡献出的磅礴力量。

最终，在 SGEF、TBC 等一系列蒸汽发生器研发软件的问世下，华龙一号 ZH-65 型蒸汽发生器实现了从设备设计、制造、试验和设计分析工具的全面自主化。蒸汽发生器的“洋拐杖”被彻底地甩掉，国产蒸汽发生器走得昂首阔步、器宇轩昂！

第四节　新 天 地

燃料设计是核电工程设计的一个重要领域，但我国自 20 世纪 90 年代起，大量引进使用国外燃料设计软件，自主知识产权的燃料软件体系始终没有建立。国内燃料领域的老专家张凤林曾经回忆，当时国内要进行燃料性能分析计算，各设计单位都得依靠国外技术转让的程序，这些程序仅能开展简单的燃料性能分析与结构设计，并且模型适用范围有限。而一种采用新型材料的核燃料在定型前后，需要开展大量的试验与辐照考验，以判断设计的合理性。面对如此重要的需求，燃料性能分析的咽喉完全被国外核电先进国家（法国、美国）所扼住。在这样被动的局面下，核动力院的技术工作者一直都在积极思考、不懈努力，要为中国开辟出一片自主化核电燃料软件的新天地。

2009年时，周毅还是核动力院一名在读硕士研究生，如今，他已经是五室主管软件研发项目的副主任。当初他研究生课题的方向就是自主化燃料性能分析模型的研发，为ACP1000堆型（华龙一号的前身）开发国产燃料棒性能分析程序奠定基础。当问起当年为何如此选题，周主任总是笑着回答：“可能是一份朴素的追求与理想吧。”而今，这份朴素的追求与理想，令周主任的硕士成果成为后来自主化燃料棒性能分析软件（FUPAC）的理论基础。在国产核电软件一穷二白的背景下，一位年轻的硕士生成为中核集团NESTOR燃料软件包的开路先锋。

由于绝大部分燃料性能的机理试验都是国外所做的，例如UO2芯块热物性、辐照肿胀、裂变气体释放、锆合金堆内外力学模型等等，周毅首先熟读了M310、AP1000燃料性能分析程序的技术转让资料，进而又查阅了所有能搜集到的燃料材料性能相关文献，将国内外核电研发机构开展的主要堆内外试验及现象模型了然于胸。凭借着自己在研究生期间扎实的数值分析基础，周毅建立起压水堆棒束型燃料性能分析的初步框架以及算法流程。

当时，在燃料硬件方面，核动力院正在牵头研发具有自主知识产权的CF系列燃料组件，目标就是作为华龙一号的燃料。与此同时，同自主化CF燃料组件工程应用相适应的燃料设计软件的研制工作也被提上日程。2011年，中核集团成立了“核电设计与分析软件研发”重点科技专项，这对于自主核电燃料软件的研发是一个标志性的事件。设计所五室燃料软件的研发工作有了正式的项目依托。面对如此具有挑战性的任务，全室上下团结一致，在时任室主任陈平的亲自挂帅和统筹下，集中全室优秀技术骨干，组织起由周毅、蒲曾坪、张坤、邢硕、李文杰、茹俊、朱发文、刘振海、李云、马超、黄永忠、何梁等二十多人的软件自主化团队，共同攻关 NESTOR 项目中燃料软件研发专题。

燃料棒是燃料组件中的重中之重，也是反应堆辐射安全的第一道屏障。燃料棒性能直接影响反应堆的经济性、可靠性和安全性。燃料棒在堆内辐照期间经历复杂的物理化学变化，因此，一个能够模拟燃料棒堆内热 / 力学行为的分析软件对于性能评价和设计准则验证具有重要的意义。

燃料棒性能分析软件的英文是 FUPAC，为了完成这一具有重要意义的软件研发，陈主任抽调周毅、张坤、邢硕、李文杰，组成了一个精悍的攻关小组。软件项目一旦开始，理论与程序计算问题都是层出不穷的，大家经常牺牲晚上或周末休息时间开展理论模型调研与算法讨论，几乎每周都在会议室里召开 FUPAC 软件研制进度会，汇报目前的技术状态并讨论存在的问题。在这种 ALL-IN 模式下，攻关小组克服了千难万险，按时保障了 FUPAC V1.0 版本的研制成功。

跟所有的软件开发一样，理论模型和算法是 FUPAC 的“灵魂”，而代码是 FUPAC 的“骨架”。在五室对燃料分析软件理论模型进行全面深入理解和掌握之后，九室进而成立了以涂晓兰为主的 FUPAC 软件开发团队，严格按照软件工程的流程进行程序概要设计，完成“骨架”的搭理。这一工作如同对工艺品的精雕细琢，软件开发团队在数据结构和算法方面开展了大量的分析与设计工作，在经历了 700 多天的日夜奋战、无数次的 BUG 修复后，FUPAC 软件实现了成功开发，并取得了理想的验证结果，形成了相关的软件开发标准模式，广泛应用于项目中多个软件，取得了良好的应用效果。

在核燃料棒的结构中，包壳作为一个容器，其内部狭长的空间内盛装着一个个小小的燃料棒芯块。由于芯块和包壳的材料、功能各不相同，分析两者在堆内升降功率条件下的相互作用（简称“PCI 性能”）成为各项核电工程项目安审中关注的重要环节。为了作出 PCI 性能分析软件，研制任务落在了刘振海与何梁两位年轻同事的肩上。虽然他们刚刚离开校园走进工作岗位，但他们都快速地融入了自己的工作角色。两位青年抒发着青春的活力，大量调研国际 PCI 研究资料文献，结合华龙工程实际，探索建立芯块与包壳机理模型。二人相辅相成，一旦产生了创新的思路，在办公室内的技术讨论甚至是通宵达旦的，为此两人的工位上常备了泡面与榨菜当夜宵。2017 年 8 月，首款 PCI 性能分析软件 PERAC 正处于验证的关键阶段，刘振海与何梁为了争分夺秒，在高温假期间仍然驻守在办公室，最终按时完成了 PERAC 软件的华龙一号 PCI 性能分析报告。

控制棒是反应堆运行控制的重要设备。如果将反应堆比作燃烧的天然气炉，那么控制棒就是控制这个炉子火力大小的开关。作为堆内的安全部件，控制棒需要在规定的时间内准确无误地插入指定的位置，因此它的落棒时程与落棒冲击力都需要经过精确的分析与验证。最终，控制棒落棒时程分析软件（CRAC）与控制棒落棒冲击力分析软件（IMPAC）的研制任务，落到了李云与马超这对中青组合上。李云是核电项目设计的资深技术人员，参与过秦山、福清、方家山等多个核电工程的设计工作，熟悉工程设计与加工制造的各个环节；而马超是刚毕业的博士研究生，这对组合就像师徒一样开展软件理论模型的开发工作。作为老大哥，李云细致地给马超讲解图纸，并带着他同赴现场介绍设备的制造流程与工作原理，明确落棒分析软件开发的核心功能要求；马超则不断发挥着自己年轻的能量，广泛调研整理国内外的控制棒缓冲机理模型，用自己扎实的数学功底开展公式推导与算法设计，然后同老大哥一起深入剖析理论公式，去粗取精，逐步建立出适用于华龙一号堆型的落棒理论分析模型，保证了 CRAC 与 IMPAC 两款软件在计算应用中的准确性。

常言道：“只要功夫深，铁杵磨成针。”尽管硬如钢铁，在长期的磨动下，也会发生形状的改变。而在核燃料中，燃料棒也会因为长期累积的振动，导致磨损乃至于破裂——这一现象被称作燃料棒振动磨蚀现象，是核燃料领域的重要难题。为此，NESTOR 软件包中策划的适用于华龙一号的燃料棒振动磨蚀分析软件 FURET 同样意义重大。FURET 软件的研发任务由茹俊与黄永忠这一对中青组合承担。茹俊是科室 501 组的老组长，曾经赴法国接受过法国核电著名核燃料品牌 AFA3G 的设计技术的培训，也是 CF 项目燃料组件主要设计人员，有着丰富的工程设计经验；黄永忠是新入职的硕士研究生，硕士论文就是燃料棒的振动磨蚀相关方向，掌握国内外振动磨蚀分析的最新技术前沿与理论模型。这对组合实现了工程经验与理论知识的完整统一。在软件理论模型以及编码设计的同时，茹俊与黄永忠还多次出差中科院沈阳金属所，成功推进了相关试验的开展，为 FURET 软件验证提供了坚实的数据基础。FURET 软件正是由于其优良的研制质量，于 2019 年被安审中心采购用于燃料组件的科研分析，表明核动力院燃料设计软件自主化工作得到高度认可，助力我国自主化燃料组件走出国门。

从 2012 年开始，燃料软件研发团队通过对引进软件的消化吸收，进一步进行理论模型分析和软件设计变化，利用两年的时间圆满完成了燃料组件压紧力计算分析软件 HOFA V1.0 版本的研制。通过与引进软件的对比验证结果显示，两者的计算误差处于工程可接受的误差范围内。然而，HOFA V1.0 的理论模型采用的是确定论方法，对关键参数选取了较为保守的设定，可能会出现压紧力裕量不足的情况。虽然这一情况并不影响 HOFA V1.0 的正常使用，可这让燃料软件研发团队的成员们心中始终有一块疙瘩。精益求精的工匠精神，促发着他们一定要将这一点不完美变得完美。鉴于此，HOFA V2.0 软件应运而生。它在 HOFA V1.0 的基础上改良了算法，完美解决了原先的不足。通过三年的精细淬炼，HOFA V2.0 软件于 2017 年 5 月顺利完成研制总结报告，验证结果能满足验证计划和验证准则的要求。

在五室软件研发团队里，有很多精干的研究二人组。他们或师徒，或兄弟，在精诚团结的传帮带与技术交流中，大家共同进步，完善软件理论模型与算法构造。每个软件研发的历程中，大家都忘不了攻坚问题时屡试屡错的眉头紧锁，更忘不了软件最终研制成功时的激动与喜悦。

截至2019年，经过软件自主化一期（NESTOR）、二期（NESTOR2）、三期（NESTOR3）的开发研制，中国核动力研究设计院设计所五室已经牵头研发出8款自研软件，构建了功能完善的燃料专业软件自主化体系，满足了华龙一号燃料组件工程应用软件需求，就如同盛开在CF燃料组件周围的8朵金花，开辟了自主化核电燃料软件的新天地，为提升我国核电燃料的国际竞争力，助力华龙出海、推动CF燃料品牌走出国门而绽放。

第五节　金 刚 诀

如果将核反应堆一回路系统比作一座核电站的能量心脏，那么与之相连的错综复杂的核级管道就是心脏上的一条条血脉。为保证这些血脉的安全，就需要修炼好核动力工程软件“内功”中的“金刚诀”——核级管道力学分析软件。

在早期的核级管道力学分析中，采用人工计算复核的方法。但由于其数目众多，工程量非常大，常常让工程人员疲惫不堪，在某些计算评价方面还严重依赖国外开发的软件。如何才能方便、快速地对核级管道进行力学分析及安全评估工作，彻底摆脱对国外软件的依赖，一直是困扰设计所八室的一个难题。从2011年开始，在NESTOR项目部的大力支持下，八室成立了专业攻坚团队，开发了自主化的全新核级管道力学分析软件（NPPS），彻底解决了工程难题。

一个成功的软件设计应该是以用户为出发点，始终在考虑“用户需要什么”。因此，在软件开发前期就应当有一份列清用户全部需求的需求说明书。为了建立好这份“终极索引”，研发团队成员不辞辛苦，翻阅了核电站管道力学分析报告400余份，涉及多个领域技术。针对每一份报告，成员们对其中的重要信息都进行了归纳统计，形成了一份完整翔实的软件需求说明书。

成功的软件，也离不开一个人机友好的交互界面。为了让用户的体验达到最佳，研发团队成员充分咨询了室内“老同志”的意见，摸索出了大家使用软件的习惯，使开发出的软件具备了非常好的亲和力。

“金刚诀”开发出来，如何向大众保证它能够起到安全的作用呢？针对此问题，研件开发团队组织了多次讨论会，并且邀请室内专家进行出谋划策，最终形成了两套并行的验证方案：第一，用 NPPS 计算结果与另一核级管道计算软件 SYSPIPE 进行结果对比验证，要求使用上最严苛的计算案例；第二，用手工方法计算验证。

验证的工作非常烦琐、耗时耗力。研发团队成员本着慢工出细活的精神，对数据进行一点一滴的记录、整理，花费了将近 3 个月时间完成了此项工作。最终，功夫不负有心人，无论是软件对比验证还是手工计算验证，NPPS 软件的计算结果都和对应数据完全吻合，软件编码的正确性得到了成功的验证。

俗话说，“世上无难事，只怕有心人”，NPPS 软件的开发经历了许许多多的苦难，但通过团队的努力，都一一克服了。软件的成功开发，培养了八室同事们的创新胆魄、坚持不懈的毅力以及团队合作精神。

第六节　观　纹

核动力反应堆在运行时，是一个庞大的闭合系统封锁住内部极高的压力。如果任何一个部位出现细小的裂纹，都可能会造成堆内冷却剂的泄漏、危害整个核电厂的安全，就如同鼓胀的气球被刺破一样。因此，破前泄漏（LBB）技术在现役核电厂的改造和新建核电厂的设计中应用得越来越广泛，成为三代核电技术先进性的标志之一。在设计时积极引入 LBB 设计，是目前核级管道设计必不可少的一环，也是核级管道安全的重要保证。

随着破前泄漏（LBB）技术应用的逐渐广泛，一些瓶颈技术也逐渐暴露在设计人员面前。例如，管道贯穿裂纹泄漏率的计算就是LBB技术应用的瓶颈技术之一。由于管道贯穿裂纹泄漏本身就是极为罕见苛刻的现象，相应的计算分析也依赖于苛刻的试验基础。此前，美国电力研究院（EPRI）专门开发了管道贯穿裂纹泄漏率计算软件——PICEP，并得到了美国核管理委员会（NRC）的认可，允许应用于核电工程设计。但该软件禁止向中国出售，只能在美国境内限制使用。

基于管道贯穿裂纹泄漏率计算软件的重要性，核动力院层级与国内一家外协单位合作开发了一套泄漏率计算软件，耗时长达五年，由于资料极其有限，试验条件苛刻，该软件至今仍不能满足工程应用的需要。

为了完全掌握此软件的核心数据，核动力院成立了以吴万军、谢海、孙英学等技术人员的程序研发团队，与美国SI公司开展了以掌握LBB技术应用为目的的合作交流，以达到开发具有自主知识产权的泄漏率计算软件的目的。

前期开发的泄漏率计算软件存在较多的低级错误，导致软件的计算效率低、代码可读性差。这就导致设计所八室的技术人员们不得不进行二选一的抉择：是对现有软件进行改良，还是推倒重来？

选择改良，则可以节约大量的时间，但前期先天的缺陷可能会导致程序无法达到最优；而推倒重来则意味着要与时间赛跑，能否在限定的时间内完成目标将成为最大的挑战。

当这样的选择放在面前，很多人都会觉得两难。

八室同事们却豪迈地提出了一句宣言：“成大事者须有壮士断腕的决心！”

倔强的八室团队选择了将原有软件架构彻底推倒重来，从热工水力学和断裂力学的基础理论出发，严格遵循软件工程的相关标准规范，对裂纹泄漏率计算软件进行重新开发。在这股铆足了劲儿的势头下，团队再一次创造了奇迹，仅用了短短几个月的时间就完成了泄漏率计算软件PICLES的重新开发工作。与之前的软件相比，PICLES不仅杜绝了所有错误，还实现了模块化的代码设计、规范的输入输出、简洁方便的人机交互界面和高效的计算效率，并增加了根据目标泄漏率迭代计算出泄漏裂纹尺寸的新功能：管上观纹，自 PICLES 始。

为了验证 PICLES 的精确性，大家再次与美国 SI 公司开发的 SI-PICEP 计算软件进行结果验证。通过演算实际工程中的工况，两个程序的计算结果偏差在 1% 以内，在某些极端状态下的偏差为 5% 以内（而这些极端状态在实际工程设计中不存在，没有实际意义，仅有试算意义）。由此证明，PICLES 软件具有良好的精度，可以用于 LBB 工程设计。

不仅如此，大家还通过这次对比验证，发现了 SI-PICEP 中存在的一些十分隐蔽而难以发现的错误。虽然这些错误不会影响工程应用，但关系到八室研发人员对程序理论的理解程度。出于对事业的敬重与责任，八室向 SI 公司致函，希望提醒和督促 SI 公司的专家对这些问题进行解释。然而，傲慢的美国专家对来自中国的质疑不以为然，拒绝作出任何解释。秉承着实事求是的精神，八室一再向 SI 公司提出要求。最终，SI 公司放下了傲慢的架子，对 SI-PICEP 软件进行复检并证实了这些错误的存在。经过这件事，核动力院软件开发人的理论知识和专业水平折服了美国同行们。

如今，PICLES 经过软件室技术人员的开发，已经嵌入到 NESTOR 软件包中，并具有美观的人机交互界面，成为核电软件平台的重要成员之一。PICLES 的自主开发打破了国外垄断，完全可应用于工程设计，在华龙一号的核级管道设计中已得到应用，拥有完全自主知识产权，为国内电厂 LBB 技术应用及相关的技术出口奠定了基础。

第七节　岿然不动

在核电站和核动力的设计中，安全永远是绕不开的话题，在设计中需要全面考虑自然灾害等外部载荷对核电站安全的影响。在众多的自然灾害中，地震是危害最大的因素之一。地震的发生往往突如其来、毫无预兆；一旦发生，瞬时伤害和次生伤害都会对人们的生产生活造成严重的影响。

2011 年 3 月，在日本福岛发生的里氏 9.0 级地震，导致福岛县两座核电站反应堆发生故障，其中第一核电站中一座反应堆的放射性物质泄漏，造成了巨大的损失。地震说来就来，如何确保核电站“岿然不动”，就需要在设计伊始充分地考虑到地震因素。

在核电站抗震设计工作中，核电站坐落厂址位置的地震设计响应谱是重要的信息输入。宏观的地震传递到核电站内，需要转化成易于分析计算的机械结构加速度时程。在 NESTOR 项目的大力支持下，八室成立了地震加速度时程和响应谱计算软件攻坚团队，通过自主创新，形成了具有自主知识产权的计算软件 STARS（Seismic Acceleration Time History and Response Spectrum Calculation Software）。

在软件研发过程中，团队成员相互协作、刻苦钻研、勇于探索和创新，从文献调研、理论学习到规范研究、程序设计、编码实现等，一路披荆斩棘，一步一个脚印地走到了今天。

团队成立初期，国内还没有自主的地震加速度时程和响应谱之间转换计算软件，核电站的抗震设计只能依赖国外的设计软件。其中使用较多的设计软件为法国的 FACS，该软件是我国进口法国 M310 系列核电厂时的配套软件，其知识产权属于法国，不能在我国自主设计的核电站项目中使用。同时该软件在部分计算分析方面也无法满足最新的规范要求。为此，团队研发的首要目标是解决软件自主化问题，新软件要实现 FACS 的所有功能，性能要达到甚至超过 FACS 的现有水平。

团队成员一方面开展文献调研，学习响应谱计算时程的相关理论知识，开展软件需求分析，功能模块及程序设计并通过编码实现。同时，针对 FACS 软件的设计理念和思路进行学习和摸索。通过“摸着石头过河”，团队成员们开发出了 STARS 软件，实现了地震加速度时程和响应谱计算软件的自主化，在我国核电自主化发展历史上留下了自己的足印。

尽管解决了有无问题，但攻坚团队还是想让 STARS 走得更远。在往后的每个日夜，团队成员为 STARS 的优化和完善倾注了自己的青春和汗水。在地震响应谱向地震加速度时程转化的过程中，由于加入了随机相位信息，导致转化结果具有很大的不确定性。为了保证转化结果能够更加真实地反映地震实际情况，必须想办法使转化结果与原始地震响应谱建立起约束关系。在以往的设计过程中，这种约束关系的检验只能依靠人力，整个过程耗时耗力，而且过于依赖工程设计经验，对设计人员的要求非常高。

为了解决这个长期困扰大家的难题，团队在 2018 年组织全力攻关，通过半年多的不懈努力，终于开发出一种具有自主知识产权的优化算法。该算法能够自动生成满足相关规范要求的地震加速度时程，彻底解决了分析计算中的难题，为核电站抗震设计人员节约了宝贵的时间和精力，显著地提高了生产力。

在国际上，该算法也是首次被提出。凭借着这种创新，STARS 软件在许多方面已经超过了法国 FACS 程序，甚至也超过了美国西屋公司的相关软件。攻坚团队一路走来，从追跑、跟跑到并跑、领跑，他们在核电站抗震设计这条路上奉献着自己的青春，散发着光和热。他们将继续前行，向着一个又一个的技术难题进发，一代又一代地传承。

第八节　失水诊断

在核反应堆系统的一切假想严重事故当中，失水事故是最受科研人员关注的对象。所谓“失水”，是指反应堆及一回路因边界破裂或设备故障，一回路的冷却剂（水）向外漏出的事故。

2018 年 7 月，由核动力院自主研发的核反应堆系统失水事故分析程序

（Advanced Reactor Safety Analysis Code，简称ARSAC）已完成初步验证，后续的深入研发正在有条不紊地进行着。

回忆起ARSAC的研发历程，研发团队负责人丁书华的目光变得柔和起来，像是看到了自己的孩子，“作为ARSAC研发团队负责人，自决定开发以来，常常半夜醒来，思绪涌上心头，久久不能平复。研发到底应该选择什么样的路线？程序框架怎么设计？重要模型怎么衔接？一个个问题时常在脑海中浮现。在最初调研的一年中备受质疑与打击，很多人都说：太难了，肯定搞不出来！但那时我们靠着一股子不服输的傻劲撑过来了”。

“从决定开发ARSAC起，热工水力与安全分析室就将其作为重点专业建设方向，做大事必须不拘一格！我们打破专业组、专业室间的传统界限，组织了一批由核动力院高层次人才组成的核心研发团队，团队成员大多为在专业方向上学术领先的博士，从各个方面给予资源倾斜，并得到集团、院、所和国内外高校的大力支持。”六室主任邓坚说道。研发团队齐心协力，攻克一个又一个困难，当看到ARSAC V1.0发布时，所有人的脸上都发出了光，为其中每一个模型，每一行代码，为自己所倾注的心血而兴奋。

理论模型是系统程序的“骨架”。从普渡大学Ishii教授实验室访学回国的李仲春博士说：“失水事故是ARSAC程序研发的核心，压水堆核电厂的大破口失水事故中，会出现多种、多相态的极端复杂情况。当用软件来模拟这些过程时，既需要一个良好的理论模型，又需要可行的模型落地方法。失水事故搞定了，其他事故就不在话下啦！”为了实现嘴里的“搞定”，李仲春的桌子上堆积了厚厚的几沓写满公式和推导过程的草稿纸，从最基本的流体力学基本动力学方程出发，他独立构建了以两流体六方程为基础的模型体系，成为从理论模型到实际程序的桥梁。

算法是程序的“心脏”。如何稳定快速地求解反应堆系统热工水力过程，是程序研发的关键问题之一。钟明君博士详细分析了国内外系统分析程序的求解逻辑，并结合反应堆系统热工水力过程的基本规律，建立了“半隐式压力—速度分离式”求解的全新思路，实现了复杂两相流问题的稳定求解，使

ARSAC 的计算稳定性达到甚至超过了国内外同类先进软件的水平。同时，他还联合西安交大开发了新型矩阵算法，使 ARSAC 相较国内外同类软件的计算效率有了大幅提高，实现了快速高效计算的既定目标。

本构模型是系统程序的“肌肉”。反应堆系统行为的准确模拟，绝大程度上取决于本构模型的适宜性和完善性。结合已有经验和基础，在广泛调研国内外系统分析程序的基础上，团队成员建立了一套符合先进性要求的本构模型体系。吴丹博士从研究生阶段就开始从事相关的仿真模拟，在此基础上提出了适用范围更广、模拟精度更高的 Reflood-NPIC 模型，有力地支持了 ARSAC 本构模型体系的完善。鲍辉结合壁面换热的分区特征以及区域类型和局部参数的关系，开发了壁面换热计算流程包，通过已开展的实验验证，取得了良好的吻合。党高健博士着眼于现有破口临界流计算存在的问题，在广泛调研理论模型和实验数据的基础上，提出适用范围广、模拟精度高的两相临界流模型。钱立波博士借鉴已有堆芯中子学的研究进展，开发了基于点堆和三维中子动力学的堆芯模型，使程序具备较广的应用范围。

人机交互是程序的“外表”。程序的易用性和用户友好性是程序得以推广应用的基础。黄涛博士和王雅峰工程师详细地调研和分析了潜在用户的使用习惯，从人机交互思想中寻找灵感，建立了数据驱动的程序建模方法、任务驱动的计算流程和需求引导的计算结果处理模型，并建立了现有系统分析程序的转换接口，能较容易地实现用户迁移，同时极大地降低了使用难度。

软件架构及代码是程序的“组织”。能够实现复杂计算的 ARSAC 程序，不仅需要满足稳定性和准确性要求，也需要具备可拓展的功能。为了顺利实现 ARSAC 软件的设计与编码，软件室建立了由核反应堆、数学、计算机等专业构成，包括王杰、徐志松、王雅峰、庞勃、卢忝余、秦志红、赵欣、王媛美、于洋等多名博士、硕士在内的精干设计编码团队，根据程序应用需求和程序开发的具体问题，结合模型与算法结构，详细设计了程序整体计算框架、数据结构及流程。团队成员加班加点，从整体策划到每个细节的具体实施，一步一个脚印，保质保量地完成了既定目标，并积累了丰富的程序研发经验。

验证是程序的“灵魂”。在程序开发初期，开发团队全面调研了现有程序的验证情况，并确定了详细的程序验证计划。陈伟和申亚欧高工分别分析了大破口和小破口失水事故特征，建立了现象分级和排序表，确定了程序的使用范围和需求，并依此建立了完善的程序验证矩阵。结合已有实验数据情况，确定了需要新开展的实验项目，并且加入了多个国际合作项目，以获取更多的实验数据。目前，部分新规划的实验正由二所五室开展，过程中突破了众多极限工况下的测量问题，提升了整体实验技术水平。

电厂应用是程序的“试金石”。在吴丹博士带领下，研发团队正在开展基于 ARSAC 程序的 DMRM（Deterministic Model Realistic Methodology）失水事故分析方法研究，形成一套满足核电站设计取证要求的失水事故分析方法。目前，该方法已经应用于华龙一号大破口失水事故的分析过程中，获得了合理的分析结果。李峰和张勇等人则进一步分析了 ARSAC 程序应用于瞬

ARSAC 研发团队

态和反应性事故分析的适用性，建立了相应事故的现象分级和排序表，拓展了程序的使用范围。

“目前程序1.0版本已经搞出来了，测试反馈良好，不负院里的重托，也不负大家的努力。第一步跨出来了，挺欣慰的，后续研发框架已经铺开，日后的研发过程还会一如既往的艰苦，大家一边做工程项目一边还要研发程序，往后大家又开始互相折磨啦！”丁书华笑着说道。ARSAC研发团队也将朝着计算结果更准确、计算精度更高、应用范围更广和使用更为便利的目标继续前行。

第九节　安全小卫士

“安全”，是核反应堆的设计、建造与运行过程中的重中之重，关系着千千万万人民的生命财产安全。美国三里岛核事故、苏联切尔诺贝利核事故、日本福岛核事故，这一桩桩的惨案给人们带来了无尽的痛苦和深刻的教训。作为第三代核电堆型，华龙一号同时具有能动与非能动的安全系统，并在设计中考虑了针对堆芯熔化事故的缓解措施。此外，华龙一号可以抵抗9级以上地震，其双层安全壳可以抵御大飞机撞击，安全性国际领先。而在这些安全性设计背后，隐藏着一个不起眼的身影，那就是反应堆安全小卫士——非失水事故分析软件TRANTH。

核电厂非失水事故分析是反应堆热工水力及安全分析的重要组成部分，模拟反应堆冷却剂系统整体响应的瞬态分析系统程序是开展非失水事故安全评价的必备利器。国际上主要的核电设计公司均拥有各自的系统分析软件，很大程度上也增强了他们在国际科研领域及核电市场上的话语权。在室主任邓坚的带领下，核动力院设计所六室非失水事故组的技术人员们不畏艰难，主动承担起自主研发系统瞬态分析程序的重任。

TRANTH 软件是自主研发的适用于压水堆系统模拟的分析软件，具有完整的自主知识产权，其模拟了反应堆堆芯、反应堆冷却剂系统、蒸汽系统及控制和保护系统，可模拟多环路的压水堆核电厂非失水事故（NON-LOCA）工况，适用于多个瞬态事故，为设计人员开展反应堆安全分析与设计提供了必要的手段。

研发任务起步之时，以冉旭、邱志方、李峰为主的技术团队负责人经过精心策划、详细布局并与软件专业人员进行了多轮探讨，确定了 TRANTH 的研制路线。

为了尽可能全面地反映核电厂非失水事故下热工水力变化及系统瞬态响应的情况，杨帆、喻娜、张丹细致地梳理了核电厂不同类型的事故后具体的参数变化和主要系统及重要设备的响应情况，确定了 TRANTH 程序研发的具体需求。鲜麟、陈宏霞、方红宇、周科、吴鹏几位技术人员根据具体需求，经过大量调研和文献对比，研究、建立了整个系统程序的理论模型框架，搭建了相应模块。并与软件专业协作，经过数月的奋战，最终实现了从理论计算模型到程序语言的转化。随后，陆雅哲、初晓、张舒、蔡容、习蒙蒙开展了程序的测试和验证，测试了程序的规范性和正确性，并选取大量算例进行多角度、多维度的验证评价分析。通过与成熟的系统程序分析结果进行对比，TRANTH 的计算结果偏差小于 3%，具有良好的精度，完全可以进行实际应用。

在 NESTOR 软件包中，TRANTH 是规模最大的软件，其理论模型手册厚度近 300 页，代码量超过了 10 万行。面对困难，软件研发工程师冯晋涛迎难而上，组织研发团队迅速开展技术攻关。开展用户需求理解、解读剖析理论模型、设计软件计算流程和数据结构，并解决了开发过程中不断发现的一个又一个新问题……

冯晋涛带领的 TRANTH 开发测试团队秉承核动力院人"自主创新、勇攀高峰"的优良传统，历经三年多、一千余个日夜的努力和奋斗，十多轮代码版本的迭代，终于高质量地完成 TRANTH 软件的研发工作。

“百尺竿头，更进一步”，尽管已圆满地完成了TRANTH软件的开发和验证任务，但研发团队并不就此止步，他们瞄准了核电厂设计工作中的更多需求。在以冉旭、李峰、鲜麟为主的技术核心牵引下，TRANTH软件又被嵌入了蒸汽发生器二次侧非能动余热排出系统模型，极大地拓展了程序本身的分析范围。

此外，以方红宇、陆雅哲为主的技术骨干开发了TRANTH程序数据自动化建模，极大地简化了传统分析方法，缩减了大量的人力、物力，提高了计算的准确度。张舒、初晓、吴鹏、陈宏霞在换料项目上应用了该优化分析模块，取得的效果非常明显，得到了专业技术人员的一致认可。

通过TRANTH软件研发的实施，专业团队在程序开发方面的能力得到了提升，为后续自主软件的开发确定了技术储备，从而为自主核电品牌的推广提供有力支持。

第十节　水火不侵

压水堆，顾名思义，是以水作为工质的反应堆。要保证反应堆的正常运行，需要反应堆具备与堆芯产生热量能力相匹配的传热能力，这就需要反应堆热工水力专业人员对反应堆内复杂的流动和传热过程进行分析，并评价反应堆在热工水力方面的安全性，完成核电厂的热工安全设计。用中国传统文化的一句话形容，那就是“阴阳既济，水火不侵”。

作为开展反应堆设计和安全分析的重要工具，堆芯热工水力分析软件是核电软件自主化中重要的一部分。华龙一号采用了全新的堆芯、创新的设计，为适应这种自主化先进堆型，堆芯热工水力分析软件必须进行自主化研发。

在2013年的中央经济工作会议上，中国国家主席习近平与国务院总理李克强再次强调要以核电和高铁作为我国重要的出口项目，以“一带一路”为依托，向全世界推广。核电技术“走出去”从此上升为我国的国家战略，标志着中国由核电大国向核电强国转变。为了能让承担着中核集团三代核电自主创新使命的华龙一号早日走出国门，热工水力分析软件自主化作为自主研发中的一个环节，必须在节点之前完成软件的研发，肩负重任的堆芯热工水力程序研发团队的技术人员深感责任重大。

任务重、时间紧、人力资源紧张，可供参考的资料也非常有限，同时还要顾及科研与工程之前的进度协调，这对堆芯热工水力程序研发团队的小伙伴们来说是前所未有的压力和挑战。热工水力分析软件的自主化研发，意味着要根据新的设计自主开展模型研究、编码、测试、验证等研发过程。这不仅要求软件开发人员在热工水力专业技术领域要有深厚的基础理论功底，同时还要求需要具备很强的程序设计和软件开发能力。

“骨头越硬越要啃”。为了早日实现热工软件的自主研发，热工水力与安全分析室和反应堆系统软件与信息技术研究室“强强联手”。在双方室主任邓坚、曾辉、刘余、芦韡的带领下，王啸宇、潘俊杰、张勇、黄慧剑、刘伟、任春明等多名成员组成研发团队开始了热工水力程序自主化的攻关和研发。研发团队的成员们既有经验丰富的所级专家、研高、高工，又有充满活力的工程师、助理工程师。他们专业素质高，业务能力强，一个个都“身怀绝技”。

王啸宇、徐良剑、彭倩等几位技术人员参阅各种文献和资料，确定了软件研发的具体需求。随后，陈曦、张勇、任春明、黄慧剑、沈才芬、王玮等几位技术人员又通过大量调研，凭借自己在专业技术方面扎实的基本功建立了一套适用于自主化堆型的热工水力分析软件的理论模型。

理论模型建立之后，进入程序设计编码阶段，刘伟、李松蔚、郭超、陈仕龙、李沛颖等几位技术人员与软件专业潘俊杰、汤琪芬等“编程大神”合作，对整个软件系统进行设计，根据多次讨论后拟定的计算流程，完成了数万行软件内核的代码编写和图形用户界面代码的编写。

程序编码完成了，它是否满足需求说明书和设计说明书要求？代码编写是否满足编码规范？对于自主化堆型的各种热工水力分析工况，它能否正常准确运行？这些疑问都需要通过对软件进行严密的验证才能得到结果。研发团队的小伙伴们，仔细梳理了热工水力分析中的多种工况！根据其特点制订了详细的验证计划和多个算例。杜思佳、王泽锋、辛素芳、杨小磊、陆祺、刘卢果等参与验证的技术成员逐一对每个工况进行严格的测试验证。结果表明：验证项的验证偏差全部满足预定的验证准则；软件的计算精度也满足各项验证准则，能够用于压水堆核电站堆芯热工水力子通道分析。

忙忙碌碌、夜以继日、同心协力，参与研发的小伙伴们向着共同的目标不断地努力着，让自主化热工水力分析软件的羽翼一点点地丰润起来，形成了自主化新堆型堆芯热工水力分析程序（CORTH）、反应堆水力学分析程序（PHYCA）等软件谱系。其中，CORTH 软件是中核集团第一个提交安全审评认证的自主化软件。

精诚团结、九转功成，自主化热工水力程序的研发成功，凝聚着研发团队的心血和智慧。面对困难，研发团队迎难而上，过五关斩六将、团结高

▍堆芯热工水力程序研发团队

效，让适用于自主知识产权的百万千瓦级三环路压水堆品牌的堆芯热工水力软件从无到有，在华龙一号的长卷上绘上了美丽的一笔。

第十一节　融会贯通

NESTOR 软件包中每个计算软件的成功研发，离不开理论模型的研究，离不开软件编码设计，在其背后真正离不开的，是理论专业室与软件专业室的大力协同、团结合作。为了让各套软件“心法”能够融会贯通，在软件专业室主任刘东、副主任曾辉及芦韡的带领下，团队从先进计算机软件工程方法角度入手，决定建立起一个大成的软件集成应用平台 NEPRI。

2010 年，软件专业室曾经接到了一个软件开发任务，为秦山第二核电厂开发了堆芯运行支持与燃料管理的专用平台 QSICOR。这个平台在交付使用后，用户反馈非常不错。在 NESTOR 项目制订总体方案的阶段，两位技术总师李庆和刘东针对软件专业范围广、数量多、接口复杂等特点，提出了把反应堆各个专业的软件都放到一个平台上来运行的全新思路。这一任务下达后，平台研发团队中的芦韡、冯波、王家翀等人曾作为 QSICOR 的核心开发人员，很自然地开始在 QSICOR 基础框架上设想具体方案，形成了 NEPRI 平台的最初始的蓝本。

随着初始设想的逐步演进，NEPRI 平台在开发团队长期不懈的努力下不断迭代改进，从 2011 年发布测试版，到 2013 年发布 V1.0 正式版，再到 2016 年发布 V2.0 正式版，千锤百炼，一步一个脚印。如今的 NEPRI 是有着数十万行代码的大型平台，对提高专业软件在使用效率、数据管理等方面起到了举足轻重、不可或缺的作用。如果把前文所述的各类专业软件看作智能手机上的 APP，那么 NEPRI 平台就是底层支撑的“操作系统”，保障每一款软件的高效运行。

整套 NESTOR 软件包是否稳定安全、质量可靠，仍然需要依靠评测的手段进行测试。在曾辉主任牵头下，成立了以肖安洪、冯晋涛、张娜为核心的 NESTOR 软件测试团队。他们每一个人都清楚自己担负的使命和责任。是他们，在坚守着质量的阵地；是他们，在守护着安全的红线。

还记得那是 2014 年底一个寒冷的冬夜，核动力院新基地内的 909 大道周边已渐渐沉寂，但是一号楼 12 层的办公室却灯火通明，一场与时间比拼的竞赛正如火如荼地进行着。为了攻克 NESTOR 软件测试的技术难题，键盘声和讨论声交织在一起，宛如一曲美妙的交响乐，窗外寒风凛凛，窗内却是一幅激情澎湃、朝阳似火的景象。

伴随着 NESTOR 软件研发工作的深入，软件测试团队也在快速成长，几年时间下来，从最初的蹒跚学步到现在的朝气蓬勃，他们走上了一条质效合一、追求卓越的测试之路。

软件的质量是在软件开发全生命周期中慢慢形成的，而不是依靠最终的一次测试保证出来的。为此，NESTOR 软件测试团队将测试工作贯穿于软件开发的全过程。

针对 NESTOR 软件包软件数量多、代码体量大、项目周期紧的特点，测试前的准备工作显得尤为重要。NESTOR 软件测试团队在项目伊始就着手于测试的准备工作，开展了周密的测试计划制订，保证了后续测试工作的顺利、高效进行。

为了保证测试的效率，NESTOR 软件测试团队决心采用自动化测试手段。他们使用“以点带面”的战术，在一些关键领域，突破了自动化测试的关键技术，实现了编码规范规则集的开发和应用、测试用例的自动执行、重要计算结果的自动提取与对比分析等。

NESTOR 软件测试团队深知，良好的过程产生良好的结果。为此，团队科学地完善了组织架构和角色分工，制定了完整的测试体系流程，引入了成套的测试管理工具，保证了测试过程的专业化、规范化和管理上的可视化。

回首NESTOR研发的一路轨迹，映入眼帘的是团队每一名成员对技术的较真、是每一块“硬骨头”的突破、是凌晨办公室的一盏灯……NESTOR团队用“匠心精神”来打造匠心产品，真正践行了“不忘初心，方得终始”。

“NESTOR软件包可以说是完成了华龙一号的私人订制。”项目副总设计师刘东说，“NESTOR软件包在建模过程中，结合了大量的工程科研经验和先进研发成果，其物理模型更适合于工程科研实践，稍加修改，完全可以适用于其他堆型反应堆的工程设计需求。”

NESTOR是衡量华龙一号是否具备完全自主知识产权的重要砝码，也是关乎华龙一号能否独立“走出国门”的关键所在。这么一套完整的软件平台，涵盖了物理设计、屏蔽和源项设计、热工水力、安全分析、燃料元件、系统与设备设计、核电厂运行支持，以及工程管理等多个重要专业领域，包含了开展华龙一号设计与研发主要过程中必须的绝大部分专用软件，也可以拓展应用至核电厂换料、在线检测、应急响应等运行支持领域。到今天，NESTOR软件包内的自主化软件已经过百，获得了软件著作权102项、授权专利24项、源代码1000余万行，并成功应用于华龙一号的研发和工程设计。

作为具有完成自主知识产权软件的集大成者，NESTOR对核电工程研发设计形成了显著的技术支撑力，也让我国第三代核电华龙一号具备了重要的技术出口及转让能力，为核电走出国门提供了重要的保障。面向未来，随着军民核能工程设计研发、建设运行工作的持续加强以及核电“走出去”的步伐进一步加快，NESTOR软件包必将为提升我国核电核动力工程的自主创新能力发挥更大的作用，为中国核电走向世界前沿作出更大的贡献。

第八章 再次跨越

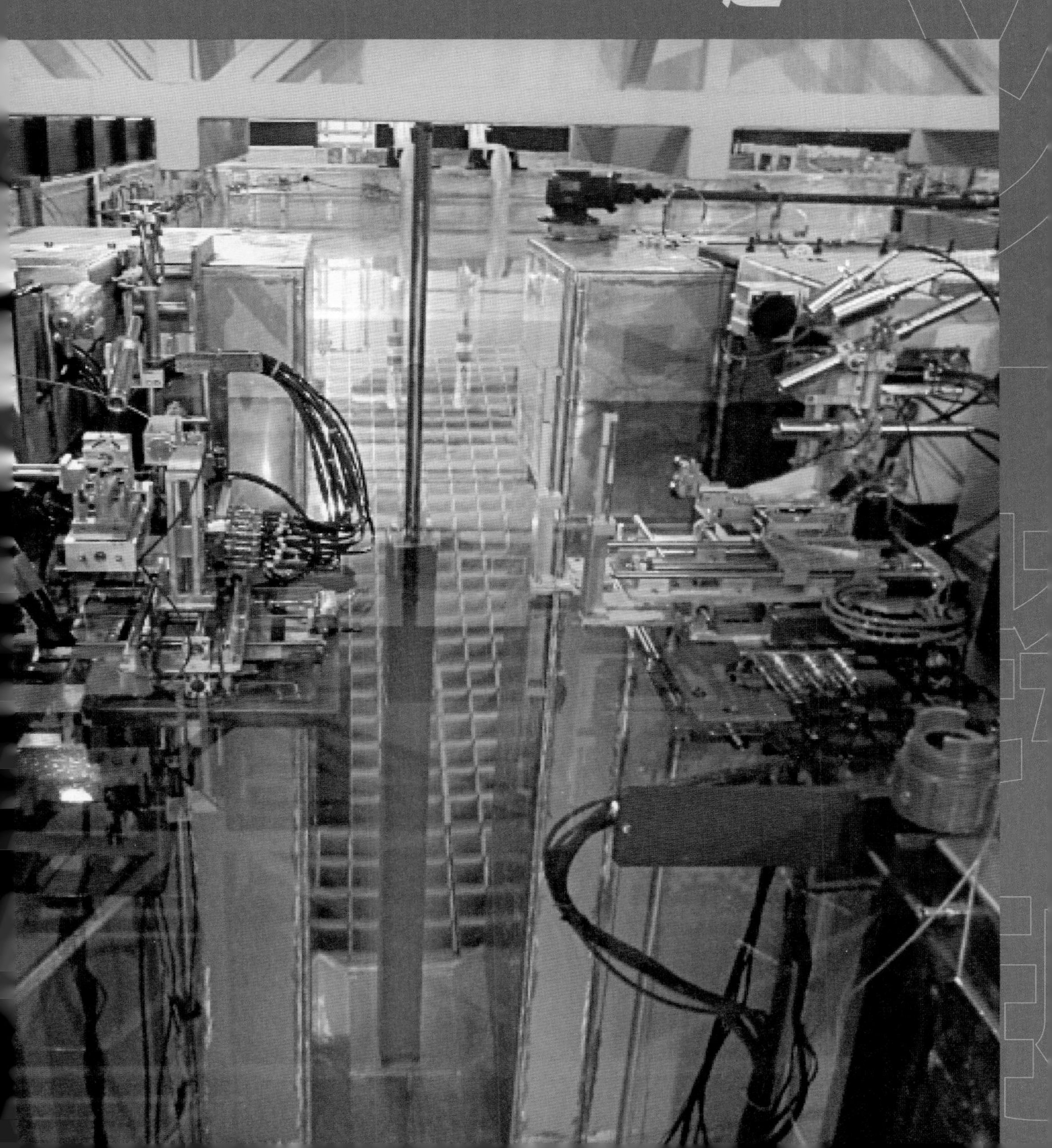

再次
跨越

核燃料是核电站能量的来源，核燃料之于反应堆如同煤之于火炉。一座百万千瓦级核电站，一年只需消耗30多吨的核燃料便可以生产约80亿度的电，相当于常规火电站160万吨左右标准煤的发电量。核燃料的性能决定了核反应堆的综合性能，历来被视为核心技术。长期以来，我国高性能压水堆燃料组件依赖进口，核芯原材料和零部件的供货渠道和定价权均由国外控制。“没有自主知识产权的燃料组件，我们就要受制于人，更谈不上在国际市场上竞争。”集团核燃料元件技术领域首席专家、总设计师焦拥军如是说。

正是在这样的背景下，2010年，中核集团决定启动自主化先进压水堆燃料元件研发，将“压水堆燃料元件设计制造技术”（以下简称“CF”）项目列为集团第一批重点科技专项，项目在实施过程中得到

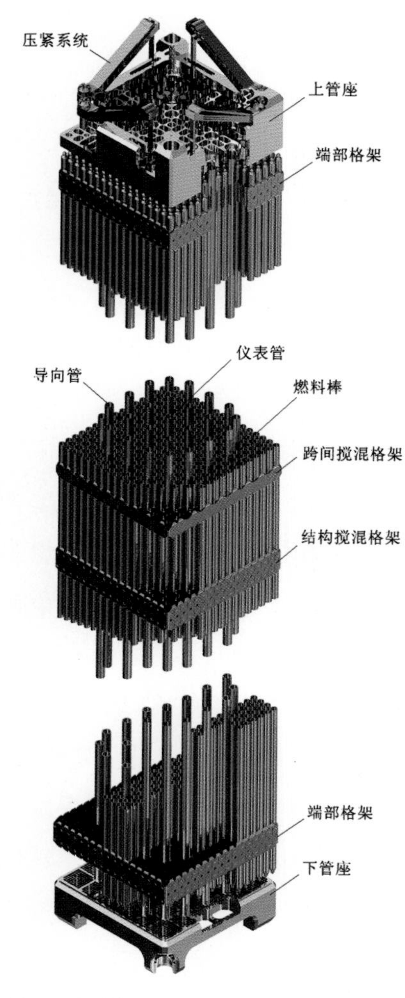

CF燃料组件结构示意图

国家国防科工局的持续支持。

CF项目的成功实施，使中核集团自主研发出具有自主知识产权的CF系列燃料组件，建立了CF燃料自主品牌。同时形成和完善了我国完整的燃料组件设计、制造、试验等研发体系，建立了燃料组件知识产权体系和产业化应用体系，也使得国内摆脱了无自主知识产权燃料品牌的困境，打破了国外的技术限制和原材料供应限制，为我国自主化三代核电顺利出口提供了重要支持，具有深远意义。

第一节 匠心独运

匠心是一种追求精益求精的态度与品质，是一个团队职业道德、职业能力、职业品质的集中体现，核动力院人的敬业、精益、专注、创新精神正是研制出华龙一号中国“芯”的制胜法宝。

唐代诗人李白曾有诗云：“九天开出一成都，万户千门入画图。草树云山如锦绣，秦川得及此间无。”在这如诗如画的天府之国，在这个来了就不想走的城市，有一大批为梦想而奋斗的核动力科技人员，他们正承担着华龙一号中国“芯”的研发，只争朝夕，不负韶华。

CF燃料组件研发的主要目标是研制出自主品牌的CF2燃料组件和具有自主知识产权的CF3燃料组件，自主知识产权意味着除了在材料上有所创新以外，CF燃料组件需要进行大量的结构创新设计，摆脱国外知识产权限制。随着国内核电的大规模发展，我国在短期内通过技术引进获得了国外先进核电燃料技术，进行技术转化吸收再创新，实现弯道超车。一方面，国外技术的引进带来了国外专利的快速布局，其中燃料组件及其零部件结构设计是其重点保护对象，涉及燃料组件整体结构、燃料元件、骨架、格架、管座、导向管和仪表管等的专利超过65项；另一方面，国外技术引进带来了技术转让协议的限制，与燃料组件、格架和管座等相关的引进技术不能用于自主CF燃料组件的出口，不满足华龙一号走出去的要求。可以说，国外核电强国在我国形成了全范围、立体式的燃料组件结构相关的知识产权封锁，这给CF燃料组件的结构创新设计带来了极大的挑战。

结构设计是燃料组件研发过程中最先行的环节之一。结构设计出现问题，将影响到后续的燃料组件性能分析与预测、燃料组件制造、堆外性能试验以及堆内辐照考验等各个环节，甚至影响整个研发任务的成败。

2010年，CF重点专项启动时，CF燃料组件研发面临着时间紧、任务重、K2/K3（卡拉奇2号机组、3号机组）交货节点刚性等多重困难，这给CF燃料组件结构创新设计带来时间维度的挑战。以肖忠（核燃料领域专家，CF燃料元件研发副总设计师）为代表的设计团队虽然完成了法国燃料AFA2G和AFA3G技术转让材料的消化吸收，但对燃料组件设计依然欠缺实战经验，燃料组件结构设计是复杂的系统工程，涉及面广、涉及专业众多，这给CF燃料组件结构创新设计带来技术维度上的挑战。

每当项目遇到困难，需要凝心聚力时，焦拥军（集团公司燃料元件领域首席专家，CF燃料元件研发总设计师，国防科技工业十大创新人物）常常会提及这些事，鼓励大家一定要争这口气，“把自己的事情做好，才能得到别人的尊重。如果我们没有显著的技术进步和充分的技术水平，别人不会把你当回事。中国作为一个核电大国，必须要有自己的核燃料组件，它是反应堆的核心，我们一定要研制出最好的中国‘芯’。”

为解决燃料组件结构创新设计难题，突破国外知识产权封锁和技转协议限制，打赢这场与时间赛跑、没有硝烟的硬仗，核动力院设计所燃料元件设计研究室举全室之力组织形成了燃料组件结构设计攻关团队，包括燃料元件攻关团队、上管座攻关团队、压紧系统攻关团队、格架攻关团队、导向管攻关团队、下管座攻关团队和燃料组件攻关团队等。在焦拥军、肖忠和陈平（核燃料领域专家）带领下，结构设计攻关团队夜以继日、反复论证，寻找结构设计的突破口，为创新设计奠定了基础。

一方面，他们快速梳理国外核发达国家在中国申请的与燃料组件结构设计相关的专利 60 余份，明确专利的限制范围，结合中国压水堆燃料组件设计和制造技术现状，提出自主 CF 燃料组件的发展方案；另一方面，根据 CF 燃料组件燃耗、热工水力和抗震等技术要求，结合燃料组件主要零部件功能的分解，找准结构创新的突破口，如导向管采用“管中管”结构形式、定位构架采用防勾挂设计等。为了开展这些工作，他们办公室的楼道常常灯火通明，攻关团队成员加班加点已成常态，真正做到了舍小家为大家，获得了大量的一手材料。

燃料元件是反应堆能量的源泉，承载着产生热量和包容裂变产物的重要功能，燃料元件包壳及其上下端塞构成的密封结构是反应堆的第一道安全屏障，其安全性和可靠性直接影响到反应堆的安全性和可靠性。

燃料元件结构由包壳管、上、下端塞、气腔弹簧和芯块构成，看似简单的结构组成，相互之间却存在着极其复杂的热力学和辐照影响。芯块的密实、肿胀、碎裂，裂变产物释放，包壳的辐照生长、蠕变、腐蚀，气腔弹簧的辐照松弛，端塞与包壳焊接，这些各零部件在反应堆内的“独立表现”随着燃耗的加深，相互之间发生着强烈的相互作用和影响。芯块与包壳间的力相互作用，裂变产物对包壳的侵蚀，气腔弹簧与包壳间的相互支撑和约束，端塞环焊处的密封性能及力学强度，这些问题都需要综合考虑，综合协调以进行燃料元件的结构设计。然而，面对复杂的综合热力学及辐照影响，留给燃料棒结构设计的空间是狭小的。

燃料棒的结构设计需考虑与燃料组件结构的相互兼容，燃料棒的生长不应与上下管座发生干涉，燃料棒的径向变形不应与格架夹持系统相容，来自于轴向和径向的限制，燃料棒的结构设计可施展的空间非常有限。

“舞台虽小，尽显人生百态”，燃料组件攻关团队的陈平、茹俊、雷涛、张林、李云、蒲曾坪、李垣明、庞华、张凤林、朱发文、李华等人不愿满足现状，他们从燃料元件堆内性能提升的角度入手，深挖细节，展开了燃料元件的“精密设计”。

2010年起，在中核集团“燃料组件设计与制造重大专项”项目的支撑下，燃料元件率先开展了满足燃耗42000MWd/tU要求的CF2燃料元件的设计。CF2旨在解决燃料组件自主品牌的问题，因此CF2燃料元件的设计将采用国产再结晶Zr-4合金作为包壳材料，Zr-4合金材料在国际上已被广泛应用，主要用于二代堆型，其性能已被业界所熟悉，与当下国际上的新一代锆合金相比，其蠕变性能、腐蚀性能、辐照生长性能表现均较为一般，CF2燃料元件应用于华龙一号三代堆型，其对燃料元件性能要求更高，需从燃料元件设计中提升CF2燃料元件的余量以适应先进堆芯设计的需求。

在CF2燃料元件设计中，最重要的设计特征就是采用了“较短”的气腔设计和“较高”的预充压设计，这两个设计特征看起来与现在国际上燃料元件设计思路背道而驰，但实际上，这是设计者针对国产再结晶Zr-4合金性能，为CF2燃料元件量身打造的，更短的气腔和更高的预充压设计，其目的是提高燃料棒的内压，较高的燃料棒内压可减缓燃料棒包壳在外压作用下向内蠕变的速度，从而为燃料元件的芯块包壳相互作用提供更大的余量，当然，一味地增大内压会导致燃料棒内压超设计准则。因此，燃料元件攻关团队的张坤、周毅、邢硕、蒋有荣、青涛、何梁、刘振海、吕亮亮、高士鑫、王璐、唐昌兵、郭子宣、殷明阳、路怀玉、刘仕超、齐飞鹏等人基于国产再结晶Zr-4的力学性能，建立相关模型，通过多次迭代，最终完成了CF2燃料元件结构设计，确定了关键参数，CF2先导组件于2013年入堆开始辐照，在经历三个循环的考验后，已于2017年出堆，池边检查结果显示，CF2燃料元件性能符合预期，未见PCI导致的环脊现象，CF2燃料元件的设计让“二代”包壳在三代堆型上焕发了“第二春”。

在CF2燃料元件研发的同时，针对CF3燃料组件的使用要求，CF3燃料元件研发的工作也在同时开展，CF3燃料组件设计目标燃耗52000MWd/tU，将作为华龙一号的首选燃料组件，更高的燃耗指标要求CF3燃料元件具有远优于CF2燃料元件的综合性能。

CF3 燃料元件设计选用了我国自主研发的新型锆合金包壳材料——N36 锆合金，大量的堆外试验证明，其综合性能优于 Zr-4，但由于是全新的锆合金包壳材料，其堆内性能并不掌握。因此，燃料元件设计人员首先要做的是建立针对 N36 锆合金的分析模型。通过针对燃料元件包壳材料堆内行为的研究，深入梳理锆合金计算分析模型敏感性，基于堆外性能对比数据，燃料元件设计者从保守设计角度建立了用于 N36 合金的初步分析模型，基于这些分析模型开展了 CF3 燃料元件的设计工作。

相较于 CF2 燃料元件，CF3 燃料元件将应用于更高的燃耗。因此，需提高其储存裂变气体的空间，燃料元件从两个角度进行了该目标的实现，一是加大燃料棒气腔长度，二是采用了“变截距”的气腔弹簧设计，这两项设计改进直接有效地提升了燃料棒裂气体储存的空间，满足了高燃耗使用的需求。

除此之外，由于高燃耗的应用环境，燃料棒将有更大辐照生长，因此应进一步提升其辐照生长的空间，综合考虑燃料组件的结构设计特征，将通过缩短燃料棒的总长来实现该项技术目标。

燃料元件设计者广泛调研了国际上燃料元件端塞的设计特征，并开展了相关的专利查新工作，通过设计“内抓取式”端塞实现了燃料棒总长的减小，进一步提升了辐照生长的空间。

CF3 先导燃料组件于 2019 年初完成了三个循环的辐照考验，池边检查结果显示，CF3 燃料元件外观无异常，辐照生长量，棒径变化量及氧化膜厚度等均符合预期，满足 CF3 燃料组件的使用要求。

除燃料元件结构设计外，针对 CF 系列燃料组件产品在自主华龙一号三代核电中的应用，核动力院依托自身在核燃料设计、分析领域丰富的技术积累，以设计分析理论、方法为架构，结合材料性能、加工制造工艺、试验测量、辐照考验等多学科、多领域的成果进行构建，组织开发具有自主知识产权的核燃料设计分析软件，以设计为出发点调动相关领域进行创新。

针对燃料元件，共开发了三个燃料元件性能分析软件，FUPAC、

CELAP 和 PERAC，用于开展燃料元件综合力学性能分析，蠕变坍塌分析及 PCI 行为分析，这些软件的开发有力支撑了 CF 燃料元件的设计与验证，同时随着 CF 燃料研发工作的不断深入和积累，再持续进行更新和优化，作为燃料元件设计的灵魂，燃料元件设计者致力于打造世界一流的具有高精度、高可靠性的计算分析软件，提高我国的核电燃料软件的国际竞争力，助力华龙出海。

同时，燃料元件设计者在上管座、压紧系统、端部格架、导向管、下管座等具体的设计细节上充分发挥了自主创新的精神。

第二节　锆合金三十年

2018 年 11 月 24 日，具有自主知识产权的首批工程化制备的 N36 锆合金材料通过了中核集团组织的验收，并在西安顺利装车发运。此举标志着核动力院历时二十余载艰苦卓绝的努力，首次在国内成功掌握了自主高性能锆合金包壳材料产业化研制技术，并成功实现工程化制备，世界锆合金家庭中首次迎来了中国品牌，有力促进了我国核电事业的发展、支撑了中国核电“走出去”战略的实施。

燃料元件包壳是装载燃料芯体的密封外壳，其作用是防止裂变产物泄漏、避免燃料受到冷却剂腐蚀以及高效地导出燃料裂变产生的热能。包壳材料作为核反应堆的“第一道安全屏障”，被称为燃料组件的“骨骼”和“皮肤”，是反应堆中最为重要和关键的结构材料。燃料组件能否长期在反应堆内安全、可靠和高效地工作，与包壳材料密切相关。

在燃料元件的设计研究中，包壳材料研制是至关重要的一环，包壳材料的性能和品质直接关系到燃料元件的破损率和燃料元件能够承受的最大燃耗值，是评价燃料组件研发水平的重要指标之一，也是自主知识产权的标志之一。因此，突破燃料元件原材料尤其是包壳材料的自主化瓶颈，就成为先进核燃料元件研发过程中的重中之重。

锆合金由于具备耐辐照、耐腐蚀、中子吸收截面小、力学性能好等优点，历来作为压水堆燃料元件包壳材料的首选，在国际上形成了以美国ZIRLO、法国M5和俄罗斯E635等为代表的高性能锆合金包壳材料品牌。我国却始终没有形成自己完整的核工业自主材料研发体系、机制，某种程度上造成了研究与实际需求的脱节，特别是在民用高燃耗燃料组件用锆合金包壳材料研发领域同国外先进水平相比更是明显滞后，以至于目前我国在运核电站不管是自行设计建造的还是国外技术引进的，其所需的燃料组件用高性能锆合金包壳材料大多需要从国外进口或依托国外技术生产。中国制造，缺少高性能锆合金包壳材料，这成为核工业材料人心中的痛！

随着国家大力发展核电，对锆合金包壳材料的需求进一步扩大。同时，随着核电“走出去”战略的实施，华龙一号已走出国门正式落户巴基斯坦，阿根廷等核电项目正在积极商谈，燃料元件包壳材料仍然依靠国外技术显然已不合时宜！

核动力院材料研究团队在跟踪国际锆合金的发展过程中，敏锐地发现对现有的锆合金研究改进再多，也不会产生质的飞跃，知识产权始终是国外的。长此以往，我国未来的自主核燃料元件的研发必然会受到严重的影响。核材料和核燃料元件领域著名科学家、中国工程院资深院士周邦新带领核动力院的赵文金等一批年轻同志，提出一个大胆的设想：我国能否突破国外知识产权的包围，搞一个自己的锆合金材料？

为追求高性能锆合金包壳材料实现自主化生产这一“梦想”，从“八五”开始，核动力院四所依托于原国防科工委1992年首批设立的核燃料及材料国家级重点实验室（现更名为“反应堆燃料及材料重点实验室”），以周邦新院士、研究员赵文金为骨干的锆合金研究团队开始了艰辛的技术创新之路。

核动力院四所长期以来致力于从事锆合金材料性能研究，积累了丰富的基础数据和技术经验。当开展高性能锆合金研究时，这些经验和数据能够为研制提供巨大的帮助，然而研究过程仍是曲折异常。要研制出对标国际先进水平的新型锆合金，仅凭前期一些性能研究的经验和数据是远远不够的。没有成熟的经验借鉴，面对国外设置的技术和专利壁垒，核动力院四所的研究团队，从最基本的成分设计、优选开始，厘清锆合金合金元素与性能的内在规律，一步一个脚印地向前摸索。

在总结国外先进锆合金研发经验的基础上，先后从众多锆合金合金体系中筛选出了 40 多种成分配方，并逐一进行分析、熔炼和测试。整个“八五”期间，1000 多个日日夜夜，核动力院年轻的研究团队从 40 多种合金成分中筛选出 25 种候选合金，又从 25 种候选合金中最终确定了两种新型锆合金。

进入“九五”和“十五”时期，新生代的研究员赵文金扛起了自主品牌锆合金研发的旗帜。研究团队在前期研究的基础上，结合国外先进锆合金的发展趋势，进一步明确了新型锆合金研究的方向，将新型锆合金细分为高铌和低铌两个系列，随即对两个系列的锆合金展开了成分、性能、组织、工艺等的研究。成体系的锆合金堆外性能实验在研发团队不断创新努力下接连被攻克，同时依托核动力院整体优势开展了锆合金堆内性能研究，大量工艺制备经验得以获取，大量堆内性能试验数据得以产生。锆合金的试制规模也从“纽扣锭”、3 公斤级、7 公斤级……一直做到了 36 公斤级铸锭，成功实现了中等试制规模生产。

时间来到“十一五”，在研发团队夜以继日的努力下，一种性能优异的锆合金材料终于脱颖而出，被命名为“N36”。“N”代表 number，代表 new，同时也代表 NPIC（核动力院英文缩写），“36”则是取自材料成分筛选时的编号。自此，N36 锆合金正式破壳而出！从此我国有了自己的锆合金牌号！

核燃料元件用包壳材料研制何以如此艰难？一方面，锆合金相比不锈钢等其他合金显得非常娇贵，其合金元素含量低，一般仅在 2% 以内，即便如此低的含量范围内微小的合金元素调配或者工艺参数的变化也会引起合金性能巨大的差异；另一方面，锆合金包壳材料在堆内长期服役过程中，需要考虑反应堆内复杂的环境影响，需开展材料制备、性能测试评价、元件制备、入堆辐照考验及辐照后检查等多个环节的工作，其周期之长和难度之大不言而喻。

2010 年 5 月，在首次落户中国的锆合金国际会议上，锆合金研究人员自信地向国际同行展示了我国锆合金研究创新成果，引起了国外同行的高度关注。

2010 年，对于 N36 锆合金研制团队来说，是一个值得铭记的年份。这一年，中核集团积极响应国家“核电走出去”的战略方针和自主科技创新的号召，启动我国自主知识产权先进燃料组件（CF）的研发，作为关键核心之一的 N36 锆合金包壳材料研发由此进入了研制快车道，启动了工程运用化研究。

但在项目启动之初，项目组就面临着极大的困难。那时，国内还没有专业化的锆合金成套生产设施，虽然四所在锆合金研究领域已有多年的经验，但这些技术积累仅限于实验室技术，距离工程应用差距大，整个 N36 锆合金管棒材研制的工程化技术处于起步阶段。如果将 N36 锆合金实验室成果比作“淘金”的过程的话，那么实验室成果走向工程化应用，就是“淬火打磨，百炼成钢”的一次蜕变过程。在这个艰辛而华美的蜕变过程中，在核燃料元件技术领域专家焦拥军和锆合金材料专家赵文金的强强联合下，建起由核心技术人员组成的攻关团队，历时近十年，走出了一条远超常人想象的艰辛、曲折、漫长之路。

基于项目启动之初的实际困难和技术状态，围绕项目研发的总体目标，项目团队组织制订了“三步走”技术路线：第一步，通过铸锭规模为 60 公斤和 200 公斤的工艺论证及筛选试验，基本打通 N36 锆合金管棒材研制的主体工艺路线；第二步，在此基础上开展铸锭规模为 320 公斤的工艺优化实验；第三步，在优化工艺路线的基础上，开展铸锭规模为 500 公斤的特征化组件用 N36 锆合金管棒材研制。

凭借近二十年N36锆合金研制经验和外协厂家的生产优势，在项目团队的齐心协力下，2010年12月，完成了从实验室规模到中试规模的管棒材制备工艺探索与优化之路。

一切都在按计划进行，但是项目团队却面临着“当时国内没有适用于新型锆合金研制及小批量生产的专业化成套生产设施，主体工艺技术研究必须依靠多家社会企业组合协作开展”这个尴尬的局面。由此带来的问题即是相关研制设施的技术稳定性和可靠性较差，会给研制过程中的组织协调和过程质量控制造成巨大困难。另外，虽然核动力院在锆合金研究领域已有多年的经验，但这些技术积累仅限于实验室规模，距离工程应用差距大，整个N36锆合金管棒材研制的工程化技术还处于起步阶段。

最终，项目团队在经过充分的调研和分析之后，选定以西北有色金属院为圆心，在周边找熔炼、锻造、退火、挤压、加工的厂家，攒成了一条初具规模的研制生产线。

既然是拼凑起来的设备，那么就意谓着没有专门生产过锆合金，更没有专门干过，设备的改造难度非常大，设备的技术稳定性和可靠性也差。赵文金和工艺组的同事就亲自动手，吃住在现场，严格开展质量控制和过程控制。这一年，赵文金快60岁了，已满头白发，但不管是在西北的熔炼锻造车间，还是在上海高泰的管材生产车间，人们都能看到他忙碌的身影。冬天，在−4℃的车间里，他和同事们一起扛管坯；夏天，在40多摄氏度的车间里，汗水湿透了衣衫，他和同事们一起蹲守在轧机前。

2010年12月，在项目团队不懈的努力下，终于顺利完成了N36锆合金从实验室规模到中试规模的管棒材制备工艺探索与优化，在N36产业化应用的道路上迈出了坚实的第一步。

N36锆合金管坯

但进展并非一帆风顺，2011 年 5 月的一个下午，古城西安艳阳高照，特征化组件用 N36 锆合金 500 公斤级管材轧制正在如火如荼地进行。现场项目组人员按照实施方案以及工艺控制卡的要求对轧制的管坯表面进行检查，却意外发现以前不曾出现过的现象：管坯外表面出现诸多横向短裂纹！轧制过程立即叫停，即刻排查原因。

在现场的问题分析讨论会上，对是否继续轧制下去存在较大分歧，外协单位的主流观点认为这种现象出现的主要原因是材料的本身加工性能不好导致的，把管坯表面裂纹去除后完全可以继续加工。一贯作风严谨的赵文金以及团队成员凭借着多年对锆合金研究的认识，分析认为尽管可以去除表面裂纹，但多处局部处理对后续加工质量的不利影响没有办法消除，势必会对成品管材的质量带来影响，这种有问题的管坯坚决不能传递下去。

为此，时任项目负责人易伟及时向核动力院领导层以及 N36 项目总师系统报告了所面临的困难。由于事关重大，为保证入堆考验安全，核动力院院领导以及项目两总系统及时组织了专题专家论证会，最终采纳了项目组的建议，决定不使用有问题的管坯，重新投料制备管坯。但这对项目研制进度是一次重大延误，此时距离交付成品管坯的时间只剩下 3 个月了，原先预计 6 个月的研制周期要压缩一半。在困难和挫折面前，项目组顶住各种压力，重新组织投料，又一头扎进了紧张繁忙的生产中去。通过努力，项目组最终按节点完成了特征组件用 N36 锆合金管材的制造。

值得祝贺的是，在关键时刻，项目组顶住压力没有使用上述有问题的管坯，他们的严谨、细致和扎实的专业理论知识，在这一刻体现得淋漓尽致。

按照项目总体安排，在经过工艺验证、工艺优化、特征化组件制备后，锆合金研发工作重点转向了对接工业生产，扩大铸锭规模至 1000 公斤级，制备出满足先导组件用锆合金管棒材。

对于锆合金管棒材研制而言，熔炼是第一道需迈过的坎。首次制备的 1000 公斤铸锭，在成分检测时发现上部铁元素超标，下部碳元素超标，导致首个铸锭报废。这似乎又跟课题组开了个玩笑！在深入总结分析原因后，项目组重新组织了第二次投料，新生产的铸锭取样分析表明其满足技术条件要求。鉴于本批次的重要性，为慎重起见，项目组决定增加锻件成分分析点，然而锻棒取样分析结果却显示碳元素超标，这出乎所有人的意料，顿时项目组感受到了无形的压力。

又是分析讨论、总结、争论！一种观点认为在非专业的锆合金熔炼设施上进行吨级铸锭熔炼，势必会带来成分的不均匀和杂质元素的富集问题，并提出在目前的装备条件下，铸锭熔炼还是回归到500公斤级的熔炼工艺。难道工艺就此停滞不前甚至倒退吗？项目组人员不甘心，项目团队经过认真讨论认为问题可能出在取样环节，而非铸锭质量问题，经改进取样方法后，所有取样点的成分都满足技术条件要求。项目组技术人员又一次在项目的关键节点做出了准确判断。这看似简单，背后却凝聚了他们多年付出的心血，没有长期扎根现场研制经验的积累，没有严谨细致的工作作风和工作态度，要做出准确判断又谈何容易。这个小“插曲”的解决，不但保证了项目按节点顺利的完成，也使项目组在N36锆合金加工领域发挥了越来越重要的作用。

1000公斤级铸锭规模的管坯轧制一开始也遇到了由于工装及工艺调整的技术难题以及装备稳定性等问题，导致轧制过程中管坯内外表面出现异常裂纹等缺陷。针对这些问题，项目组及时组织了专题技术讨论，分析查找原因，利用前期报废的铸锭补充开展了相关的工艺验证实验，并重新修订了项目研制方案和计划，确保了后续研制工作的顺利进行，满足了项目总体研制进度的要求。

2011年6月，在260公斤级研制基础上完成了N36锆合金管棒材研制工艺验证；

2011年成功研制出N36特征化燃料组件用的合格N36锆合金管棒材并通过专家组验收；

2012年6月，N36锆合金特征化燃料组件正式入商业堆辐照考验；

2013年8月，成功实现了N36锆合金的吨级工业化研制；

2014 年，在国核锆业刚建成的专业化锆合金管材生产线上，赵文金等研究人员总结前期经验和国际锆合金研究状况，提出了进一步控制杂质含量以及适应规模化生产线的加工工艺。通过他们的艰苦努力和国核锆业的密切配合，顺利完成了改进工艺的 3000 公斤级锆合金管棒材研制，并获得了性能优异的先导组件用 N36 锆合金管棒材。2014 年 7 月，在完成了 3000 公斤级 N36 锆合金研制工艺优化后，N36 锆合金先导组件正式入堆。

突破工艺“瓶颈”后的 N36 锆合金产业化之路渐入佳境，5000 公斤级 N36 锆合金管棒材研制顺利完成，用 N36 锆合金管棒材制造的 CF3 改进型先导组件顺利入堆。

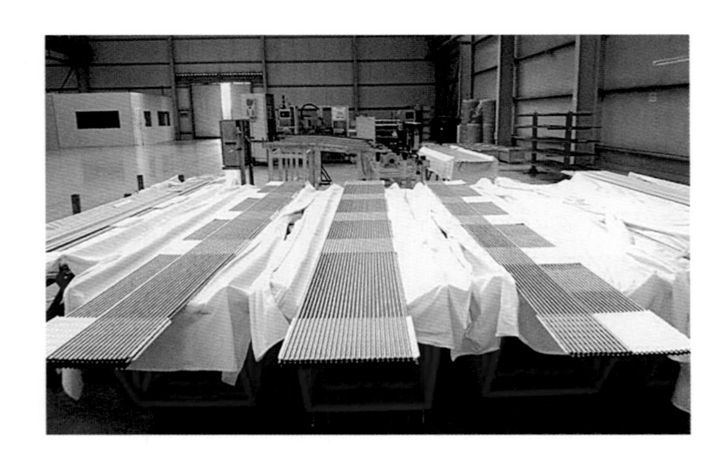

N36 锆合金成品管材

CF3 改进型先导组件入堆

N36 锆合金的 5000 公斤级产业化规模包壳材料的入堆辐照考验，标志着 N36 锆合金实验室“淘出的真金”历经反复淬炼终得以“成钢”。

而 N36 锆合金相关分析数据也给予了研究人员莫大的信心。堆外实验数据表明：N36 锆合金在拉伸屈服强度、爆破屈服强度、抗蠕变性能等性能指标方面相当于甚至优于国外同类锆合金和传统 Zr−4 合金。而堆内辐照循环考验后的检测分析结果也显示采用 N36 锆合金作为包壳材料的燃料棒在结构稳定性、辐照生长关键指标上优于其他包壳材料，表面氧化膜厚度等远低于考验准则的要求。N36，这一中国首个自主高性能锆合金品牌历经 20 余年磨砺，终将出鞘，成为华龙一号“走出去”的重要支撑！

在 N36 锆合金工程化过程中，锆合金技转团队遇到难关时会一遍遍地梳理细节、讨论、试验、总结……从实战中汲取宝贵的经验，一步步成长为一支理论知识与实践经验并重的强力团队。锆合金技转团队先后攻克了一系列技术难题，高质量地完成了技转任务，发展并完善了我国自主知识产权 N36 锆合金等含 Nb 难加工锆合金管材的轧制技术，助力我国由核电大国向核电强国迈进。

任何技术的发展都离不开科技人才的推动，正如李冠兴院士说的那样，“一个队伍的建立只靠教是教不出来的，实践才能真正培养出一支队伍”。通过 N36 锆合金工程化应用研究的实施，形成了一支真正的、我们国家自己的先进锆合金研发队伍，一大批中青年科技人员在实践中成长起来。

一个世纪前，鲁迅先生面对黑暗的中国发出了呐喊：“此后如竟没有炬火，我便是那唯一的光！”如今，面对国内自主品牌锆合金的空白，核动力院的科研人员用三十年的潜心钻研，点燃了属于中国自主品牌锆合金“那唯一的光”！

从“八五”到“十三五”，核动力院的科研人员，潜心于我国自主品牌锆合金材料的研制及其产业化。三十年守得云开见月明，他们的钻研和奋进，使得我国拥有了能够产业化应用的自主品牌锆合金，为华龙一号走出国门提供了坚实的保障。

第三节 屡试不爽

燃料组件是反应堆的核心部件，是反应堆的能量源泉，同时也是反应堆的放射源。燃料组件发生事故，轻则引起非计划性停堆，影响核电站的经济性；重则发生放射性物质泄漏，引发核事故，给公众和环境带来灾难性后果。因此，每一型燃料组件在大规模应用前，必须经过严格的验证。堆外试验是燃料组件设计验证的重要技术手段。而燃料组件运行工况苛刻，堆外试验通常在高温、高压、大流量条件下开展，给试验带来很大的难度。同时，CF 燃料组件研发前，试验团队在大型商用压水堆燃料组件堆外验证试验技术及经验方面相对欠缺，进一步增大了试验过程的不确定性，通常需要“摸着石头过河”。

■ 临界热流密度试验

在 CF 燃料研发过程中，实现了大量技术创新，其中燃料组件临界热流密度实验格架设计关键技术的突破具有十分重要的意义。此项关键技术扫清了燃料组件热工水力研发的一大障碍，为我国自主知识产权的 CF 系列压水堆燃料组件研发奠定了坚实的技术基础。

燃料组件是防止放射性物质泄漏的第一道屏障，是确保反应堆核安全的关键。对于这第一道屏障而言，其热工设计的关键即避免包壳烧毁，导致放射性物质泄漏。临界热流密度（CHF）研究采用实验的方法找到反应堆燃料组件正常运行和事故工况下燃料组件包壳烧毁的边界，实验难度大、风险高。与此同时，对于压水堆电站来说，CHF 每增加 2%，发电量可提高 1% 左右。按照我国规划，2020 年核电装机总量达到 5800 万千瓦，发电量每提高 1% 每年可增加利润 20 多亿人民币！按核反应堆可服役 40 到 60 年计算，可增加利润高达 1000 亿到 1500 亿！正因为如此，国际上在这个领域的竞争十分激烈，目前世界范围内性能先进的压水堆燃料组件的技术基本上由国外少数几个公司控制，而实验涉及的技术难点，如实验格架设计、绝缘密封、参数控制等均严格保密。

早在20世纪90年代，在孙玉发院士的领导下，中核核反应堆热工水力技术重点实验室集结精锐力量，依托615核动力实验研究基地的建设项目便担当起大型热工实验装置建设任务，主要目标就是开展5×5全长棒束临界热流密度实验研究。装置于2000年完成安装调试，具备了开展实验的条件。

“九五”期间，借助科工局核能开发项目，中核核反应堆热工水力技术重点实验室在国内首次尝试5×5全长非均匀加热棒束临界热流密度实验研究。当时不满30岁的郎雪梅同志跟着老一辈研究员郭忠川、雷祖志老师一起开展大型热工实验装置的设计工作，随着两位老师的退休，她勇敢地接起了装置建造和调试工作，并且承担起5×5全长非均匀加热棒束临界热流密度实验研究的重任。虽然从未开展过如此大规模的实验，郎雪梅却从来没有畏惧过。她利用从美国哥伦比亚大学传热传质实验室购买非均匀加热棒的机会，在哥大短短的两个月期间便如饥似渴地学习哥伦比亚大学在临界热流密度实验研究上的成功经验，学习他们的研究方法和设计理念。她每天在试验台架上爬上爬下，光笔记本就记录了整整三大本。回国后她利用学得的知识，设计出了5×5全长棒束临界热流密度实验本体，解决了高温度高压力高电压下的密封绝缘等实验技术关键问题。在摸爬滚打中，完成了装置热态调试，完成了实验本体的安装调试，完成了实验中临界判断方法的确定，完成了5×5全长棒束非均匀加热临界实验。“十五”期间，又在“九五”期间工作的基础上，开展了筛选实验、交混实验和临界热流密度实验。可以说这一时期的实验研究，突破了国内从未开展过的全长棒束临界热流密度实验的状况到具备开展此项实验能力的瓶颈，填补了国内在该领域长期以来的一项空白，使我国具备了自主开展先进燃料组件研制的试验硬件设施和试验技术能力，对我国燃料组件自主化具有重要意义。

随着中核集团重大专项“压水堆先进燃料组件研制”项目的实施，吹响了开发具有自主知识产权CF燃料组件的号角。二所主管所领导李朋洲，会同卓文彬副总师、郎雪梅副主任，大胆启用年轻的科研人员成立了 CF 燃料组件 CHF 实验研究课题组。这支队伍成员的年龄均在 30 岁以下！重任在肩，这支年轻的队伍能不能啃下这块硬骨头？

项目启动后，实验本体设计、加热元件采购、棒束组件安装、冷热态调试……一系列准备工作有条不紊地开展起来。经过充分的准备工作，课题组在拿到实验格架后，从棒束安装到实验前的水压试验，设置了一系列的检查点，对全过程实施监控记录，做到有据可查。在最初的实验过程中，研究对象仅包含一种定位格架，几次实验表明，格架热工设计达到预期指标要求，初战告捷！课题组倍感兴奋。

为了进一步提高燃料组件 CHF 性能，在设计上增加了另一种格架。结构的改变意味着热工水力特性的变化，大家不敢怠慢，实验准备的每一步均小心谨慎，但还是出现了意料之外的结果——临界现象出现在功率较低冷棒，而不是在实验关注的高功率热棒上！经过技术讨论，大家一致认为，“冷棒临界”数据不是有效的实验数据。这让 CF 燃料组件热工水力研发陷入困境！很简单的逻辑——解决不了“冷棒临界”现象就无法获得燃料组件 CHF 数据和预测关系式，无法评估 CF 燃料组件 CHF 性能，CF 燃料组件不能入堆，直接的后果就是研制失败！从集团公司到核动力院，各级领导压力巨大，一线科研人员更是压力山大！

任何创新的道路都不是一帆风顺的！课题组通过调研发现，国外一家公司在研发新型压水堆燃料组件的过程中也遇到了“冷棒临界”问题，但他们认为临界现象出现在低功率的冷棒是“保守”的，实验数据可用。这样行吗？不行！“保守”意味着燃料组件经济性要打折扣，更意味着没有找到安全边界！在中国核动力研究设计院，这是不可接受的！

为了节约时间，负责实验本体安装的课题人员放弃了周末和假期，克服一切困难，只要一拿到改进设计的实验格架，就立即开始实验棒束组件安装工作。同时为了提高安装效率，课题组设计加工了十几种专用工具，实验本体的安装时间从最初的 20 天缩短为 10 天！为了提高数据处理的效率，课题组专门开发了数据处理程序，实现了对大量数据的批量处理。5×5 全长棒束 CHF 实验工况复杂、风险大，在长达二三十个小时的实验过程中，课题组成员神经紧绷，一刻不敢放松。就这样先后完成了十几种格架设计方案的实验工作。可是，即使用尽全力，“冷棒临界”现象丝毫没有得到改善。随着时间的推移，课题组成员的冲劲消耗殆尽。

怎么办？难道就这样放弃？

关键时刻，李朋洲要求，困难再大，也要迎难而上，二所绝不接受“失败”二字！

在专项“两总”的持续关注下，核动力院成立攻关组对“冷棒临界”现象进行更深入研究，自主知识产权燃料组件是核电自主化和走出去的瓶颈问题，核动力院必须解决“冷棒临界”问题，顺利完成 CF 燃料组件研制任务！

二所立即成立以李朋洲所长为组长的 CF 燃料组件 CHF 攻关组。攻关组制定了科学的实施方案，扩大了研究范围，对以往开展的全部相关研究进行重新梳理，面对海量的实验数据和各种信息，研究了不同参数的独立及耦合影响，分类整理了包括“九五”“十五”期间以及 CF 燃料组件已完成的十几种定位格架，数百组 CHF 实验数据。在排除了实验因素后，攻关组发现实验格架设计是导致“冷棒临界”现象的主要原因。但是，哪种结构形式能够在满足实验模拟要求的同时避免“冷棒临界”呢？

实验格架源于压水堆燃料组件原型定位格架，那么，就从原型入手！在拿到原型格架图纸之后，攻关组连续几个晚上加班至深夜，总结出 5×5 实验格架设计规律，按照此规律，提出了数种实验格架设计方案，可是从国内外公开的文献来看，之前从未有过这种设计思路，我们提出的方案能不能真正解决“冷棒临界”问题呢？而且，新的设计方案需要先制作模具再加工、实验，一种方案下来至少要三四个月。时间不等人！慎重起见，攻关组采用 CFD 分析软件对不同方案进行了计算分析，在短时间内克服困难，先后完成了新设计格架方案和“冷棒临界”格架方案结构建模，以及单相和两相计算分析。通过对比分析发现，新设计方案优化了棒束通道单相和两相流场，有可能避免“冷棒临界”现象！

李朋洲在综合考虑攻关组前期研究成果后，认为此方案可行，并命名为 ESG-1 方案，果断拍板下厂加工！

拿到格架后，攻关组立即启动了 ESG-1 格架的实验工作，经过 4 次实验，临界现象出现在热棒！综合大量理论分析、CFD 研究和 5×5 非均匀全长棒束 CHF 实验验证，攻关组成功解决了“冷棒临界”问题，突破了 5×5 实验格架设计关键技术问题！攻关组成员欢欣鼓舞，汗水、加班、熬夜……全部抛到脑后！

在集团公司召开的 CF 燃料专项“两总”会上，攻关组汇报了成立以来的工作情况，通过努力，我们掌握了 5×5 实验格架设计关键技术，解决了阻碍 CF 燃料组件研发的“冷棒临界”问题，获得了 CF 燃料组件临界热流密度关系式，CHF 实验攻关取得显著成效。

掌握此项关键技术后，大型热工实验装置成为目前国内唯一能够开展 5×5 全长棒束临界热流密度实验的装置，也是国际上具备相同实验研究能力的三座实验装置之一。

棒束实验本体安装

2010年起，秦胜杰、谢士杰在郎雪梅研究员领导下，接过了临界热流密度实验平台的研究实验的担子，从理解认识实验装置开始，一个设备、一个零件逐个认识和理解实验平台各个部分的作用和设计原理。燃料元件的棒束CHF实验犹如杂技的走钢丝，电加热功率少一分则达不到临界，多一丝则可能造成价格昂贵的棒束烧毁，且经过多次升温降温循环后，高温高压条件下实验本体极易发生泄漏，因此整个过程需要时刻保持胆大心细的状态。胆不大则无法持续高效开展实验，发生泄漏后无法有条不紊地处理；心不细则可因能操作粗暴，参数变化剧烈导致本体容易泄漏。

解决了实验过程碰到的一系列问题和困难后，为了保证实验数据的准确性和可靠性，确保实验平台做出的实验数据与国外先进水平的实验平台实验数据相当，研发团队开展CHF BENCHMARK（标准对照）实验，与国际先进的实验装置实验进行对比。从实验的方法、加热元件功率分布形式、几何尺寸、定位格架位置各方面均严格要求，以保证与BENCHMARK比较对象的一致性。

完成实验的各项准备工作后，实验人员各就各位，按规程有序地开展实验。“流量达到目标值并保持稳定、温度达到目标值并保持稳定、压力达到目标值并保持稳定、加热功率达到预定值，装置参数正常，绝缘电压正常，可以开始冲击临界点”，随着各实验人员报告相关参数，一个工况的临界实验开始进行，电加热功率逐步开始提升，实验人员目不转睛盯住了元件温度的曲线；“注意即将达到预算临界功率，检查各项参数”，“各项参数正常，偏差在允许范围，可继续提升电功率”，“出临界了！”随着紧张又兴奋一声——一条温度曲线如火箭发射一样急剧飞升，几秒内上升了一百余度，迅速拉开与其他温度曲线的距离。“切除部分功率，稳定回路各项参数”，随着功率切除，飞升的温度曲线又如温顺的绵羊回归了羊群，实验人员的心情也如温度曲线一样，从注意力高度集中、心率飙升的紧张状态回归正常。“临界功率与对比工况偏差很小”，第一个工况点带给研发团队的是一个定心丸，多年的积累和汗水，获得了第一个国际水平的成果。随着一个又一个工况的完成，图形上一个点代表的一个实验工况逐渐汇聚成了在 1.0 附近的一片云，表明 BENCHMARK 实验结果在允许范围内，大型热工实验装置实验数据与国外实验装置的数据具有良好的一致性。

由于实验任务的加重，课题组急需补充新的力量，2017 年仇子铖等一批对 CF 燃料感兴趣的研究人员在使命的召唤下加入到研发团队中。为了尽快形成战斗力，课题组贯彻“老带新”的方法，课题负责人谢士杰将自己几年时间内积累的知识和经验无一分保留地分享给各位新成员，各位新成员对装置运行等试验技术表现出如饥似渴的热情。在很短的时间内，各位新成员就已经对装置各部分功能和原理有了较深入的认识，可以对装置进行基本操作并完成了各类突发情况的应对演练。

2017 年 8 月 2 日，是扩编后研发团队第一次实际作战的日子。清晨，大型热工试验装置静静地等待着各位老朋友和新朋友的到来。补水、打压、排水排气一步步有条不紊地完成，“3——2——1——启动主泵！”伴随着控制室命令的下达，主泵电流迅速提升，现场运行人员密切关注主泵的震动和噪音，“主泵一切正常！”现场运行人员的回话让控制室各位操作人员半提着的心放了下来。随着功率的逐步提升，装置内水温也逐渐上升，“流量、压力达到预定值”，“入口温度满足要求”，1#、2# 操作员确认本体状态后，主操作员仇子铖开始“慢踩油门”，“驾驶”大热工试验装置向临界热流密度这个“看不到的悬崖边缘”逐渐逼近。突然，监控界面上一条温度曲线从同伴中脱颖而出并迅速向上爬升，当温度达到预定值时，仇子铖果断切除了本体的部分功率，飞升的温度曲线随之下降并与其他温度曲线保持一致。新的运行小组成功获得了属于他们的第一个临界热流密度实验数据，在他们身后压阵的谢士杰也轻呼了一口气，终于可以放松自己紧绷的神经。

研发团队各位成员有一个共识：“我们不是单纯的实验匠，我们的核心能力是自主创新，不断提高，争做一流！”

项目初期，国内无法生产试验用电加热模拟元件，研发团队被迫从美国采购，导致供货周期长，质量无法把控。因此，“十二五”开始，李朋洲下定决心，要求研发团队专门组织力量攻关电加热模拟元件设计制造技术。攻关小组在没有图纸的情况下不放过对每个细小结构和零部件的分析与思考，大胆改进、独立设计，先后突破了均匀发热电加热模拟元件热电偶焊接技术、支撑陶瓷配做加工技术，导电结构组装焊接技术等多项关键技术，于2016年成功实现了均匀发热电加热模拟元件自主化设计制造。但是各位成员并没有满足，而是马上将目光投向了更具挑战的非均匀发热电加热模拟元件的设计和制造上，短短两年时间内，攻关小组先后突破了高精度变径管加工制造技术、发热管中间焊接技术等多项关键技术。2018年底国产化非均匀发热电加热模拟元件通过检验和考验实验，多项技术指标优于进口元件！至此，我国已具备棒束临界热流密度实验关键核心部件的自主化设计制造能力！

在试验技术方面，为了提高实验成功率，研发团队各位成员认真总结本体安装、装置运行的各个环节，按照实验流程整理出100余个关键检查项，并分别确定了合格标准，部分标准尺寸精确至0.01mm，真正实现了以工匠精神开展实验工作，在此基础上将实验成功率提高至超过90%。为了提高实验效率，研发团队各位成员设计加工了十几种专用工具，将实验本体的安装时间从最初的一个月缩短为两周；为了提高每次实验有效数据获取量，仇子铖等人在总结已有经验和考虑多方面因素的基础上，对实验矩阵进行了合理规划，将每次实验出点量由最初几个提高至30个以上，大大提高了实验效率；为了提高数据处理的效率，课题组专门开发了数据处理程序，实现了对大量数据的批量处理。

2018年是课题组丰收的一年。截至2018年12月，课题组针对CF3改进型燃料组件共开展临界热流密度试验20余次，获得试验数据数百组，完成了首个完全自主知识产权的棒束燃料组件临界热流密度试验关系式“CFC-2018关系式”的拟合工作并通过安审中心审查，这也是中国第一个百万千瓦级压水堆燃料组临界热流密度关系式，相关工作获国防科技二等奖和中核集团科技一等奖。至此，我国压水堆临界热流密度实验研究达到国际同类技术先进水平！

■ 燃料组件力学性能试验

燃料组件力学试验是测定各项力学特性，建立燃料组件模型的基础。

燃料组件设计过程中需要开展动态行为分析，用以验证在核电厂设计基准事故下，堆芯能够保持可冷却的几何形状。开展燃料组件动态行为分析，首先需要建立燃料组件横向和轴向详细模型，并据此获得简化模型。将燃料组件简化模型用在反应堆整体模型中，通过地震楼板谱和LOCA载荷输入，分析获得堆芯板和围板的运动时程，以及燃料组件的运动状态。在轴向上，可获得燃料组件最大跳起高度和冲击力。采用计算所得的燃料组件轴向最大载荷，运用燃料组件轴向详细模型进行分析，可获得燃料组件各部件轴向载荷分布，用于燃料组件完整性评价。

采用1：1模拟燃料组件，在常温条件下，试验获得了燃料组件轴向压缩、横向弯曲的刚度特性，燃料组件撞墙和跌落过程的撞击力和反弹位移等特性，还测定了控制棒组件插入燃料组件中所受的摩擦力。

在燃料组件轴向刚度试验中，施加的轴向力最大为40000N。这是为了模拟在LOCA造成组件跳起并跌落时的最大撞击力。40000N作用在细长柔性的燃料组件上，力值无疑是很大，但燃料组件经受住了这个检验。在试验中测定了力值和轴向变形的关系。

在燃料组件横向刚度试验中，又对燃料组件施加了横向变形20mm。由于燃料组件在堆芯中紧挨着排布，相邻间距不到2mm，所以燃料组件可能的横向变形量最大也就可能为20mm。但在这个变形量下，燃料棒已在燃料组件中产生了滑移，产生了力—变形的非线性。通过横向刚度试验，准确地测出了非线性的横向力—变形特征。

燃料组件跌落试验中，是模拟燃料组件轴向动态力学特性。由于是动态作用力，所以试验难度变大。在2mm、4mm、6mm、8mm、10mm、12mm多种不同的下落高度下，试验方测出了撞击力、反弹次数等参数。胡永陶经过前期理论分析，发现试验撞击力和理论分析差距很大，最大超过了 50% 的差异。“必须仔细分析、查明原因”，李锡华暗下决心。经过李锡华与试验双方多次分析和讨论，团队成员张勇、罗家成、陈祯、刘理涛、刘海、蒲晓春等分工合作，严格查阅试验装置、仪器，发现动态力传感器存在一定的问题。传感器标定不严格，量程也没有达到试验要求！通过查明原因，很快进行了整改，保证力学试验顺利开展。

燃料组件横向撞墙试验中，将燃料组件假想成一个弹簧，在中间位置施加一定位移，然后撞击刚性墙壁，测定撞击力和拉伸位移的关系。这项试验是为燃料组件地震下动态行为模拟而专门开展的。因为三代核电站的抗震性能，必须满足 0.3g 地面加速度抗震要求，燃料组件也同样需满足相关要求。通过这项试验，就可以建立模型进行模拟计算了。

■ 燃料组件流致振动试验

燃料组件流致振动试验，是通过不同流量下燃料组件的振动响应试验，验证燃料组件在反应堆内运行时不会产生共振造成的损坏。

为了研究不同流量下燃料组件的振动特性，首先进行了流量扫描试验。将流量从静水连续增加到 130% 额定流量，流量的变化速率控制在每秒 $30m^3/h$ 左右，然后连续减小流量到静水。

通过流量扫描试验，发现燃料组件在 4Hz、12Hz 附近有共振峰，这与测得的燃料组件 1 阶和 3 阶频率很接近，表明在燃料组件固有频率附近产生共振峰。在其他流量下，燃料组件的振幅很低。为了准确测定不同流量的振动，还进行了稳定工况的振动测量，就是在 50% 额定流量至 130% 额定流量之间，每次增加 10% 额定流量，在保持流量恒定的情况下测定振动响应。

在 100% 额定流量下，燃料组件位移响应最大值 7.3μm；在 130% 额定流量下，燃料组件位移响应最大值 8.2μm。这个位移量表明，燃料组件的振动是非常轻微的。

但通过进一步分析，发现额定流量下的振幅比 110% 额定流量的振幅还大。这个问题使张晓玲很疑惑：“难道额定流量附近产生了共振吗？”马建中和李锡华两位专家带领杨杰、喻丹萍、何超、刘理涛、徐昱根等研究人员经过认真分析讨论，终于找到了问题产生的原因。原来额定流量时，试验回路的主泵频率为12Hz，与燃料组件的第三阶频率非常接近，产生了由于主泵激励引起的共振。对结果讨论清楚后，研发团队一致认为，流致振动试验结果是满足要求的，但后续必须对试验条件进行改进，避免主泵频率对燃料组件振动的影响。试验方考虑了很多办法，例如增加变频器、调整阀门闭合度，调整主泵频率，避免对燃料组件共振的影响。

■ 燃料组件耐久性试验

燃料组件将在反应堆堆芯的恶劣环境中经历少则一年多则四五年的艰苦生活。堆芯内温度高达300多℃，压力高达15.5MPa，冷却剂流速也高达5m/s。“CF燃料组件的体格足够强壮吗？会不会还没完成使命就夭折了？”这是余庆林最关心的问题。“为了获得答案，必须开展堆外燃料组件耐久性试验，让全尺寸模拟CF燃料组件在模拟堆芯内高温高压的回路环境中实习一段时间，考验它的真本事。”胡继红坚定地说。

“如何设计耐久性的试验参数呢？冲刷多久？流量定多大？”孙立恒思考着，这些试验参数国际上并没有可遵循的统一规则，完全需要设计人员反复琢磨、仔细推敲来最终确定。关于冲刷时间，国际上有500小时的做法，也有1000小时的做法。选哪个时间？时间太长会不会冲坏了？余庆林凭着对自主设计产品的CF燃料组件这个“亲儿子”的详细了解，很有底气地说：“冲刷时间选择1000小时！”关于流量的选择，国际上同样有多种做法，有的选择堆芯平均流量，有的选择最大机械设计流量。为了使CF燃料组件适用于更高流速的堆芯，即使在以后反应堆升功率改造后流速提高了仍能满足要求，余庆林毅然选择了最大机械设计流量！经历十余次的反复修改、打磨以及层层审查，试验任务书终于定稿了。

虽然选择了更保守的高参数，在试验没有完成之前，其实李硕心里仍然有些打鼓："燃料组件的压紧力够不够？会不会跳起来？燃料棒会不会由于流致振动引起磨蚀破损？"这一切疑问和担心都要等到试验全部完成才会有答案。2012 年 11 月 22 日 14:40 分，经过一天的升温升压，试验回路终于达到试验考验工况。CF 燃料组件的耐久性试验正式开始。2013 年 1 月 16 日 16:21 分，CF 燃料组件经历 1057 小时的考验，超额完成任务。

为了对考验组件试验后的状态进行确认，余庆林团队设计了详细的体检项目：表面形貌，是否存在裂纹、断裂、凹坑等缺陷，是否有可鉴别的横向变形，测量燃料棒与上下管座间的间隙是否有变化，组件内部是否存在没被过滤装置截获的异物？最关心的指标当然是燃料棒表面（定位格架与燃料棒表面接触处）是否存在磨蚀痕迹，磨痕深度到底多大？随着检查项目一项一项地进行，设计人员心里越来越踏实。"燃料棒表面无明显磨蚀痕迹"，当最后一项也是最重要的一项检查结果报出来的时候，余庆林团队欢呼雀跃！

■ 控制棒落棒试验

控制棒组件是否能在规定的时间内插入堆芯，让运行状态的堆芯内的核裂变停止下来，关系到反应堆是否能正常停堆，关乎反应堆的安全。获取控制棒落棒时间是核反应堆控制棒驱动机构、燃料组件以及热工水力设计的一个重要部分，是进行反应堆安全分析的一个重要依据。

CF 燃料组件是我国自主研发的压水堆燃料组件，在导向管、燃料棒、定位格架的结构设计上均有改进，特别是导向管的结构形式对控制棒落棒性能有重要影响，导向管底部的一个小小流水孔尺寸的变化，都有可能使得落棒时间相差甚远。因此需要通过控制棒落棒试验，验证其控制棒落棒特性、燃料组件整体结构设计是否满足设计要求。

开展落棒试验需要建立试验回路，并模拟堆芯内高温高压动水环境，花费巨大。如何保证落棒试验一次成功，既省钱省力，又设计方案可靠？余庆林团队经过讨论，决定先模拟计算落棒时间。这可不是件容易的事，在之前历代的相关反应堆研发过程中，前辈们也有过这种想法，但限于当时的条件，一直没有机会完成这项工作，最后只有依靠试验这一条路来试探每一种方案的可行性。落棒时间计算的模拟涉及整个驱动线的结构设计（包括驱动机构、导向筒、燃料组件及控制棒组件），以及整个通道内的流体状态（流速、压降等），范围广、涉及的物理现象多。余庆林团队仔细琢磨下落过程中速度、位移、加速度等每一物理参数的变化，推导控制棒的运动时程，经过连续数月的日夜攻关，终于完成了落棒时间计算模型的建立。计算模拟结果表明，CF 燃料组件的落棒性能良好，落棒时间仍有较大裕量。这样的结果无疑给试验一次成功增加了底气。

2012 年 10 月，余庆林团队开展了控制棒落棒试验，获得 CF 燃料组件控制棒下落速度和位移与时间的关系、控制棒落棒时间等关键试验数据。通过对比分析，实际的落棒曲线完全落在之前计算模拟的落棒时间范围内，程序计算落棒时间同试验数据符合良好。落棒时间 T5 及 T6 均满足准则规定的时间要求，落棒试验成功了！ CF 燃料组件的落棒性能经验证是满足要求的！

■ 定位格架力学试验和勾挂试验

华龙一号 CF 系列燃料组件采用的定位格架采用了具有自主知识产权设计的外条带，条带的结构对燃料组件的整体的力学性能有较大影响，为了验证 CF 定位格架的整体力学性能，开展了定位格架力学试验，包括静压强度试验和动刚度试验。

定位格架静压强度试验和动刚度试验在国内试验领域均为空白，和以往具有成熟试验经验的堆外试验不同，定位格架力学试验从试验任务书的提出开始，就是一个从未面对过的难题。以往的试验任务书，试验方只需提出通过该试验需要获得的试验结果即可，试验方案的具体内容和试验装置的设计均由试验方来承担。但因试验方对本试验也是经验全无，所以从试验任务书编写开始，设计方就和试验方不断地进行技术交流，分析试验该如何进行，根据试验想要获得的结果，一步步地倒推试验步骤，等设计方的试验任务书完稿时，已经从以前只有几页的试验结果要求变成了一份几十页的，包含试验步骤、试验过程以及各种试验工况参数设置的“豪华版”试验任务书，试验方凭这份试验任务书不仅能更好地设计试验装置，而且在试验参数设置时也能更精确地设置出试验参数，提高试验结果的可靠性。

技术团队在定位格架动刚度试验过程中又碰上了新难题，由于动刚度试验需测量在高温下定位格架的动态冲击载荷，如何在高温情况下实现试验小车对定位格架的撞击变成了另一个亟须解决的难题。用于模拟冲击载荷的试验小车的行程有好几米，对整个试验装置进行加热和保温，无论是从试验经费、试验场地还是装置材料上来考虑均不现实，设计方和试验方又开始了新一轮的技术交流，团队成员李天勇、吴云刚、柳琳琳、蒲晓春、杜建勇、刘海等通过多次交流和研究论证，最终做出了定位格架试验件的升温和保温设计，并通过试验，比较了多种传感器和应力应变片的布置方案，最终解决了高温动刚度试验的试验设计问题。在整个定位格架力学试验过程中，设计方全程参与了试验，在试验前预先分析可能会出现的问题，全程观察试验过程，对于在试验过程中出现的问题及时进行分析讨论，在试验过程中解决了很多技术问题，如跨间搅混格架的模拟燃料棒固定问题、静压刚度试验数据异常问题等。技术团队一步一步稳扎稳打，顺利完成了定位格架力学试验。

华龙一号 CF 燃料组件定位格架外条带进行了防勾挂设计，为验证 CF 定位格架的防勾挂性能，开展了定位格架勾挂试验。

在开展定位格架设计之初，设计团队就调研了国内外近 10 年核电站非正常停堆的资料，发现非正常停堆大部分与相邻燃料组件之间的勾挂有关系，为此开展了相邻燃料组件之间的格架勾挂方式研究，通过模拟各种燃料组件吊装的过程，完成了定位格架的防勾挂设计。

定位格架的勾挂是在近 10 年的反应堆检修反馈统计中才发现，定位格架的防勾挂设计是定位格架的全新改进设计，国内在定位格架勾挂试验是一片空白，试验需要如何开展，如何才能准确地在对外模拟燃料组件的吊装条件来验证定位格架的防勾挂性能，是需要设计方与试验方从头开始考虑的一个难题。为此，设计方开展了调研工作，调研国际上是否有类似的试验经验，并结合国内外燃料组件的吊装过程，通过与试验方的多次技术交流，最终确定了试验台架的基本结构，

定位格架的勾挂试验需采用 1:1 规模的定位格架来进行试验，才能最大程度上模拟出燃料组件在装卸料过程中各种可能出现的情况。这就对定位格架勾挂试验件的设计及其在试验台架上的固定方式提出了很高的要求。在提出试验任务书后，设计方主动和试验方针对试验台架的设计进行了多次探讨，在经过反复的讨论和技术论证之后，确定了试验台架上定位格架的固定方式，在此基础上进行试验件的设计。在正式开始试验前，设计方提出了预试验要求，通过预试验确定了几项关键的试验参数。设计方全程参与了整个试验过程，对试验过程中出现的问题进行了及时跟进和技术支持，确保了定位格架勾挂试验的顺利进行。

■ 下管座异物过滤试验

CF3 燃料组件中下管座在核反应堆芯中起着燃料组件底部结构的作用，对流入燃料组件的冷却剂起着流量分配的作用。在反应堆的实际运行过程中，堆芯的微小构件或者零件受冷却剂的不断循环冲击可能会脱落。一旦这些微小构件脱落形成异物进入冷却剂并参与循环，就可能会在冷却剂的携带下进入堆芯，对燃料组件造成损伤，进而造成核反应堆停堆。这些异物给反应堆的安全运行带来重大隐患的同时，对核电站也会造成重大损失。为了防止异物穿过下管座对燃料组件造成磨蚀，采用防异物下管座的设计对核反应堆的安全至关重要。

下管座异物过滤试验主要用于研究下管座防异物结构对核电厂一回路系统典型异物的过滤效率。下管座过滤效率的问题与异物的尺寸和形状分布有关，而实际条件中过滤过程本身也存在一定的随机性，因此下管座过滤效率本质上是一个概率统计问题。为确定空间曲面下管座的过滤性能，需要开展

下管座过滤试验进行详细分析。

试验人员搭建了包括主循环系统、试验段、异物投放和收集系统、冷却系统、影像记录系统、控制系统、数据测量和采集系统在内的异物过滤专用试验装置，具备试验装置参数实时监控、异物通过实时影像记录等功能。为保证模拟异物的全覆盖，试验人员设置了多达34种异物种类，保证了异物的代表性。经过约一年的高强度试验，试验人员完成了全部试验，克服了高温、酷暑，克服了试验装置的振动噪声、泄漏等问题。试验人员的汗水化为了宝贵的试验数据，为下管座异物过滤效率的验证和改进方向提供了宝贵的数据支撑。试验结果表明，CF3下管座的过滤效率优于国际同类水平，设计人员的智慧得到验证。

试验团队充分发挥了科研工作者锲而不舍、开拓创新的精神，实现了CF燃料组件研发过程中的堆外验证试验研究，给CF燃料组件的研发提供了强大的助力。

第四节　火炼真金

核能就像一把打开能源宝库的钥匙，从人类开始利用核能，人们就已经关注核安全问题。习近平总书记说过：核安全没有止境也没有捷径。核电的宗旨是要保证公众的安全，在一款新燃料组件批量使用之前，必须按照相关要求完成堆内的各项严苛考验。如何能够尽快获得所需考验数据，如何能够满足核安全审查的严格要求，科研人员在完成设计工作的基础上，又开始对如何考验进行了思考。

一款新燃料组件包括了大量的新设计特征，比如采用了新的燃料棒包壳管，这是包容核燃料裂变产物最重要的一道屏障。通常讲核安全中有三道安全屏障，分别是燃料包壳包容裂变产物、堆芯的压力容器包容堆内的部分以及最后一层面向公众的钢筋混凝土制成的安全壳，但无疑第一道屏障是最重要的。又比如采用了“管中管”结构的导向管，如何与堆芯已有的控制棒组件等相匹配验证等。

肖忠、陈平技术研发团队通过集思广益，按照将复杂问题简单化的思路，实现“降维打击”，采用先易后难、小步快走、逐步推进的策略。对于新型的N36燃料棒包壳管，在入商用堆前，采用在研究堆辐照的方式，用火来炼“真金”，获得其辐照后力学性能试验数据。

完成该步骤后，在批量采用前，为保证辐照的安全性，以小规模入堆考验方式，探索其堆内使用的性能，获得各项重要数据。设计人员创造性地提出“特征化组件”这一新鲜概念，在电站现有燃料组件中，在不改变燃料组件结构，满足相容性前提下，降低安全审查的难度，替换组件中若干根燃料棒，使新型包壳实现随堆考验。在获得N36包壳实堆运行经验基础上，CF3燃料组件整体以先导燃料组件（具备全部特征，先行用于综合辐照考验的燃料组件）方式进入商用堆考验。CF2燃料组件采用Zr–4合金作为包壳，这种合金材料已经拥有广泛的使用经验，因此CF2组件采取了先导燃料组件方式直接入堆考验。

对于每种型号燃料组件在批量应用前，以先导燃料组件形式入堆考验是国际上通用的做法，在CF组件入堆策略中，采用了每种类型4组燃料组件，分别布置在堆芯对称位置，按照燃耗要求、线功率密度、温度等多项指标，制定完成了考验方案，为后期考验的实施做好了准备。

燃料组件设计方案确定后，在制造厂按照严格的技术条件要求完成制造并验收后，下一步就是进入反应堆进行辐照。燃料组件入商用堆辐照是一次获得实际辐照数据的大好时机，也是一次很难得的机会。获得关键数据，对于后续的开发或验证是必须的。研发人员对燃料组件在堆内运行行为进行了仔细的分析，从燃料组件的安全性考虑，包壳管是核燃料的第一道安全屏障，包壳在反应堆内经受高温高压，将会在表面持续生成氧化膜，而氧化膜的生成将会影响包壳材料的有效厚度，因此确定了将氧化膜厚度检查作为一项重要检查项。

燃料运行期间，锆合金有特有的辐照生长现象，如果不做重复考虑，燃料组件可能会与堆芯板刚性接触挤压造成组件弯曲，控制棒不能顺利插入，将会导致不能安全停堆。燃料棒在辐照作用下生长，如果与上下管座间隙闭合将导致燃料棒在外力作用下弯曲，导致组件传热性能及包壳的完整性受到影响进而对安全性造成影响。堆芯中，燃料组件长度超过 4 米，而相邻组件的间隙仅约 1 毫米，简直是间不容发。新燃料组件制造状态时对直线度、垂直度有着十分严格的要求，以保证顺利装入堆芯。那么辐照后组件会有怎样的变形？还能顺利回装堆芯吗？经过多次计算，研发方制定了详尽的检验项目清单和检验计划。

检验方案有了，怎么实施呢？池边检查时燃料组件放置在超过 10 米的深水中，泛着幽幽的蓝光，仿佛在向检验人员表达自己有多么强大的放射威力。怎么才能完成检验，获得关键的辐照数据，成了摆在检验人员面前的一道难题。根据国内外关于燃料棒包壳材料的运行数据，氧化膜的厚度仅仅在十几到几十微米之间，简直比头发丝还细。日常生活中我们想测量头发的直径很难，何况是在深水下对强放射性的圆棒做比头发丝直径还要小很多倍的氧化膜检查！但这一切难不住核动力院的技术人员，越是难题，技术人员要攻克它的欲望就越强烈。利用涡流线圈的提离效应原理，采用 ELOTEST 型涡流测厚仪笔式测头，测量燃料棒表面氧化膜厚度。首先对涡流测厚仪进行参数设置及标定，依次采用标准氧化膜片在空气中将对比棒进行标定，对比棒进行水下标定，得到电压值与厚度尺寸的关系曲线，通过反复的修正迭代，校准了测量方法，终于在各循环的池边检查中顺利完成了氧化膜测量这一难题。像这样的例子还有很多很多，技术人员先后攻克了燃料棒直径测量、格架横向生长测量、组件弯曲等等，获得了宝贵的试验数据。

万事俱备，只欠一张通行证了，华龙燃料组件就可以顺利地“入洞房”了，但这必须得到安全审查部门的批准。为了向安全审查部门证明 CF 燃料组件是安全可靠的，核动力院开展了大量的堆外试验，做了详尽的分析计算，经历了一轮又一轮的对话、问题回答，终于消除安审专家的疑虑，盼望已久的燃料组件入堆考验可以顺利实施了。

正所谓真金不怕火炼。在各级设计人员、组织部门以及安审中心专家的努力和见证下，我国首款大型商用堆用，具有自主品牌的 4 组 CF 辐照考验组件终于在 2013 年 7 月进入了秦山核电二号机组开始了堆内考验的历程，在经历了 3 个循环后，达到了考验燃耗目标，经过检验，各项数据符合预期，顺利完成了堆内考验。

在 CF2 辐照考验基础上，核动力院又完成了具有自主知识产权的 CF3 燃料组件设计，4 组 CF3 先导燃料组件在 2014 年 7 月进入秦山核电 2 号机组开始了堆内考验的历程，在经历了 3 个循环后，达到了考验燃耗目标，经过检验，各项数据符合预期，顺利完成了堆内考验。2017 年 1 月，带着新的技术特征项，4 组改进型 CF3 先导燃料组件进入方家山核电机组开始考验历程，在 2019 年 3 月已经完成了 1 个 18 个月长循环考验，池边检查结果表明一切正常，随后又入堆开始了新的征程。

随着 4 组 CF2 先导燃料组件和 4 组 CF3 先导燃料组件的顺利出堆，池边检查结果符合预期，标志着中国先进大型商用压水堆燃料研制取得了标志性成果，从材料研发与供应、设计技术与手段、试验平台与能力、制造装备与技术等方面形成了中国自主的核燃料研发体系。2019 年 20 组 CF3 燃料组件分批入堆，实现批量化应用。当然，CF3 燃料组件还面临开展热室检查等问题，但随着批量化应用的推进，CF3 燃料组件的大规模应用一路向好。伴随着华龙出海，自主 CF 燃料组件将以崭新的面貌站立在国际舞台上。

在面临出口工程无自主燃料可用、工程进度急迫、技术壁垒多、研发难度大、研发资源相对分散的局面下，核动力院通过构建自主化技术路线、关键技术突破，实现了自主 CF 燃料组件研发，形成了自主品牌 CF2 燃料组件和自主知识产权 CF3 燃料组件。在研发过程中，创造了多个国内第一：第一次系统地完成了核电用核级自主锆合金研发；第一次全面系统地开展了商用压水堆燃料组件堆外性能试验；第一次系统地完成了自主研发燃料组件入商用堆考验安全评审；第一次实现了在商用压水堆上进行燃料组件和包壳材料的辐照考验；第一次在商用电站现场全面地开展燃料组件的池边检查工作。CF 燃料组件的研发，实现了成果转化及产业化应用，实现了国内外专利协同布局，形成了技术雄厚敢打硬仗的技术队伍。CF 燃料组件将作为最强中国“芯”，为华龙一号“走出去”战略的顺利实施提供更坚实的保障，以其优异的性能助推中核集团“双龙出海”的宏伟蓝图。

第五节　听诊把脉

核燃料及材料的研发中，有这么一支坚守了十年的队伍，常年驻守在大旗山下，青衣江畔，他们便是我国首个大型先进商用压水堆燃料组件研制池边检查团队，他们的主要职责就是为我国自主研发的新型燃料组件“听诊把脉”。2019 年，由核动力院一所科研骨干组成的池边检查团队在秦山核电二厂完成了华龙一号 CF3 燃料组件最后一个循环全部池边检查内容，检查结果显示，CF3 燃料组件性能达到国际同类产品先进水平，标志着中国具有完全自主知识产权、适用于大型商业压水堆核电站的 CF3 燃料组件具备工业化应用条件，为我国自主三代核电建设以及国内核电大规模应用奠定坚实基础，对华龙一号和我国核燃料“走出去”以及我国能源供应安全保障具有重要的战略意义。

费米曾说过，“核技术的成败取决于材料在反应堆中强辐射场下的行为”，燃料组件研发过程中最重要的性能就是辐照效应，其辐照效应研究通常依托于热室内检查和池边检查。热室内检查代价大，周期长，不能满足及时性要求。按照国际核燃料研发的惯例，一种新型燃料组件在完成设计制造后，在批量用于核电站之前，需装载入核电站反应堆进行随堆辐照考验并进行辐照后池边检查，以验证其综合性能是否达到设计要求。池边检查就是在

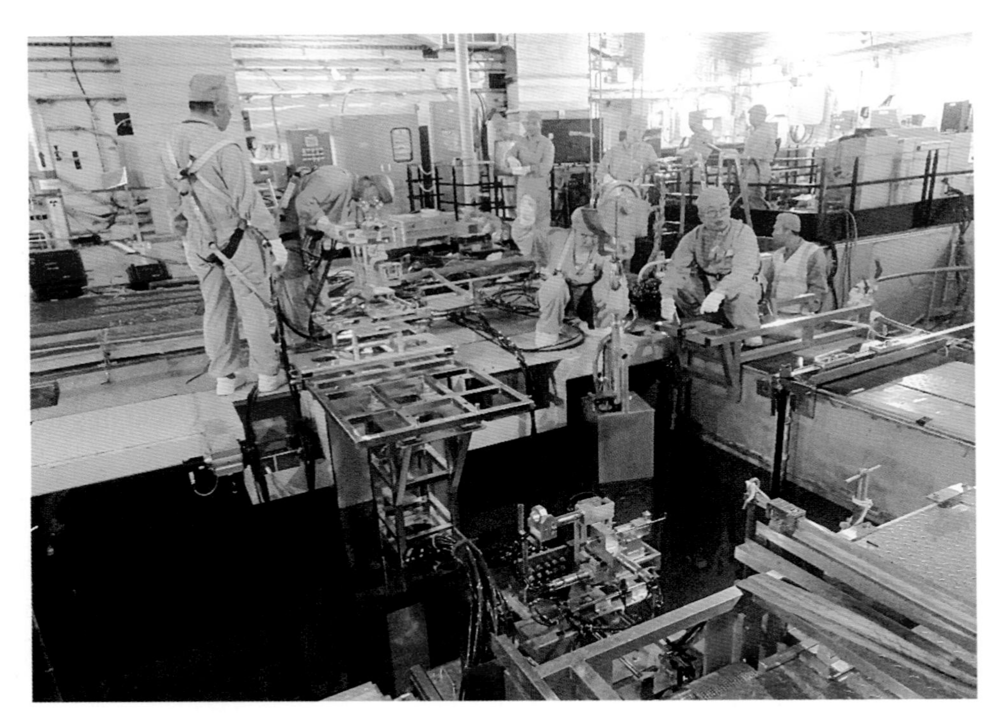

▍池边检查现场

核电站大修换料期间，在乏燃料水池检查辐照考验后的燃料组件，获得燃料组件的外观、腐蚀、形变等数据，作为评价燃料性能的重要依据，也是辐照效应研究的主要途径之一。池边检查可以获得燃料组件不同燃耗深度的各项数据，就像对一个小孩分不同年龄阶段进行定期“体检”，随时掌握其身体情况，将结果直接反馈给设计方，方便其“对症下药”，优化设计。由于燃料组件大修后还要回堆继续辐照，因此池边检查获得数据十分关键，直接关系着燃料组件的设计定型，其时效性是其他辐照试验研究不能比拟的。

祖国的大西南，坐落着我国第一座高通量工程试验堆（HFETR）。2009年夏天，一所科研人员站在燃料组件的保存水池旁边，对 HFETR 的乏燃料组件进行着状态检查，在检查的过程中，燃料池边检查技术的“雏形”也悄然形成。2010 年，中核集团开展“压水堆燃料元件设计制造技术”重点科技专项任务，集中攻关研制具有高可靠性、高安全性、高经济性的大型先进压水堆燃料组件，从材料研发和供应、设计技术和手段、试验平台和能力、制造装备和技术等方面形成了我国自主核燃料研发核心技术体系。其中，燃料组件池边检查技术就是其中的核心能力之一。

形成中国池边检查能力的历史重任交给了核动力院一所。李国云（辐照后检验领域专家，中国核学会辐照效应分会副秘书长）作为池边检查团队的创始人之一，早在2010年项目成立之前，曾多次出国考察过核大国池边检查技术现状及能力，调研国内相关研究机构的研究进展，对包括池边检查在内的相关技术进行了深入的分析比较。团队成立之初，面对日益繁重的纵横向科研生产任务，伍晓勇（辐照后检验领域专家，装发核动力技术专家组成员，中国核学会辐照效应分会常务副理事长，四川省核学会理事）以高度的责任感和使命感，统筹谋划，抽调科研骨干、精兵强将组成了池边检查团队，主要由池边检查技术小组及池边检查设备研制小组组成，对池边检查技术进行重点攻关，势必研制出具有完全自主知识产权的池边检查设备。然而攀登科学高峰的路注定荆棘丛生，不会一帆风顺，尤其是池边检查设备属于非标设备，要进行大量的设计和试验验证，才能保证测量结果的准确性。虽然一所储备了相应的技术能力，但由于CF专项的研发进度刻不容缓，每个研发环节都不能拖期。时任技术负责人的冯明全（辐照后检验领域专家，享受国务院特殊津贴）力排众议，提出了先引进国外成熟的设备形成能力，保证CF燃料组件研发的进度，同时继续开展具有自主知识产权的池边检查设备研发工作的“两条腿”并行的发展思路。

自主研发步履维艰，设备引进同样困难重重。核发达国家为了保持核燃料组件研发领域的优势，形成统一共识，就是不让中国具备燃料组件自主研发的全周期的技术能力。在调研初期，国外各大厂家都是以敷衍的态度，并且设置各种不平等的附加条件，以此阻止或者拖延我国形成池边检查能力。但核动力院的科研人员没有被困难吓倒，一边积极自主设计研发池边检查系统，一边积极与外方进行谈判。几经周折，最终和韩国KNF公司达成合作意向，引进一套池边检查系统。池边检查系统的引进，使CF专项得到有效保障，但由于这样那样的因素，这套系统的技术方法、技术成熟度与我们的预期还存在一定差距，其关键核心技术也受限于欧美，但系统集成设计与检测工艺设计对池边检查系统的研发还是有所启迪和帮助。

2012 年 11 月，核动力院池边检查团队池边检查技术小组奔赴韩国大田 KNF 公司进行了为期 2 周的人员培训，在这有限的时间内，团队成员需掌握整个池边检查设备的安装调试、外观检查、尺寸测量、氧化膜测量、超声破损检测以及燃料组件拆装等各专项的专业设备、测量原理、设备安装调试以及实际操作等各项技能。团队成员李国云、江林志、任亮、张显鹏、尹春艳、张海生、朱伟、王斐等都十分珍惜这次机会，每人负责一个检查项，投入十二分的精力认真面对，结合前期池边检查设备自主设计的经验，他们与韩方技术人员一起共同探讨、实践验证，快速掌握了池边检查技术需要的各项技能，赢得了韩方的高度赞誉，至此池边检查团队建设取得了阶段性胜利。

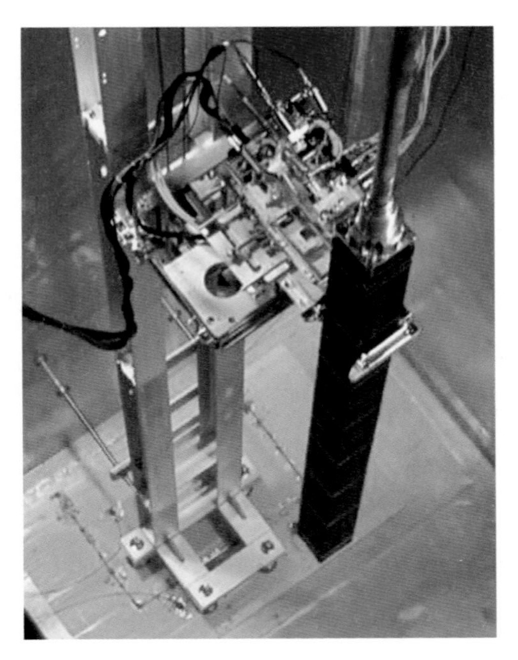

▌池边检查系统（秦山二期 2KX 厂房装载井）

实践是检验真理的唯一标准。2013 年 6 月 6 日，李国云作为第一任项目经理，带领一所池边检查团队在秦山核电站打响第一次攻坚战，迎来了 CF 特征化燃料组件辐照考验第一循环后的池边检查工作。经过 7 个昼夜的连续奋战，成功获取了四组 CF 特征化燃料组件堆内辐照后的整体机构状态、表面形貌、腐蚀、形变等大量数据，为燃料组件性能评价提供了重要依据，池边检查首战告捷。

整个团队的发展历程，至今已有十年，然而每次池边检查任务却是一场只能胜不能败的“闪电战”。

CF燃料组件池边检查是利用核电厂大修的时间窗口期开展，核电厂大修的项目很多，场地狭小，作业面交叉多，管理接口复杂，时间窗口也非常固定，由于不是大修的主线任务，很多时候还要给其他项目“让道”，工作时间进一步被压缩，因此对于整个团队提出了更高的要求，对于设备和系统不止要做到熟练，还要精通。

2014年的那个夏天，池边检查项目部团队全体成员奔赴中核核电运行管理有限公司2号机组现场，开展CF燃料组件辐照后池边检查第二阶段工作。此次检查内容包括2组N36特征化燃料组件第二循环及4组CF2先导燃料组件第一循环的外观、燃料棒形变检测、燃料棒直径和定位格架宽度测量以及燃料棒包壳氧化膜测量等。与第一阶段相比，第二阶段新增了4组CF2燃料组件的池边检查工作，工作量大，任务繁重。而根据中核核电运行管理有限公司210大修进度安排，本次池边检查仅预留了7天的工作窗口，时间相当紧迫。池边检查团队迎难而上，针对时间紧、任务重的现状，进行了周密的分析和计划安排。

常言道：知己知彼，百战不殆。池边检查团队从不打无准备的仗，燃料组件第一循环检查时，系统设备安装调试在韩方人员协作下完成。为了锻炼人才队伍，此次安装调试工作，池边检查项目部婉拒了韩方提出的技术支持，所有检查单元的设备安装与调试均自主完成。池边检查团队池边检查技术小组面临着极大的考验，能否独立解决所有环节的技术问题，顺利完成所有设备的安装调试工作，成了项目部最为关心的问题。联机调试工作台架时，所有的控制柜、电源线已经联好，开机却发现主台架控制柜无法供电，主台架无法移动工作，怎么办？此时池边检查团队的江林志站了出来，坚定地说：“我们从源头寻找，逐一验证，肯定能找到问题”。在他的带领下团队成员开始从源头依次排查，总电源有电、主台架控制柜进口有电、分线开关有电……最终发现问题出在控制手柄连接位置，问题很快就得到了解决。按计划依次调试外观检查、尺寸测量设备，待到氧化膜测量单元时，开机发现涡流检测仪界面信号变化轨迹异常。江林志凭借多年的无损检测经验带领年轻的技术人员经反复、多次的检查发现涡流探头固定后留下的导线余量过长，使探头在移动过程中发生倾斜。通过减少导线余量，成功对氧化膜测量系统进行了标定。团队成员群策群力，拧成了一股绳，没有人抱怨，没有人退缩，遇到问题迎难而上，不解决问题誓不罢休。

2014 年 6 月 26 日下午，CF 燃料组件池边检查工作正式开始，池边检查项目部抢时间、战高温。外观检查组优化了检查程序，连续奋战，仅用了预定计划时间的一半提前完成了外观检查任务，给后续的氧化膜厚度测量和尺寸测量工作预留了较多的时间余量。张显鹏带领氧化膜测量小组接过接力棒，池边检查工作有序进行，前期调试工作圆满保证了测量的顺利进行，计划测量数据全部获取。氧化膜测量过程中，张显鹏发挥共产党员先锋模范带头作用，现场连续奋战 26 个小时，圆满完成了检查任务。2014 年 6 月 28 日晚，进入到最艰苦的尺寸测量工作。这部分工作之所以说艰苦，是因为要在短短的几天时间内完成所有尺寸测量内容，在国内乃至国际上都是无法想象的。任亮带领尺寸测量小组勇敢地挑起了这一重担。尺寸测量工作涉及 6 组燃料组件高度，弯扭曲度，上、下管座间隙，燃料棒长度，棒间距，棒径及定位格架宽度测量内容，测量单元需要反复拆装更换，工作环节各异，工作量和现场工作强度都很大。现场安装人员穿上纸衣，系上安全带奋战在水池边，在现场 30 多度的高温下，挥汗如雨；测量人员顶着高温，全神贯注，测量分析数据；韩国技术人员需要一周完成的工作量，他们在 2 天内就完成了，远远打破了池边检查的国际记录。

海盐七月的天总是让人琢磨不透，池边检查团队常常进核岛时顶着烈日，出核岛时却倾盆大雨，他们只能浑身湿透地坐上回宾馆的车，就这样浑身湿漉漉地在车上睡着了。经过 5 天半不能正常饮食和休息的高强度连续倒班，池边检查团队提前完成了所有现场工作，他们顾不上好好休息，毅然投入到紧张的数据分析工作中，没有丝毫的放松。最终，顺利完成了 6 组燃料组件的辐照后检查工作，获取了大量的辐照数据，为燃料组件顺利入堆提供了真实可靠的数据支撑。得到了集团公司、院及秦山核电运行管理有限公司领导的高度肯定和赞扬！CF燃料组件均已顺利入堆进入下一循环的辐照考验。

国产化池边检查系统

“池边检查装置必须实现国产化，这样我们才不会受制于人！”刘晓松（辐照后检验领域专家）坚定地说，“只有掌握自主知识产权的池边检查成套设备设计加工能力，稳定培养专业人才，实现设备更新换代和持续改进，池边检查技术才能不断发展壮大”。核动力院一所下定决心，抽调精干力量成立池边检查设备研制小组，王万金（池边检查设备国产化研制设计负责人）在充分吸收韩国池边检查设备先进理念的基础上，开拓思路、勇于创新，历经四年时间，带领李文钰、李成业、罗文广、吴瑞、王亚军、刘豪、邓鹏宇等池边检查设备研制小组成员成功研发了池边检查设备。经过验证试验，设备功能及技术指标达到国内领先水平，实现了池边检查设备国产化。王万金感慨地说：“做科研就像走夜路，想走在前面就不要害怕黑暗和苦难，借别人的光是永远都走不到前面的……”

人的一生会经历很多事，有些瞬间或许不经意间就会遗忘，有些瞬间却会深深留在记忆里，永远也不会忘记。2016年春节期间，池边检查团队迎来了第3个辐照循环后池边检查。当朋友圈满屏都是“再见2015，你好2016”时，他们整装待发、奔赴他乡；当我们蓦然回首，恍然惊觉又一年就这样匆匆而去时，他们未雨绸缪、枕戈待旦；当我们和家人节日团聚，尽享天伦之乐时，他们夜以继日，废寝忘食，用行动来为“华龙之芯”听诊把脉。

2016 年 1 月中核核电运行管理有限公司秦山第二核电厂 2 号机组 211 大修，该机组中已有 N36 特征化燃料组件 2 组、CF2 先导燃料组件 4 组、CF3 先导燃料组件 4 组需要出堆后池边检查。此次池边检查核电厂留给项目组的检查窗口恰逢春节期间，检查组件数量达到 10 组，也属于历史之最，同时 CF3 燃料组件是华龙一号主要配套燃料组件，关注度也达到历史巅峰，外加上本次检查承担的项目多，任务繁重，因此对于池边检查团队成员的毅力和体力也是一项严峻的考验，池边检查团队面临的压力和挑战是空前的。尹春艳是池边检查团队中的知心大姐，也是外观检查专业组负责人。在现场，她多次主动连续倒班。外观检查后期数据量很大，她总是默默工作到深夜。团队成员毅然决然地投入到池边检查项目工作中，放弃了与亲人团聚的机会，在困难面前，大家迎难而上，在挑战面前，没有一个人临阵退缩。由于检查时间有限，为了争分夺秒，项目组形成了 24 小时三班倒，一个班连续干够 8 个小时，不喝水，不进食，也不休息；唐洪奎、熊源源、席航是池边检查团队里年轻的技术人员，他们主动承担夜班倒班任务，不怕苦不怕累，勇挑重担，被大家戏称为“夜班小王子”；作为设备安装主操的陈军、余飞杨、郑星明、刘振川穿着工作服，外面套着密不透风的纸衣，带着口罩、乳胶手套，穿着脚套克服现场 30 多度的高温，在检查水池边连续安装设备几个小时，工作服里、手套里、脚套里全是汗水，等到工作结束脱下装备，能哗啦啦地倒出一摊汗水。可他们脸上总是成功的喜悦……

经过 1 个月的长期驻守，10 余天精心调试，245 个小时的浴血奋战，池边检查团队终于打赢了这场恶仗，圆满完成了 CF 系列燃料组件的池边检查工作。本次池边检查的结果，验证了 CF2 和 CF3 燃料组件设计和制造的可靠性，为 CF2 和 CF3 燃料组件的最终商业化应用迈出了坚实的一步，大大增加了集团燃料研发的信心和研发优势，为华龙一号燃料组件设计定型做出重大贡献。

2019 年是池边检查团队自成立以来任务量剧增的一年，是一个机遇与挑战并存、责任与使命共担的一年。同时也是中核集团自主研制的华龙一号

CF3 燃料组件结束全部长循环辐照考验的关键之年，国内燃料研发系统从上到下所有的眼睛都盯着最终的数据结果，其结果直接关系着华龙一号是否能按期走出国门，其结果对其综合性能评价的重要性更是不言而喻。

为了第一时间拿到数据，池边检查团队白班和夜班两班倒，每班 12 小时。白班人员从早上 8:00 连续工作到晚上 20:00，错过了午饭、晚饭，早上迎着朝霞，晚上披着繁星，支撑他们的不是食物，而是信念。晚班人员从晚上 20:00 通宵工作到早上 8:00，工作前每人喝一瓶红牛，出厂房时已是日夜颠倒、疲惫不堪。电厂大修期间的工作很特殊，虽然有大修计划，但是总是计划赶不上变化。常常是十分钟前通知可以干活了，十分钟后又被通知设备维修暂定工作。任亮自从 2018 年成为项目经理以来，始终保持着乐观积极的工作状态。池边检查工作涉及的电厂部门多，协调难度大，他常常是白天忙完现场，晚上顾不上休息又要汇报项目进展情况，深夜又要研究如何安排第二天工作。2019 年 6 月 8 日至 6 月 17 日，池边检查工作从一开始就没有完整地实施过，池边检查团队池边检查技术小组成员邝刘伟、陈哲、高艮涛、陈广军、江艳、帅雪峰等经过 10 天不分昼夜的连续奋战，在有限的时间和条件下圆满完成了四组 CF3A 组件压紧板弹簧辐照松弛试验和一组 CF3A 燃料组件池边检查，实现了一组 N45 组装件池边检查等三项工作任务。第一时间获得了 CF3A 燃料组件辐照第一循环、N45 组装件第二循环的

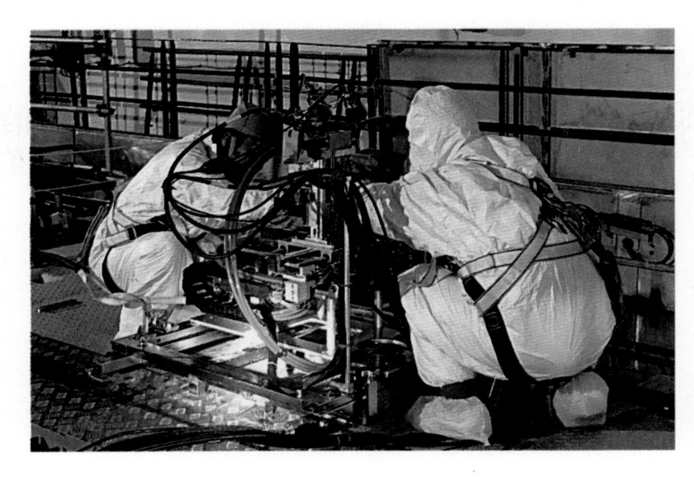

CF3 燃料组件池边检查中

宝贵数据并及时回堆，为 CF 国产燃料组件的研发进程保驾护航。2019 年 9 月，在池边检查团队的共同努力下，在秦山二期 2KX 厂房实现了连续对四组 CF 国产燃料组件的 10 根燃料棒进行拆卸与复装，为后续运输至热室进行辐照后检验精确评价提供必要条件。

池边检查结果显示，华龙一号 CF3 燃料组件性能达到国际同类产品先进水平，标志着中国具有完全自主知识产权、适用于大型商业压水堆核电站的 CF3 燃料组件具备工业化应用条件，为中国自主三代核电建设以及国内核电大规模应用奠定坚实基础。

从 2009 年到 2019 年的十年，核动力院一所池边检查团队已经茁壮成长为守护“最强中国芯”的国家队。十年磨一剑，这十年是攻关的十年，是奋进的十年，是辉煌的十年，也是从无到有掌握燃料组件池边检查核心技术的十年。

十年来，池边检查团队经历了技术准备、团队组建、现场实施、经验反馈、自主研发 5 个阶段，同时也见证了我国大型商业压水堆 CF 燃料组件从立项、制造、验证、反馈到定型的全周期历程。

十年来，池边检查团队完成了 2 组 N36 特征化燃料组件四个循环、4 组 CF2 燃料组件（国产第二代）三个循环、4 组 CF3 燃料组件（国产第三代）三个循环的辐照考验，完成总计 32 组燃料组件的池边检查，及时、高效、准确地向设计方反馈数据，为燃料组件的设计定型做出不可替代的卓越贡献。

十年来，池边检查团队已经由最初的几人壮大到数十人，掌握了池边检查所有的核心技术，建立了行业标准。同时针对设备研发，完成了从设备引进到自主研发的蜕变，并设计制造出具有完全自主知识产权的产品。获池边检查发明及实用新型专利 12 项，标准及校验方法 7 份，成果 2 项，获得全国发明展览会金奖……

后 记

能源革命是推动人类社会向前发展的重要动力。核能的利用，是实现人类社会和经济可持续发展的必然选择。经过几十年的奋起直追、埋头苦干，中国人终于取得了一席之地，可谓来之不易，值得铭记。

同时，我们也应谨记，任何能源利用方式的发展，都离不开科技的支撑，离不开创新来驱动。党的十九届五中全会就明确提出："坚持创新在我国现代化建设全局中的核心地位，把科技自立自强作为国家发展的战略支撑。"所以，核能领域的进一步创新发展，将是一个长远命题，也是加快建设科技强国的重要方向。

华龙一号的成功研发，已经为我们树立了一个良好的样板。面向未来，我们期待着有更多的新生力量能够加入到这支光荣的队伍中，一起为攀登更安全、更经济、更高效的核电技术高峰而努力，为实现中华民族伟大复兴的中国梦而奋斗！

责任编辑：夏　青　武丛伟
装帧设计：肖　辉　王欢欢
责任校对：史伟伟

图书在版编目（CIP）数据

国之重器：第三代先进核电“华龙一号”核心技术研发始末 / 中国核动力研究设计院 编 . — 北京：人民出版社，2021.1
ISBN 978－7－01－022616－3

I. ①国…　II. ①中…　III. ①核电厂－建设－中国　IV. ① TM623

中国版本图书馆 CIP 数据核字（2020）第 218185 号

国 之 重 器
GUO ZHI ZHONG QI
——第三代先进核电“华龙一号”核心技术研发始末

中国核动力研究设计院　编

人民出版社 出版发行
（100706　北京市东城区隆福寺街 99 号）

北京盛通印刷股份有限公司印刷　新华书店经销

2021 年 1 月第 1 版　2021 年 1 月北京第 1 次印刷
开本：710 毫米 ×1000 毫米 1/16　印张：22.75
字数：325 千字

ISBN 978－7－01－022616－3　定价：98.00 元

邮购地址 100706　北京市东城区隆福寺街 99 号
人民东方图书销售中心　电话：（010）65250042　65289539